U0173562

智慧水务
典型案例集
（2021）

刘新锋 ◎ 等 编

中国建筑工业出版社

图书在版编目（CIP）数据

智慧水务典型案例集.2021 / 刘新锋等编. —北京：
中国建筑工业出版社，2023.5
ISBN 978-7-112-28284-5

Ⅰ.①智⋯ Ⅱ.①刘⋯ Ⅲ.①城市用水—水资源管理
—案例—中国 Ⅳ.①TU991.31

中国版本图书馆CIP数据核字（2022）第243546号

责任编辑：杜　洁　于　莉
版式设计：锋尚设计
责任校对：芦欣甜

智慧水务典型案例集（2021）
刘新锋　等编

*
中国建筑工业出版社出版、发行（北京海淀三里河路9号）
各地新华书店、建筑书店经销
北京锋尚制版有限公司制版
天津图文方嘉印刷有限公司印刷
*
开本：787毫米×1092毫米　1/16　印张：21　字数：388千字
2022年10月第一版　　2022年10月第一次印刷
定价：**190.00**元
ISBN 978-7-112-28284-5
（40733）

编 委 会

序一

当前，我国已经步入城镇化快速发展的中后期。我国的城市发展，已从之前的"大规模增量建设"转到"存量提质改造"的城市更新阶段。这一阶段，城市发展依然面临环境和资源的多重挑战。城市给水排水，依然是城市发展资源的核心要素，是城市建设和发展的根本支撑，是重要的民生工程。随着社会的进步和人民生活水平的提高，群众对城市供水排水服务水平的要求越来越高。城市供水排水运营服务机构，需要通过更加精益求精的生产和管理，为广大市民提供更加优质的产品和服务。

近年来，以物联网、互联网、5G、GIS、大数据、云计算、AI等为代表的新一代信息技术迅猛发展，渗透到社会生活的各个领域。信息技术与城市给水排水行业的深度融合，推动了智慧水务的快速发展。实时感知、大数据分析、预警与辅助决策等，已经成为水务系统科学精细管理的重要辅助手段，在提高水务企业管理效率和服务水平的同时，还逐步改变着业态发展模式，推动了水务行业转型升级，为水务行业发展提供了新的驱动力。

国家大力支持智慧水务建设。国家"十四五"规划中明确提出"将物联网感知设施、通信系统等纳入公共基础设施统一规划建设，推进市政公用设施、建筑等物联网应用和智能化改造"。在国家系列政策的引领和支持下，北京、上海、深圳等发达城市大力发展智慧水务，推进传统公共基础设施智能化升级。全国各级城市也纷纷开展智慧水务建设的探索与实践，形成了如火如荼的发展态势。但是，我们也要看到，智慧水务是新兴事物，很多城市在智慧水务的建设过程中，仍然面临着顶层设计欠缺、技术壁垒严重等诸多困扰，亟需成功经验的借鉴和参考。

住房和城乡建设部科技与产业化发展中心组织编制的《智慧水务典型案例集（2021）》，基于对全国范围智慧水务案例的征集与遴选，内容涵盖了"水源—水厂—管网—二次供水""从源头到龙头"城市供水系统全过程，以及"海绵城市监管""厂—网—河"运行管理等城市排水管理的主要领域。书中收集的智慧水务典型案例，以及案例中展示的水务智慧化应用场景，是地方城市开展智慧水务建设的一手资料，展示了最新的、生产一线的实践经验和应用成效。这些案例，将为我国其他城市，特别是那些刚刚开始筹备水务信息化建设、经验不足的城市，提供很好的借鉴意义。这也是这本书的核心价值所在。

丁烈云 院士

2022年9月10日

序二

　　城市供水排水是城市经济社会发展的命脉，也是实现城市可持续发展的重要途径。在"双碳"和"绿色"发展目标的指引下，信息化和数字化发展已成为城市供水排水公用事业的重要发展方向。智慧水务发展热度逐年递增，自2013年住房和城乡建设部将智慧水务建设列为智慧城市重点项目开始，国家层面不断发布利好政策，地方城市大力推动水务智慧化建设，双管齐下，促进水务行业向智慧化、智能化的方向快速发展。

　　当前，物联网、移动互联网、GIS等新一代信息技术正带来新的产业变革，大数据、人工智能、区块链等信息技术的综合应用，将与城市基础设施的建设和运行管理更加紧密地融合，为城市供水排水行业的跨越式发展提供新的思路。智慧水务的发展，将推动城镇供水系统和排水系统实现数据资源化、控制智能化、管理精准化和决策智慧化，进而体现供水排水领域在城市运行管理方面的数字价值，助力城市资源的优化配置、政府管理职能的完善提升，以及人民生活的安全保障和品质提升。

　　近年来，智慧水务不断迭代更新，基本实现了基础数据自动化采集和行业信息共享互联互通，有效提升了城市饮用水安全保障、水污染控制和水环境治理的管理水平和服务水平，取得了令人瞩目的发展成效。各地城市在水务智慧化发展过程中，积累了很多宝贵的经验，亟需我们进行总结和推广。本书所选取的智慧水务典型案例，来自全国各地水务管理部门、水务集团及科技公司等的工程实践，从规划、设计、运行、管理等多角度全方位展现了我国当前智慧水务的发展现状，代表了国内智慧水务技术创新和工程实践前沿。每个案例都从现状问题解析、工程措施和实施效果等方面进行了梳理总结，展示了地方水务公司和管理部门在水务信息化建设过程中的设计思路和整体架构，以及实现水务信息化、数字化、智能化所采取的先进技术手段。这些案例所提供的信息，对地方城市开展智慧水务规划、建设和运行管理，具有很好的借鉴意义和参考价值。

院士

2022年9月20日

前言

当前，世界范围内新一轮科技和产业革命正由导入期转向拓展期，以物联网、GIS、移动互联网和5G通信、大数据和云计算、人工智能为代表的新一代信息技术，推动各个行业向信息化、数字化和智能化快速发展。从"十二五"开始，国家陆续出台了一系列政策文件，鼓励智慧城市和智慧水务的建设与发展。"十三五"末"十四五"初，随着国家新一个中长期发展目标和"十四五"发展规划的确定，党中央、国务院和多个政府管理部门发布了新一批利好政策，提出了"新基建""新城建"的发展要求，智慧水务迎来了更加蓬勃的发展时期。

智慧水务是水务系统的信息化、数字化和智能化发展，可通过实时感知、大数据分析、辅助决策等，实现水务系统全流程的科学化、精细化、智能化的运行管理。通过信息技术和数字技术，为水务企业提供全方位管理工具，有效提升水务企业的管理效率和社会服务水平，为传统城镇水务行业赋能。

智慧水务的建设内容涉及多个领域，包括供水系统的多水源调度、智慧水厂、智慧管网、二次供水监管，以及海绵城市建设与管理、城市防洪排涝、污水处理、城市水环境监管等。国内经济发达地区已经有一批城市，如上海、苏州、深圳、绍兴、福州等，不断探索智慧水务建设工作，形成了一批具有代表性的应用案例，具备了丰富的实践经验。

为了解我国智慧水务技术发展水平，探索智慧水务建设运营模式，了解各地在智慧水务建设和运营管理方面的先进经验，住房和城乡建设部科技与产业化发展中心于2021年5月面向社会开展智慧水务建设典型案例征集工作，共征集案例68项，并邀请院士和行业知名专家遴选了最具代表性的典型案例21项，其中包括饮用水安全保障类11项，排水防涝与水环境综合治理类9项，供排水一体化管理类1项。

本书将21项代表性案例集结成册。每个案例从智慧水务平台建设的背景、问题与需求分析、建设目标和设计原则、技术路线与总体设计方案、项目特色、建设内容、应用场景和运行实例、建设成效和项目经验总结9大方面进行阐述，力求全面展示每个案例的规划设计、建设和运行管理全貌，为国内各大城市在供水排水领域开展信息化、数字化和智慧化建设提供经验借鉴。希望通过本书的出版发行，共享行业内部先进科技成果资源，推广地方城市先进经验，提升我国城镇水务智慧化发展技术水平，为实现我国城镇水务领域"新城建"建设和地方城市高质量发展提供助力。

由于编者水平有限，书中不免有错误或遗漏，恳请读者不吝指正。

住房和城乡建设部科技与产业化发展中心

2022年9月6日

目录

— 供水篇 —

一 排水篇 一

供水
——水——
篇

当前我国供水领域智慧水务发展较成熟。信息技术和数字技术能够与日常运行管理紧密结合，服务于水司的精细化管理。各城市建设的饮用水安全保障领域智慧水务平台，内容覆盖了"从源头到龙头"供水全过程，包括多水源调度、水厂运行管理、管网漏损控制、二次供水设施监管、综合性管控和智慧客服等多个方面，可实现全流程信息化管理。在技术层面上，平台能够集成地理信息系统（GIS）、数据采集与监视控制系统（SCADA）、管网水力模型等软件系统，通过物联设备和信息化手段，开展数据分析、监控预警和辅助决策，基本具备精准监控能力，初步实现数字孪生和智能化。

第一章 | 多水源综合调度与管理

1 上海市多水源供水信息化业务平台

项目位置：上海市

服务人口数量：2400万人

竣工时间：2020年12月

1.1　项目基本情况

自2008年起，水专项技术成果支撑上海供水行业高质量发展。迄今为止，上海实现了集约化供水，建设了多水源供水信息化业务平台，完成了居民二次供水设施改造，全面推进水厂深度处理改造，饮用水品质显著提升，嗅味、口感指标明显改善，惠及人口2400万人。

上海市以"十二五"水专项成果"青草沙、陈行原水调度系统"为基础，对接金泽原水智能调度系统，建成上海市原水联合调度系统，实现可调配原水水量1000万 m³/d。在此基础上，接入金泽水源水质水量监测与预警平台、供水调度信息系统（包括水厂、管网监测数据）、二次供水监管平台等数据，形成上海市多水源供水信息化业务平台。平台采用物联网、大数据等技术，实现从水源地到水龙头全流程的全面感知，通过数据分析及可视化技术，直观展现上海市供水安全保障关键指标，确保上海市供水系统安全、稳定、优质、经济运行。

1.2　问题与需求分析

当前我国不少城市已建设多水源供水系统，但大多存在多水源调度协同能力不足的问题，未能充分发挥多水源效益，体现在某一水源发生水质、水量风险情况下，保障城市原水安全的整体风险应对能力不足。同时，不同系统之间存在数据孤岛问题，系统间协同效率低。因此，城市供水系统需要通过打造一个全流程、一体化的信息化业务平台，盘活数据，实现海量数据的互通共享，为智慧化供水系统建设夯实基础。

上海在建设多水源供水格局过程中，主要存在以下问题：

（1）水源地取水口水质监测预警难度大，缺乏上下游联动监测，突发污染存在时空不确定性，给取水安全带来较大风险；

（2）水库藻类、嗅味难以有效防控与削减，藻类暴发易对供水安全造成影响；

（3）多水源之间缺乏科学的优化调度方案，整体风险应对能力不足；

（4）河口水源地易受咸潮入侵影响、平原河网水源地易受区域污染排放影响、水源地易受危险化学品运输等污染影响。

面对以上问题，需重点加强以下几方面的工作：

（1）加强水源地取水口和流域上下游的水质监测预警；

（2）加强区域、流域水源地联合保护和上下游联动调度，保障水源地的取水安全；

（3）加强水库藻类、嗅味防控与削减。

1.3　建设目标和设计原则

1.3.1　建设目标

在"十一五"和"十二五"上海市供水信息化建设的基础上，整合各类系统和资源，建设水源地取水口和流域上下游的水质监测预警网络，并通过区域、流域水源地联合保护和上下游联动调度，保障水源地的取水安全，打造从水源地到居民龙头一体化、全流程、智慧化的综合管理平台，实现原水与供水联动、源头到龙头供水全过程的数字化管理，保障上海市供水系统安全、稳定、优质、经济运行。

1.3.2　设计原则

上海市在"十一五"和"十二五"水专项成果的基础上，新建金泽原水智能调度系统，实现与青草沙、陈行原水系统调度平台对接，构建上海市原水联合调度系统并业务化运行，实现可调配原水水量1000万m³/d。同时在联合调度平台搭建完善的基础上，接入金泽水源水质水量监测与预警平台、供水调度信息系统、二次供水监管平台等数据，实现上海原水互补、清水联动的一网调度，为智慧化供水系统建设夯实基础。

1.4　技术路线与总体设计方案

1.4.1　技术路线

上海市多水源供水信息化业务平台以全面提高城市供水安全保障能力为目标，利用多水源信息整合与交换技术、多水源智能调配技术、原水智能调度技术和系统安全技术，通过跨流域（长江、黄浦江、太湖）、跨省市（上海、江苏、浙江）、跨部门（水务集团、区县公司）的业务数据互联互通，集成和优化从源头到龙头的饮用水安全保障技术体系，实现一体化的业务运行，保障上海市供水系统安全、稳定、优质、经济的运行。

图1-1为多水源供水信息化业务平台-系统技术架构路线。

1.4.2　总体设计方案

上海市多水源供水信息化业务平台整合已有系统与资源，集成和优化从源头到龙头的饮用水安全保障技术体系，包括水源水质水量监测与预警、多水源智能调度与应急联动、水厂运行智慧化建设、管网诊断评估与异常识别以及二次供水信息化监管等，实现原水互补、清水联动的一网调度，应急工况下调配水量达1000万m³/d，能够全面提升供水安全保障能力，具体方案如下：

1. 多系统信息整合与交换

将各类已有系统和新建系统进行深度整合，跨流域、跨省市、跨部门汇总多源数据，盘活数据，解决数据孤岛问题，为建设智慧化大平台夯实基础。

2. 水源水质水量监测与预警

基于金泽水源跨区域、跨部门的水质水量监测与预警多级网络，集成污染源、风险源数据与在线水质监测数据，建立水源水质水量监测与预警业务化平台。

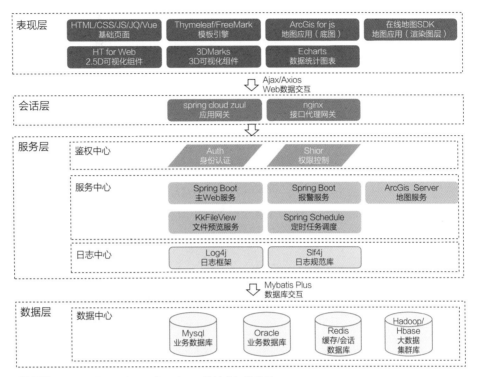

图1-1 多水源供水信息化业务平台-系统技术架构路线

3. 多水源智能调度与应急联动

以金泽原水系统需水量预测模型、原水系统水力模型和各泵站水泵优化运行模型为基础，建立智能调度决策计算模型。根据上海原水系统多水源地之间的格局布置和模型运算结果，在原水突发事件情况下，启用原水应急调配系统，实现"两江并举，多源互补"。

4. 水厂运行智慧化建设

以南市水厂为示范点推进水厂智慧化建设，打造数字孪生水厂，通过"数字大脑"自动控制，精准加药，节能增效。通过实时监测和智能管理，确保制水环节精准高效。

5. 管网诊断评估与异常识别

实时监测供水管网水量水压数据，及时对异常事件进行诊断和定位，通过数据辅助决策，迅速处置、协调联动，高效开展运维。结合管网模型与算法，动态模拟水量水压，预测用水需求，推动供水管网数字化监管，保障供水安全。

6. 二次供水信息化监管

基于Internet进行数据整合、挖掘，充分利用Web技术、地理信息技术、大数据分析技术等最新技术，构建二次供水信息化监管平台，实现水质、流量、压力、水泵运行状态监测与水质预警，自动进行数据汇总和统计。

1.5 项目特色

1.5.1 典型性

针对上海市"两江并举、集中取水、水库供水、一网调度"的原水供应格局，研发了城市多水源调度与水质调控成套技术，构建了一体化、可扩展的上海市多水源供水信息化业务平台，增强了对供水业务的运营和监管能力，为上海原水系统的运行和管理提供了重要支撑，充分发挥多水源效益，实现了多水源之间的科学优化调度和应急补给，形成了可复制、可推广的多水源科学调度方案和联动机制。

1.5.2 创新性

（1）通过跨流域（长江、黄浦江、太湖）、跨省市（上海、江苏、浙江）、跨部门（水务集团、区县公司）的多级信息整合与交换技术，实现数据间的共享互通，建立上下游联动机制。

（2）构建了水源地水质水量监测与预警多级网络，基于太浦河重金属、油类、化学品类无缝耦合的突发水污染事件模拟模型，有效应对突发污染及藻类等对水库取水的影响，并根据原水系统多水源地之间的格局布置和模型运算结果，形成突发情况下的水源应急联动和调配方案，保证原水供应安全。

（3）基于机器学习的需水量预测模型、原水系统微观水力模型与实际业务平台糅合、创新，成功开发出符合智慧水务特性的原水智能调度系统，形成黄浦江上游金泽、青草沙、陈行原水系统应急联合调度演练教程，为相关工作人员提高应急决策能力提供良好的学习环境及技术支持。

1.5.3 技术亮点

1. 藻类预测模型

在开源水质模式RCA的基础上，设计优化金泽水库富营养化生态动力学模式，构建藻类预测模型，模拟金泽水库主要藻类（蓝藻、硅藻、绿藻）在水温、光照以及营养盐变动条件下的时空变化过程以及营养元素（碳、氮、磷、硅、氧）在藻类、浮游动物、碎屑和沉积物之间的循环过程。模型引入3种藻类对营养盐摄取以及浮游动物对3种藻类牧食的竞争机制，并细致描述了蓝藻固氮及蓝藻在光照强度变化下的上浮下沉过程。模型还涵盖了营养盐在水体、碎屑物和沉积物3个营养盐库之间的迁移转化过程。模型中藻类、浮游动物、营养盐在水体中的对流扩散和随水流漂移的物理过程均通过耦合水动力模式ECOMSED计算来实现。

通过技术应用，实现对金泽水源地总氮、总磷、氨氮、溶解氧、叶绿素a、蓝藻总数及藻类生物量等变化的预测预警。模型预测精度总体较高，基于2020年实际数据，模型各项预测的平均相对误差为：总氮17.38%，总磷26.85%，氨氮15.40%，溶解氧7.76%，叶绿素a17.11%。

2. 大规模复杂原水系统智能调度

基于泵站、水泵、阀门、管道、调节池、调压池、分水点等调控单元分布信息，构建全系统、高精度水力仿真模型。基于影响因素耦合相关性分析，采用时间序列和长短期循环神经网络CNN-LSTM模型相结合的方法进行多尺度需水量组合预测，在此基础上，结合节假日等影响因素进行二次在线修正，实现短期原水需水量在线预测，预测精度在3%左右。通过将高精度水力仿真模型与需水量预测模型相结合，并充分考虑调度运行实际要求与当前水泵运行情况（停役、检修等），构建全系统、多因素的智能调度决策模型，实现原水调度方案的智能筛选，减少水泵切换，并保持调度运行方案的延续性。决策模型通过启发式算法与梯度算法相结合，实现优化方案自动决策，方案优化计算秒级响应。决策模型支持变频泵的同频与差频运行、调压池挡水堰非满流时压力流与重力流混合供应等复杂工况的模拟计算。

原水智能调度技术成果应用于金泽原水系统日常调度，系统共包含原水增压泵站3座（共计29台大型输水机泵设备）、分水点4个、调节池5座、前池6座、调压池2座、调节阀9个，主要管、渠道单线长度共计71.4km，受水单位14家。压力流与重力流混合供应，体量庞大，工艺复杂。

1.6 建设内容

上海市多水源供水信息化业务平台是在建设智慧城市、智慧水务的大背景下，结合水务行业信息化发展经验，充分利用Web技术、可视化技术、云计算、数据管理和挖掘技术、机器学习和人工智能等技术，解决数据孤岛问题，实现数据共享互通，构建一体化、可扩展的综合性平台，主要建设内容包括水源水质水量监测与预警、多水源智能调度与应急联动、水厂运行智慧化建设、管网诊断评估与异常识别以及二次供水信息化监管等，应急工况下调配水量达1000万m³/d，实现上海原水互补、清水联动。通过对从源头到龙头一系列数据的实时监控预警与分析，及时采取相应的措施，实现从水源地到小区龙头的供水全流程安全保障，同时通过智能化调配，降低能耗，推动供水业务绿色低碳发展。

1.6.1   水源水质水量监测与预警

基于金泽水源跨区域、跨部门的水质水量监测与预警多级网络，集成污染源和风险源数据、在线监测水源附近船舶信息和全链条水质数据，建立水源水质水量监测与预警业务化平台。开发金泽库区内藻类预测模型，针对总氮、总磷、溶解氧、叶绿素a、蓝藻等水质指标，预测未来几天金泽库区内藻类数据（见图1-2），并判断未来几天金泽库区内是否存在藻类暴发的可能。实时监控水质并预警风险，一旦水源地突发重大水源性污染，启动平台金泽供水模块中的应急联动，确保上海市原水供应安全。

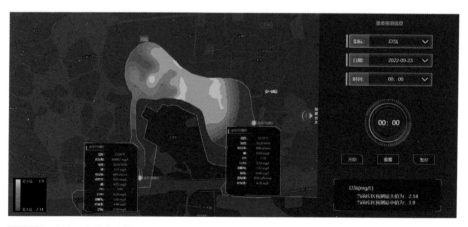

图1-2 金泽原水藻类预警

1.6.2   多水源智能调度与应急联动

原水智能调度系统能够自动生成日常系统调度方案，实现金泽泵站主泵机组的闭环控制，系统运行连续、稳定、经济、高效，是高精度水力仿真模型与全系统、多因素的智能调度决策模型在超大城市原水供应系统上的成功应用。

金泽智能调度基于高精度水力仿真模型，涵盖泵站、水泵、阀门、管道、调节池、调压池、分水点等水力构筑物要素，结合需水量预测模型，构建包括全系统和多因素的智能调度决策模型。决策模型的计算主体采用启发式算法和梯度算法相结合，可实现优化方案自动决策，方案优化计算秒级响应。在决策过程中，可接入当前水泵运行状况与调度运行实际要求等信息，智能筛选调度方案，减少水泵的切换，在达到原水调度目的的同时，实现节能降耗。

上海已形成"两江并举，多源互补"的原水供应格局，根据原水系统多水源地之间的格局布置和模型运算结果，在原水突发事件情况下，启用原水应急调配系统，利用可视化及多级数据网络等技术，全方位动态模拟事故工况下的智慧化方案，并将方案分解为多层次、多维度的操作行为，集成黄浦江上游金泽、青草沙、陈行原水系统应急联合调度演练教程，共形成18个应急调度方案，为相关工作人员应急决策提供技术支持。

1.6.3　水厂运行智慧化建设

积极推进水厂深度处理工程建设，在进一步提升出厂水质的同时，开展水厂智慧化建设，打造数字孪生水厂，通过"数字大脑"自动控制，精准加药，节能增效。以科技创新赋能生产运营，通过实时监测和智能管理，确保制水环节精准高效。

1.6.4　管网诊断评估与异常识别

实时监测供水管网水量水压等数据，及时对异常事件进行诊断和定位，通过数据辅助决策，迅速处置，协调联动，高效开展运维。同时结合管网模型与算法，动态模拟水量水压数据，智能预测用水需求，实现按需供水，推动供水管网数字化监管，保障供水安全。

1.6.5　二次供水信息化监管

基于Internet进行数据整合、挖掘，充分利用 Web 技术、地理信息技术、大数据分析技术等最新技术，建设覆盖西南五区及中心城区的二次供水信息化监管平台（见图1-3），累计集成二次供水监管点152个，可实现水质监测、流量监测、水泵运行监测、压力监测与水质预警、自动进行数据汇总和统计等功能，实现上海市二次供水的有效监管。

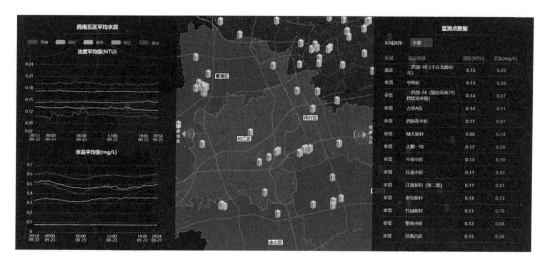

图1-3　二次供水信息化监管

1.7　应用场景和运行实例

1.7.1　锑污染联合调度

2019年8月9日至10日，受第9号台风"利奇马"影响，太湖流域杭嘉湖地区遭遇强降雨，太浦河周边河网水位快速上涨，太浦闸于8月9日16时45分关闸。8月11日水质监测结果显示，太浦河干流平望大桥、黎里东大桥断面锑浓度异常，13时左右两断面锑浓度均达到5.2μg/L，超出5.0μg/L的标准限值。利用金泽水源区域联动调度技术（基于重金属、油类、化学品等的污染物迁移降解模拟技术），开展太浦河锑的迁移模拟，预测在太浦河50m³/s下泄流量下，金泽水库取水口锑浓度峰值出现时间约为8月12日16时，超标准限值的概率较小。因此，为保障下游水源地供水安全，建议在太浦闸不开启的情况下启用太浦河泵站。8月12日11时，太浦河泵站1台机组（50m³/s）开启供水，金泽水库取水口处锑浓度于8月12日12时左右达到峰值，为4.5μg/L，未超标。本次联动调度技术的应用为金泽水库取水口的供水安全提供了技术支撑，取得了良好效果。

1.7.2　多水源应急联动

2021年8月19日，受太湖水质影响，金泽水库取水口2-MIB异常升高，随即停止取水。8月19日22时，各单位阀门操作人员及运行班组迅速开展应急响应，原水管渠打开青草沙系统与金泽系统分隔点曹行分支井闸门，五号沟泵站严桥支线改为双管并联运行模式，临江泵站配合提量增压，将黄浦江二期渠道内循环的金泽系统原水及后续青草沙系统原水供入闵行水厂，同时启用严桥泵站保障严桥下游水厂服务供应。8月20日8时，启用松浦泵站黄浦江取水口，反向供应车墩、奉贤、金山水厂，进一步降低金泽水库供水负荷，金泽水库水源仅供应青浦水厂及松江中、西部水厂。8月23日，金泽水库取水口水质明显好转，经过上级商议，于16时停运松浦泵站，切换金山、奉贤及车墩水厂为金泽供水模式。8月24日10时，曹行分支井闸门关闭，青草沙系统与金泽系统的连通关闭，"北水南调"结束，西南五区全部恢复为金泽水库供水，严桥泵站恢复热备用工况下的运行模式。至此，持续5天的金泽水库水质异常应急处置任务圆满完成。本次应对水源水质异常的应急挑战，首次将"青草沙系统供应黄浦江上游系统"应急预案从理论转化为实践，并充分发挥了松浦原水厂取黄浦江水向金泽系统反向供水的应急作用，验证了原水系统多水源调配模型运算结果。

1.7.3　原水系统智能调度

金泽原水智能调度系统在日常调度中实现了系统调度方案的自动生成与金泽泵站主泵机组的闭环控制，系统运行连续、稳定、经济、高效，体现了高精度仿真水力模型与全系统、多因素的智能调度决策模型在超大城市原水供应系统上的成功应用。

2021年上半年，金泽原水智能调度系统产生的方案总数为4596条，其中4461条方案得以接受执行，135条方案被拒绝，采纳率达97%。拒绝原因主要是由于数据通信情况或者模型问题导致的方案偏差。通过几个月的持续改进，采纳率明显提升。2021年6月1日至30日，产生的方案总数为990条，其中978条方案得以接受执行，12条方案被拒绝，采纳率提升至98.9%。2021年1月至7月金泽系统累计综合单耗（千吨水能耗）为98.58kWh/km³，2019年同期值为109.74kWh/km³，下降约10%；金泽泵站统计运行效率为76%，与2019年同期值56%相比，提升20%。

1.8　建设成效

1.8.1　投资情况

平台一期建设费用为200万元（2018年），二期建设费用为330万元（2019年）。

1.8.2　环境效益

通过构建水源地监测预警网络，设定关键指标预警阈值以进一步保障原水取水安全，如重金属锑、氨氮和耗氧量预警值分别设为5μg/L、0.5mg/L、4.0mg/L、咸潮预警指标氯离子预警值设为150mg/L。实现可调配原水水量1000万m³/d，践行了上海原水互补、清水联动的数字化管理，保障了金泽供水示范区（西南五区约670万人）和推广应用区（临江、南市等水厂供水区约400万人）共计不少于1000万人口龙头水水质全面达到国家标准《生活饮用水卫生标准》GB 5749—2006的要求。

1.8.3 经济效益

上海市多水源供水信息化业务平台自运行以来，取得了良好的应用成效。与2018年6月至11月同期相比，电耗下降5.52%，金泽原水系统电费减少346.14万元。若进行全市推广应用，按水量折算，每年可节约电费近3000万元。

1.8.4 管理效益

通过开展跨区域、跨部门的污染防控、监测预警与联合调度技术研究与应用，提出具有上海特色、适合超大城市的智慧化供水管理模式（见图1-4），通过对从源头到龙头一系列数据的实时监控预警与监管，保障上海市供水安全，提升城市供水韧性，同时提高客户满意度、获得感。

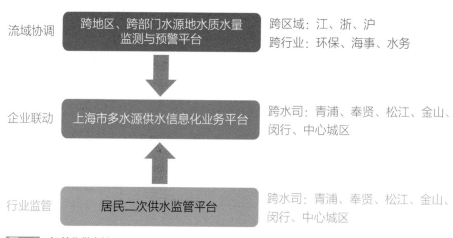

图1-4 智慧化供水管理

1.9　项目经验总结

依托水专项成果建设的上海市多水源供水信息化业务平台是上海市供水系统安全保障数字化管理的重要平台。根据上海市超大城市供水特点和管理需求，集成水专项研发的水源水质水量监测与预警、多水源智能调度与应急联动、水厂运行智慧化建设、管网诊断评估与异常识别以及二次供水信息化监管等相关核心技术，打造了从水源地到居民龙头的一体化、全流程、智慧化综合性供水管理平台，实现了上海原水互补、清水联动，在供水行业具有引领作用。同时在示范工程建设过程中，形成了一套可复制、可推广的工程经验，可在全国范围内做进一步推广应用。

业主单位：上海城投水务（集团）有限公司

设计单位：上海城投水务（集团）有限公司、上海城市水资源开发利用国家工程中心有限公司

建设单位：上海城投水务（集团）有限公司、上海市供水调度监测中心、上海城投原水有限公司、上海城市水资源开发利用国家工程中心有限公司、上海市政工程设计研究总院（集团）有限公司

案例编制人员：赵平伟

第二章 | 供水厂运行与管理

2 深圳市南山水厂智能投加控制系统

项目位置：广东省深圳市

服务人口数量：100万人

竣工时间：2021年3月

2.1 项目基本情况

净水工艺中，控制出水浊度是保证处理效果的重要一环。要保证滤后水浊度达标，就需要控制好沉后水浊度，浊度控制的关键性问题是如何在混凝过程中保障良好的混凝效果。混凝效果与原水水质、混凝剂种类和投加量以及工艺构筑物本身的性能等诸多因素有关。对于混凝效果的优化控制，主要是根据原水水质、水量的变化，实时、准确地调整混凝剂的投加量。由于混凝过程受到许多物理、化学及生物因素的影响，具有非线性、大滞后、多输入因子和时变性等特点，是一个非线性且复杂的过程。

为实现混凝剂投加量的最优控制，目前已有多种混凝投药自动控制方法，如人工经验法与烧杯试验法、现场小型装置模拟法和流动电流（SCD）法等。但这些方法在应用中都存在各自的问题，在水厂实际运行时，目前大多是在流量比例投加的基础上，凭借实践经验人工调节混凝剂投加量。这种方法对操作人员的经验要求较高，也容易导致药剂过量投加和水质突发波动时难以及时应对的问题，不易取得良好的控制成效。因此，为提高混凝投药控制的自动化水平，保障水质安全，节省药耗，需要充分应用新技术手段，研发出可实现全闭环控制的新型智能投加控制系统，实现水厂混凝投药控制的智能化改造和升级。

该项目位于广东省深圳市南山大道3968号深圳市水务（集团）有限公司南山水厂，主要面向水厂混凝投药工艺。南山水厂覆盖范围（区域面积）约75km²，服务人口约100万人。该项目将智能投加控制系统应用于水厂的混凝投药工艺中，精准实现混凝剂投加量调整控制，保证混凝效果的同时保障水质安全，减少药剂使用，降低水处理成本，提升水厂的生产自动化及无人值守水平，助力水厂的智慧化建设。

2.2 问题与需求分析

1. 保证水质稳定，达到最优混凝效果

原水水质随季节变化会影响混凝效果，进水量频繁调度及混凝剂投加量的变化易引起沉后水浊度的波动。为实现混凝投药优化控制，需要根据原水水质、水量等变化情况，实时、准确地调整混凝剂的投加量，进行投药量的最优控制，从而保证最优的混凝效果。

2. 提高混凝投药控制的自动化水平

传统水厂的投药系统智能化控制水平普遍偏低，需要人工干预，无法实现全闭环控制，且人工操作强度高，难以实现运行少人/无人值守。因此，提高混凝投药控制的自动化水平，实现混凝投药的全闭环自动化控制，是当下水厂生产运营的迫切需求与技术革新的重要内容。

3. 减少投药量，节约成本

对于供水行业，净水药剂费用是仅次于电费的第二大成本来源，而当前普遍采用的人工干预投加的方法容易造成投加量偏大，增加药剂费用。因此准确控制混凝剂投加量，在保证处理效果的前提下尽可能减少药剂消耗，不仅能保证出水水质，也将产生可观的经济效益。

综上所述，有必要充分应用创新技术手段，研发新一代智能投加控制系统，实现水厂混凝投药系统的升级改造，达到混凝投药环节自动化、精细化、智能化闭环控制的目标，助力企业建设智慧水厂，满足企业智慧化转型的发展需求。

2.3　建设目标和设计原则

2.3.1　建设目标

（1）实现混凝投药过程全自动、高效、可靠、精准、闭环运行，助力水厂实现少人/无人值守；

（2）通过综合应用数据分析及人工智能等多种新技术手段，开发更精准的智能投药模型与智能投加系统，实现不同水质状况下的精准加药，敏捷应对水质波动；

（3）在保障出水水质的前提下，实现适度节药，提升水厂制水经济效益。

2.3.2　设计原则

以"可靠性、稳定性、安全性、先进性"为设计原则，首先应用智能技术建立更精准可靠的智能投药模型，敏捷应对各种水质状况，保证水质安全；其次采用工业PLC控制系统，简化系统结构，减少出错环节，保障系统稳定可靠运行；最终提高自动化水平，以数据为支撑，把科学的管理理念和先进的技术手段紧密结合起来，减少人工操作，降低企业运营成本，优化水厂管理模式。

2.4　技术路线与总体设计方案

2.4.1　技术路线

智慧水厂建设将新一代信息技术与制水工艺流程体系全面融合，实现水厂运营全过程数字化、控制智能化、管理精准化、决策智慧化，是智慧水务建设的重要环节。该项目通过多种最新技术手段的综合应用，实现混凝投药从控制算法到投加控制执行的融合创新，解决混凝投药环节难题，实现混凝投药自动化、智能化闭环控制，助力建成全环节集中监测管控、智能决策和少人/无人值守的智慧水厂。

该项目的技术路线如图2-1所示。

1.矾花图像观测装置研制与矾花分析

采用先进的图像分析技术，从采集到的矾花图像中提取关键特征值，如絮凝体个数、平均粒径、表面积等，获取矾花图像的分形维数和分布情况等特征参数，主要技术内容包括：

（1）研制矾花图像采集装置，实现水下矾花图像采集；

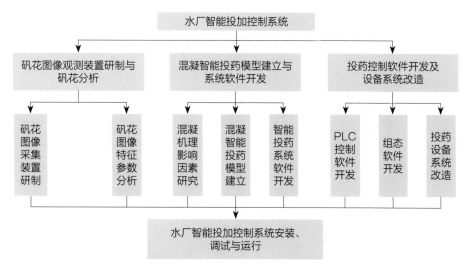

图2-1 **水厂智能投加控制系统技术路线**

（2）设计水流控制装置，保证取景窗内良好流态和水流的及时更新；

（3）研制摄像装置的水下自清洁设施，实现摄像装置免维护自清洁功能。

2. 混凝智能投药模型建立与系统软件开发

（1）深入研究影响混凝效果的机理，结合水厂各类在线仪表监测数据，明确混凝投药过程中水质、水量等参数对混凝效果的影响。

（2）基于水厂投药历史数据与生产经验，建立原水流量、浊度、温度、pH等前馈投药数学模型，并增加沉后水浊度和矾花图像（分形维数、分布特性）反馈控制，优化投药模型。利用人工智能算法多参数建模，实现投药人工智能化预测控制及自优化提升，实现精准投加，提高处理效果，降低药耗。

（3）开发智能投加PLC控制系统接口及集成，实现工艺控制算法模型与投加控制有关的硬件执行功能融合，开发与用户的交互接口界面，实现各参数值设置、显示、存储和控制接口集成等功能。

3. 投药控制软件开发及设备系统改造

确定输入信号和输出信号后，统计I/O点数，选择PLC硬件设备并进行配置，设计安装控制柜以及现场施工连线。开发PLC控制软件，基于组态软件开发上位控制软件，改造建设药剂投加控制设备系统，将非数字式的计量泵改造为数字计量泵，建成数字计量泵设备控制系统。

4. 水厂智能投加控制系统安装、调试与运行

安装、调试水厂智能投加控制系统，试点应用及优化运行。

2.4.2　总体设计方案

该项目的总体设计方案如图2-2所示。

图2-2　水厂智能投加控制系统总体设计方案

（1）设备层由控制系统、矾花观测装置、传感仪表组成。控制系统包括PLC和数字计量泵，控制和实现混凝剂的投加；矾花观测装置用于实时观测矾花图像，并上传到智能投药控制一体机进行处理分析；传感仪表由浊度仪、流量计、pH计、温度计等组成，采集影响混凝效果的水量及水质参数。

（2）控制层由智能投药控制一体机组成，结合矾花图像处理单元可对采集的矾花图像进行分析，计算分形维数，通过混凝智能投药模型计算得出智能加药量。

（3）应用层通过开发的水厂智能投加控制系统软件，将混凝投药控制过程在大屏和PC端进行展示。

2.5　项目特色

2.5.1　典型性

混凝工艺是自来水生产的核心工艺之一。由于影响混凝投药的因素众多，如原水的水量、有机物含量、pH、温度等，而且还会随水源和季节而发生变化。另外，从混凝剂的投加、絮凝反应到沉淀池末端出水至少要经过1h以上的时间才能达到稳定状态。因此，水厂混凝过程具有"多因素、时变不确定性、非线性、混凝滞后"等典型性特征，传统的混凝投药自动控制方法在实际应用过程中都存在着适应性差等问题，导致难以广泛推广应用。如何实现混凝投药系统的精准控制一直是行业的难点和热点。

因此，混凝智能控制技术成为混凝投药控制新的发展方向。一方面，水质在线监测、图像采集等仪表及新设备实现了更便捷、精确的数据和图像采集，便于积累大量的水质相关数据，为数据挖掘提供了前提条件；另一方面，人工智能及先进控制技术等新技术的高速发展，为数据挖掘提供了手段，为应对混凝非线性过程提供了有力的建模工具。

2.5.2　创新性

（1）该项目采取的技术方案，融合应用物联网、大数据、人工智能和控制技术等新一代信息技术手段建立投药模型，实现混凝剂投加闭环全自动化智能控制。该控制系统相较于传统投加控制方式，准确性高、稳定性强，能够适应不同水厂水源水质的变化，实现精准感知、智能决策和科学管理，最终达到节能降耗的要求，有效提升供水企业高质量保障饮用水安全的能力，对建立安全、高效、节能、智慧化水厂具有深远的现实意义。

（2）智能投加控制系统采用先进的图像监测及处理技术分析絮凝体，获得水中颗粒物的粒径大小及分形维数等参数值，形成絮凝体特性的特征表达，实现形象直观的混凝监控处理。

（3）混凝投药实现闭环智能自动化控制，大幅减少人工操作的同时，实现更精准的投药，确保出水水质稳定达标，推动自来水厂实现少人/无人值守的运营管理模式，节能降耗、减员增效的同时保障生产安全，经济和社会效益显著。

2.5.3　技术亮点

（1）融合多种新技术手段、实现多模式精准投药智能控制。在传统比例投加控制的基础上，实现前馈、反馈与投药智能化算法模型融合控制，支持选择不同模式投加，实现混凝投药的智能化控制及学习优化，可敏捷应对水质突发情况。此外，可针对每个水厂实际状况，通过算法模型进行针对性定制优化，实行"一厂一策"，实现混凝剂更精准投加，集成加药PLC自动化控制，大幅降低人工强度，更好地保障生产安全与出水水质。

（2）以往的矾花图像采集装置安装于水下，视频观测腔壁容易受到污染，严重影响絮凝体拍摄效果。为彻底解决这个问题，该项目在视频摄像装置中设计安装了免维护自清洗装置，通过程序控制清洗频率和时间，保证絮凝体拍摄质量。

（3）实现了水质参数、原水流量、单位矾耗、矾花分析与混凝沉淀池出水浊度等投药全过程的数据集成及过程仿真分析，提升了智能投药模型的可靠性，更好地保障生产安全与出水水质。

2.6　建设内容

2.6.1　水厂智能投加控制系统组成

水厂智能投加控制系统的组成如图2-3所示。

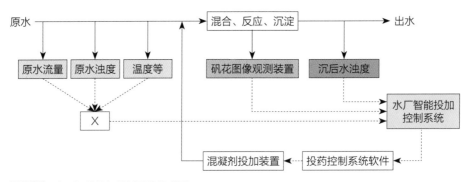

图2-3　**水厂智能投加控制系统组成图**

水厂智能投加控制系统主要包括矾花图像观测装置、混凝智能投药模型、水厂智能投加控制系统软件以及投药控制设备。系统通过矾花图像观测装置采集水下矾花的图像信号，同时将水质和水量信号输入计算机，通过建立的混凝智能投药模型分析输出投药量控制信号，通过投药控制系统控制混凝剂投加装置数字计量泵，以调节混凝剂的投加量。

2.6.2　矾花图像观测装置研制与矾花分析计算

1. 矾花图像观测装置

为实现水下矾花的实时观测，研制了矾花图像观测装置（见图2-4）。该装置主要包括三个部件：部件一为防水摄像装置，采用工业相机，图像分辨率高，可承受水下10m水压干扰，自带LED照明件为拍摄提供均匀的光源；部件二为自清洗装置，自动清洗摄像镜头，减少人工维护；部件三为固定部分，由固定架、连接杆和底座组成，用于安装固定整个装置。该装置

图2-4　**矾花图像观测装置**

能够自动实时获取混凝池中的矾花图像并传输至图像分析软件进行分析，具有防水、自动清洁、高清成像、远距离传输等特点。

2. 矾花图像分析软件

矾花图像分析软件是该系统的关键部分，可实现图像获取、平滑处理、阈值处理、去噪处理、絮凝体几何参数计算、分形维数计算等操作。

（1）图像获取：通过调用图像采集卡的库函数，实现图像动态显示及絮凝体图片的定时抓拍。

（2）平滑处理：选用中值滤波法，将原图像中一定领域内的像素值大小居中的点的像素作为新图像中对应点的像素，既可以消除噪声又不破坏图像的边缘，以改善图像质量，尽量减少噪声的影响。

（3）阈值处理：通过阈值分割将所需的图像区分出来。阈值处理完毕后，可获得所需的絮凝体图片。

（4）絮凝体几何参数计算：在以上各步处理完成后，计算絮凝体的个数、面积、周长等参数。

（5）分形维数计算：根据分形维数的计算公式算出每幅图片的分形维数值。

2.6.3　混凝智能投药模型建立与系统软件开发

1. 混凝智能投药模型

根据水厂投药历史数据以及生产经验，建立前馈量化算法。即综合考虑流量、进水浊度和矾花分形维数等参数，根据设定的沉后水浊度目标值，基于投药模型预测计算混凝剂投加量。在前馈量化算法给出的投加量基础上，根据投加后沉后水浊度值与目标偏差情况，计算出新投加量值，进行反馈修正。对出现沉后水浊度控制结果关联性很强的参数突发扰动，进行补偿处理，克服扰动产生的影响。

其中，针对自来水生产的投药工艺长滞后、非线性、多输入因子、不确定性、时变性、模糊性等特点，系统采用神经网络算法进行自适应、自学习，通过对样本数据（多因子）训练学习，进行参数适应调整和学习结果的权值调整，预测最佳投药量。神经网络模型建模流程如图2-5所示。

2. 水厂智能投加控制系统软件开发

开发智能投加控制系统软件（见图2-6），实现数据采集功能、自动控制功能、矾花图像采集和显示功能、矾花图像处理及分析功能、矾花特征参数显示功能、投加数据显示及存储功能、工艺流程显示功能、报警功能、水质参数查看功能、

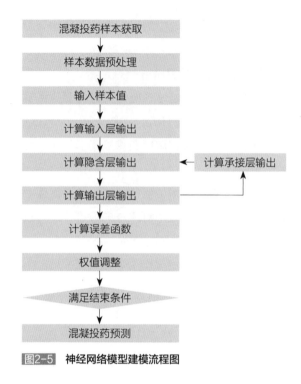

图2-5　神经网络模型建模流程图

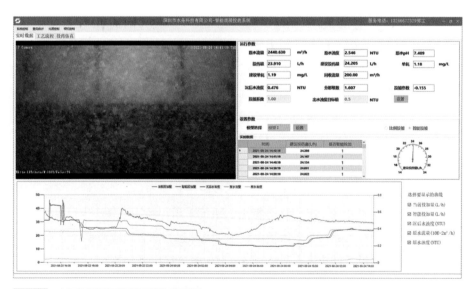

图2-6　水厂智能投加控制系统软件界面

历史数据查询和分析功能、报警阈值设置功能、控制参数设置功能等功能，具体如下：

（1）可实现水下矾花图像的单幅或连续采集、水质参数和水量参数采集，实时地显示在计算机屏幕上，并绘制分形维数变化曲线；可进行单日运行数据、图表的Excel文件输出，以及矾花特征图片的存储；

（2）可实现混凝投药过程中控制参数（单位水量药耗、流量系数、沉后水浊度目标值、自动清洗等）的设置及图像（亮度及对比度）的设置；

（3）可实现投药量、处理流量等的统计功能，实现智能投药效果的分析与比对功能。

2.6.4　投药控制软件开发

应用PLC系统实现配矾自动化控制。水厂智能投加控制系统输出的智能投加量为PLC投药控制软件（见图2-7）的输入信号。PLC系统根据智能投加控制系统输出的混凝剂投加量驱动数字计量泵等执行设备进行投矾操作。

为了保证系统的稳定和准确，对相关设备进行信号检测和反馈控制操作。其中，PLC对贮液池的液位实现自动化控制，当液位计检测到液位低于设定下限时，会切换另一个贮液池。

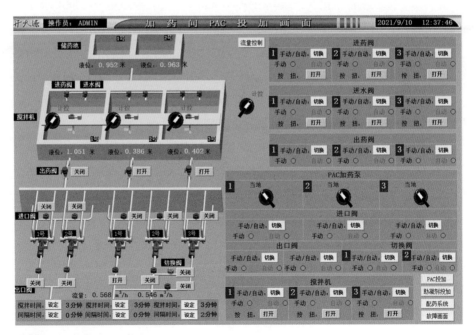

图2-7　投药控制软件界面

2.7 应用场景和运行实例

2.7.1 智能投加控制系统应用场景

水厂混凝投药过程常常面临以下问题与需求：

（1）原水水质随水源和季节发生变化，影响混凝效果和出水水质；

（2）简单的流量比例投加控制存在不足，多需要采用人工操作修正，难以快速应对突发情况，可靠性不足；

（3）如何在保障出水水质目标的前提下优化降低药耗。

智能投加控制系统可应用于水厂的混凝工艺环节，通过混凝投药的智能化闭环控制，解决上述问题，满足水厂用户的需求。该系统的矾花图像采集装置能够实时直观显示水下矾花状况，同步计算矾花的特征参数，运用数据分析，建立精准智能投药模型，敏捷应对各种水质状况，实现全自动投加，大幅减少人工操作，高效可靠运行，在保障出水水质安全稳定的前提下，节省药耗，增加经济效益。

2.7.2 运行实例

1. 单位情况介绍

项目申报及完成单位深圳市水务科技有限公司由深圳市水务（集团）有限公司（以下简称"深圳水务集团"）于1998年10月创建，是国家级高新技术企业、软件企业，由深圳水务集团全资控股，是目前中国智慧水务整体解决方案供应商之一。深圳市水务科技有限公司凭借20年的沉淀与积累，融合物联网、云计算、大数据、虚拟现实、人工智能等新技术，潜心研发了一系列智慧水务产品，提供完整的智慧水务系统解决方案。

深圳市水务集团南山水厂是深圳水务集团于2006年全额投资兴建的一座工艺领先、设施先进、自动化程度高、出水水质优良、管理科学、环境优美的现代化一流水厂。一期工程于2008年12月正式建成投产。深圳市水务集团南山水厂位于深圳市南山大道3968号。总体规划规模120万m^3/d，其中一期建设规模20万m^3/d。一期工程采用絮凝—沉淀—过滤—消毒的常规处理工艺，并预留了实施深度处理工艺的用地。

2. 运行情况

该系统于2020年起在深圳水务集团南山水厂试点运行及应用。该系统在工作期间运行稳定，确保了沉后水出水水质达标，减少了水厂混凝投药过程人工经验投加造成的药剂浪费，解决了人工操作强度高等问题，达到了节省药耗、保证水质稳定、提高水厂自动化水平的设计要求。

在人力投入方面，智能投加系统自动化控制PLC连续闭环运行，大幅降低人工操作强度，实现全自动可靠运行；在应对仪表噪声方面，当监测仪表有扰动现象时，原水流量、浊度出现异常数据，该系统可进行有效过滤处理；在混凝控制效果方面，该系统在传统比例投加控制基础上，实现前馈、后馈与智能投药算法模型的融合控制，可以敏捷应对水质各种状况。项目实施投入应用控制后，沉后水浊度稳定在0.45～0.70NTU，符合出水水质要求。智能投加系统的应用，在保障水质稳定的同时，节省投药比例达8.7%（见图2-8）。

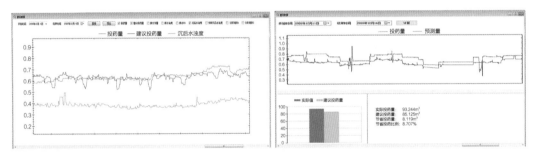

图2-8　南山水厂运行效果图

2.8　建设成效

2.8.1　投资情况

该项目工程总投资为300万元，工程涉及的主要设备如表2-1所示。

水厂投加控制系统主要设备一览表　　　　　　　　表2-1

序号	名称	序号	名称
一	加药间	二	PAC加药系统
1	手动球阀	1	数字隔膜计量泵
2	低阻力倒流防止器	2	电动球阀
3	轴流风机	3	背压阀
4	潜水排污泵	4	手动球阀
5	液位计	5	Y型过滤器
6	搅拌机	6	电动球阀

序号	名称	序号	名称
7	手动球阀	16	PLC控制柜
8	超声波液位计	三	**水厂智能投加控制系统**
9	止回阀	1	矾花图像采集装置
10	脉冲阻尼器	2	水厂智能投加控制软件
11	安全阀	四	**传感仪表**
12	压力表	1	浊度仪
13	手动球阀	2	电磁流量计
14	电动球阀	3	温度计
15	电磁流量计	4	pH计

2.8.2　环境效益

该系统融合了多种投药模式，可敏捷应对各种水质状况，在保障水厂出水水质稳定的同时，实现了闭环智能自动控制代替人工经验控制，提升了水厂生产重要环节的安全可靠性，从而更好地保障城市居民用水安全。

该系统实现了混凝投加的精细化、数字化调节，能够实现更佳的工艺运行状态，降低运行人工操作强度，提高生产效率，在保障和提升出水水质的同时，达到节能降耗、降低生产成本的目的。

该系统以提高供水水质、提高生产安全可靠性、降低药耗和成本为目标，基于新一代先进控制技术、物联网和人工智能技术等设计研发，具有良好的适应性，符合智慧水务发展的必然趋势。

2.8.3　经济效益

智能投加控制系统的应用，可以使混凝剂的投加量在满足处理效果要求的前提下达到最佳的投药量。与水厂以往传统的人工干预投加模式相比较，在保证处理效果的前提下，智能投加控制系统能有效避免药剂过量投加现象，从而显著降低药耗。

2.8.4　管理效益

系统通过混凝智能投药模型精准控制药剂投加，提高了水厂的自动化水平，减少了水厂投药控制环节的人员配备，为自来水厂混凝投药环节提供了更加科学精确的支撑手段，是水厂智慧化转型建设必不可少的步骤，有助于改变水厂传统运营方式，走向少人/无人值守的智慧运营模式，从而推动企业数字化转型及智慧水务的建设，为实现自来水直饮提供科学支撑工具。

2.9　项目经验总结

水厂智能投加控制系统综合应用了先进控制技术、图像技术、物联网和人工智能等新一代信息技术，基于智能投药算法模型实现了混凝剂投加闭环全自动化智能控制，大幅降低了混凝环节人工操作强度，更精准投药确保出水水质符合要求，更好地保证了自来水厂进一步实现少人/无人值守运营管理模式，实现了节能降耗、减员增效和生产安全，其经济和社会效益都十分显著。

该系统实现的混凝智能控制较传统的控制方式，控制准确性高、稳定性强，能够适应不同水厂水源水质的变化，更能适应水质净化工艺节能降耗的要求，可以在保证水质稳定达标的情况下，提升水厂投加自动化水平，更好地实现节能降耗、增加经济效益的目标。

先进控制技术、图像技术、物联网和人工智能等新一代技术手段在混凝投加控制系统上的成功应用实践，对建立安全高效的节能型水厂具有深远的借鉴意义。

同时，该项目研发形成的智能投加控制系统产品在行业内应用推广，可以快速提升水厂的安全生产、水质保障和节能降耗的能力，对建设智慧水厂和推动供水企业的智慧水务建设具有显著的示范意义。

业主单位：深圳市水务（集团）有限公司南山水厂
设计单位：深圳市水务科技有限公司
建设单位：深圳市水务科技有限公司
案例编制人员：吴江、廖伟、李震、梁明、邓若哲、张磊、王梅芳、郑睿

第三章｜供水管网运行与管理

3 绍兴市越城区基于数据与业务联动的管网漏损管理系统

项目位置：浙江省绍兴市越城区

服务人口数量：98万人

竣工时间：2019年12月

3.1 项目基本情况

供水管网漏损管理是供水企业一项十分重要的工作，而我国供水企业的漏损管理现状并不乐观。完备的漏损管理应基于全面的产销差管理和漏损控制解决系统。在新技术变革的影响下，智慧水务大数据集成分析和挖掘应用能有效帮助供水企业实现科学高效的漏损管理。

项目服务区域为绍兴市越城区，区域面积498km^2，服务人口98万人。项目依托"智慧管网"的理念，通过融合各类管网运行信息，利用互联网和大数据分析技术，有效发挥信息技术对供水行业生产、服务、管理的支撑作用，构建智能运行分析决策平台，实现对管网运行情况的综合分析和智能管控，深度挖掘数据，更好地促进管网管理流程不断优化，提升发现问题、解决问题及预防问题的能力，从而进一步保障供水安全和优质服务。

3.2 问题与需求分析

项目主要解决以下三个具体问题：

1. 合理评估漏损现状

通过对管网分区内流量、压力、大用户用水量等重要参数的监控分析（见图3-1），合理评估片区的漏损水平（水量平衡程度）。通过评估、量化漏损现状，找出造成漏损的主要原因。

图3-1　管网实时数据监控

2. 及时发现新增漏损

通过长期监测分区计量管理系统的分区流量，掌握各个片区的水量变化规律（见图3-2），尤其是关注夜间最小流量的变化趋势，准确判断是否出现新增漏损，最终缩短漏点的感知或发现时间，有效指导人工辅助检漏，提高检漏工作效率。同时，有效防止漏损反弹，实现管网漏损持续减少，有效避免爆漏事故发生，保障漏损率长期处于较低水平。

3. 有效控制存量漏损

基于分区计量管理模式开展分区调度、分区控压，实现精细化区域压力管理（见图3-3），围绕"高峰不低、低峰不高"的要求，进行按需、科学调压，实现管网压力平稳，管网运行安全、经济，有效减少甚至杜绝水锤等破坏性影响。

项目通过解决以上三个问题，最终实现以下两点目标：一是实现漏损控制

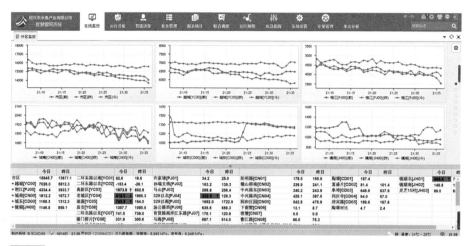

图3-2 各个片区的水量变化规律

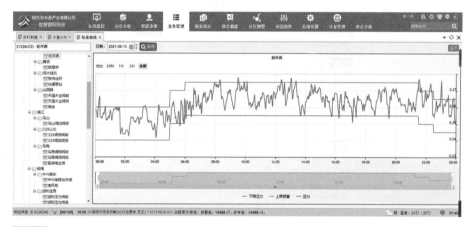

图3-3 智能精细化区域压力管理

的网格化管理，保持区域供水管网漏损率连续十余年稳定在5%以下；二是通过对供水管网开展智慧管控，保障供水管网的安全运行，减少或避免供水异常事件的发生。

3.3 建设目标和设计原则

3.3.1 建设目标

项目旨在运用现代化手段和技术，构建基于数据与业务联动的漏损控制与管理体系，提高绍兴市供水管网漏损管理水平和安全性能，实现管网漏损率稳步下降并稳定在5%以下，同时推动供水管理提质增效，促进城市高质量发展。

3.3.2　设计原则

融合现有监测信息系统，构建"一网一库一平台"全方位的智能化管网供水管理系统。"一网"是指感知压力、流量、水质、水锤等实时监测数据，打造有效、全面的物联网；"一库"是指抽取分散在各信息系统中的生产运营数据，建立集成、开放、统一的数据仓库；"一平台"是指融合、运用生产运营数据，搭建管网运行情况的综合分析和智能化管控平台。

3.4　技术路线与总体设计方案

3.4.1　技术路线

该项目的技术路线如图3-4所示。

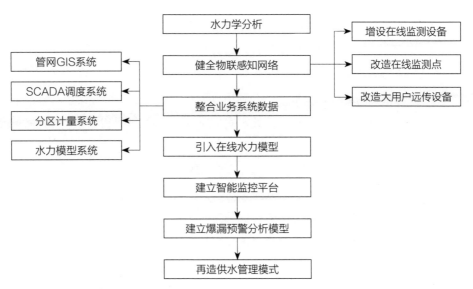

图3-4　管网漏损管理系统技术路线

1. 健全物联感知网络，提高监测频率和数据精度

通过水力学分析，在管网关键节点增设流量计、压力表、水质记录仪等在线监测设备，健全物联感知网络，同时在原有管网监测点布局的基础上，通过水力学分析，强化主干管网、配水管网及小区管网的监控，以点带面建立管网

运行监控保障网络。通过改造在线监测点及大用户远传设备，从源头着手，实现监测数据的突变上报，降低数据采集和上发频率。

2. 整合业务系统数据，建立管网运行大数据仓库

为解决业务系统间存在的"信息孤岛"问题，充分利用零散数据，项目在管网GIS基础数据上，全面融合SCADA调度系统、分区计量系统、水力模型等数字化管理系统，建立集实时监控、有效分析与智能决策于一体的标准化大数据仓库。同时，借助物联和仿真技术，及时分析与处理系统平台的数据和信息，实现对管网运行情况的智能化识别、定位、监控与管理。

3. 引入在线水力模型，提高调度决策指挥的科学性

利用在线水力模型技术建立管网各监测数据之间的关联关系，研究智能化异常判别方法和异常定位技术，并在模型基础上开发面向普通用户的应用系统。结合智能化管控的需求进行开发应用，在保证用户供水服务质量的前提下，优化管网运行，在管网现状评估、规划设计及改扩建分析、生产运行、应急事故等方面提供辅助决策依据，并通过对管网运行各项指标的模拟分析，辅助实现科学调度，提高管网管理水平。

4. 建立智能监控平台，全面管网数据监测分析控制

基于管网数据库和管网运行参数实时信息，通过数据分析引擎，对海量的历史数据进行深度分析，通过比对管网历史数据和运行数据，可实时预警、捕获管网运行异常事件，并利用压力、水量、水质相关变化趋势模型分析和在线水力模型仿真分析，快速锁定异常区域，最终通过管网安全决策系统提供优化的事故处理方案。

5. 深入分析管网数据，建立爆漏预警分析模型

以收集到的水力数据为基础，将独立DMA内的流量数据关联起来，分析管网正常历史数据与爆管数据的特点，使用聚类分析算法开发爆漏预警技术，从而实现高准确率低误报率的爆漏预警。最终，通过该技术提高供水企业对爆管事故的响应速度，最小化爆漏事故带来的负面影响。

6. 再造供水管理模式，实现全流程动态的管理模式

在管网监控和数据分析的基础上，对业务管理需求做出更加智能化的响应与控制，以更精细、动态的方式管理供水系统的整个生产、管理和服务，从而实现"智慧供水"，进一步优化生产流程，协同多部门的审批和监管，对管网运行监测—评估—预警—处置—考核的全流程实行动态管理。

3.4.2　总体设计方案

该项目的总体设计方案如图3-5所示。

图3-5　**管网漏损管理系统总体设计方案**

1. 顶层设计

项目依托于物联网、管网仿真、大数据分析技术，全面感知管网运行状况，以管网GIS基础信息为基础，融合SCADA调度、水力模型仿真、巡检等系统工况数据和业务信息，制订统一、规范的数据接口标准，构建"智慧管网"平台，以业务实际需求为导向，融合分散在各相关信息系统中具有潜在价值的生产运营数据，做出智能化的统计挖掘及分析决策，通过综合分析、智能管控及供水管理流程再造，进一步优化管网运维工作模式，不断提升供水管网的精细化管理水平，保障供水服务质量。

2. 建设内容

（1）物联感知层。项目在现有管网监测点布设的基础上进一步优化、调整及升级改造，提升监测数据的时效性、准确性，有效感知管网监测点数据（压力、流量、水质、水锤），具备分钟和毫秒不同级别的压力自动　　水平，为运行调度和爆管锁定等提供有力支撑，实现主要进水口阀门的　　自动调节。建设高层泵房监控系统，实现视频、泵机等运行参数远程监测与控制。对用水量大于3000m³/d的大用户水表实行远程监控，实现流量逢变则报等功能。

（2）数据通信层。项目主要以GPRS、CDMA、GSM等传输协议为载体。为了承接大规模传感网带来的瞬时数据流，解决长期困扰水司的传感层数据规模带来的数据延时问题，智慧管网系统采用了"流式"计算引擎，以实现秒级大数据通过。"流式"计算是一种大数据计算的概念，传统大数据主要是对大量数据的批量计算实现统计分析应用，而"流式"计算面向数据流，是一组分布式计算网络，通过数据状态流转进行实际计算。供水管网数据本质上是物联网数据，而物联网数据流正是最经典的数据流，通过"流式"计算引擎，借助其分布式特性，可以在理论和技术上支撑起百万级传感网。

（3）数据存储层。通过整合物联网数据和管网GIS基础数据等管网数据和SCADA调度系统、分区计量系统、水力模型系统、巡检系统、热线工单系统等信息系统上的业务数据，使数据与业务、业务与业务有机结合，建立起一套相对完整的供水管网数据仓库。

（4）应用服务层。智慧管网系统从功能上可以分为监控、分析、决策、业务、报表五个方面，分别对应在线监控、运行分析、智能决策、业务管理、报表统计五大功能。

3.5 项目特色

3.5.1 典型性

我国供水企业漏损管理存在的问题比较多，如基础设施老化严重，管网等设施维护不及时；管网基础数据不完善、不准确；管网监测不全面，漏水监测设施不完善；缺乏分区管理；信息系统分散，数据不统一，缺少统一的漏水管理平台；被动式漏水管理，效率低下，效果不明显，缺乏有效的漏水管理机制；检漏手段通常只能维持漏损水平，而不能有效降低漏损等。

为此，项目结合"智慧管网"的理念，通过融合各类管网运行信息，利用互联网、大数据分析技术，有效发挥信息技术对生产、服务、管理的支撑，构建智能运行分析决策平台，实现对管网运行情况的综合分析和智能管控，深度挖掘数据，不断优化供水管网管理流程，不断提升发现问题、解决问题及预防问题的能力，进一步保障供水安全和优质服务。

3.5.2 创新性

（1）健全物联感知网络，提高监测频率和数据精度，为科学调度、科学决策提供有力支撑。

（2）整合业务系统数据，建立管网运行大数据仓库，有效解决业务系统间存在的"信息孤岛"问题。

（3）建立智能监控平台，全面监测、分析管网数据，提高漏损控制的精准性和压力控制的合理性。

（4）引入水力模型实时模拟技术，深入挖掘管网数据，建立爆漏预警分析模型，提高供水企业对爆管事故的响应速度，最小化爆漏事故带来的负面影响。

（5）创新供水管理模式，实现管网运行监测—评估—预警—处置—考核全流程动态管理。

（6）综合总结漏损控制管理体系运行、人才培养等经验和成果，形成可推广应用的模式。

3.5.3 技术亮点

1. 硬件技术创新

通过水锤记录仪进行压力高频采集，实现对管网压力突变、管网水锤的实时监控与分析。水锤记录仪采用电池供电，并选用高于0.1级的压力变送器，以GSM/GPRS为通信平台，以最短40ms的时间间隔进行数据采集。实现水压突变实时报警，大大提升了实时监控成效，尤其大幅缩短了管网水锤、管网爆管等异常现象的判断时间，做到及时发现、及时处置。

通过渗漏预警仪进行管道噪声采集，实现对管网漏水点的实时监控与分析。设备内置锂电池供电，可灵活采用"固定点+流动点+临时点"的部署模式，大大提高了设备使用的普适性。设备依托多通道通信方式，深度融合物联网数据与供水业务，提高漏点发现的及时性，缩短管网异常事件处置周期，为供水管网安全稳定运行提供有力的技术保障。同时，通过构建渗漏预警技术体系，形成创新的智能化检漏工作机制，有效提升漏损控制工作效率，解决检漏人才培养难、冬季检漏难、特殊管道检漏难等一系列问题。

2. 软件技术创新

（1）数据与业务联动。通过整合GIS、SCADA、分区计量、管网巡检、水力模型、热线呼叫、营业管理、微信平台八大信息化系统，在一张图、一张表上展示供水管网运行信息，实现管理流程再造。

（2）计量分区爆管预警技术。通过对计量分区流量数据特征进行研究，基于聚类算法实现爆管预警技术，准确识别出爆管事件，在保证对爆管事件较灵敏的同时获得了极低的误报率。

（3）水力建模技术。通过水力模型与SCADA调度系统的融合，根据计量水表的流量监测值动态调整水力模型节点流量分布，建立了具备自适应性的在线水力模型并开发了一系列应用技术——水量在线预测、管网在线调度、虚拟监测点设置、可操作共享水力模型。

3. 专利推广应用

该项目所形成的实用专利技术已在武汉市自来水有限公司、湖州市水务集团有限公司、广西贵港北控水务有限公司、嘉兴市嘉源给排水有限公司等国内多家企业得到应用，显著提高了供水企业管理水平，降低了漏损率，提升了供水企业的经济效益，产品推广应用前景广阔。

该项目申请了发明专利1项，获得实用新型专利授权3项、软件著作权7项，形成企业标准1项，发表论文4篇。技术成果经住房和城乡建设部科技与产业化发展中心组织专家鉴定论证，专家一致认为该项目实现了爆漏实时预警与定位的技术创新，达到了国际先进水平，具有推广应用价值。

3.6   建设内容

3.6.1   优化提升物联监测网

在现有管网监测点布设的基础上进一步优化、调整监测点的布局，升级监测频率，提高监测数据的时效性、准确性，有效感知压力、分区流量、水质、水锤，按需进行分钟和毫秒不同级别频率的压力自动采集与监测，为运行调度和爆管锁定等提供有力支撑。

3.6.2   建立管网大数据仓库

抽取现有业务系统的相关数据，包括GIS系统的管网数据、SCADA调度系统的监测数据、模型的模拟分析数据、巡检的上报事件（隐患点）、营业的用户及水量数据、呼叫的服务工单等，将各类业务数据进行整合，标准化数据接口，建立一个集成、开放、统一的数据仓库，为管网大数据的分析和展示创造条件。

3.6.3   建设管网智能监控平台

1. 预警子系统

通过建立预警标准化体系，采用多种统计测试算法，建立每个监测点及各分区的压力、流量、水质标准曲线，研究单个监测点或各分区的正常变化规律，进行管网运行现状分析，及时发现、预警水量泄漏、爆管水压突降、水质异常等问题。结合GIS系统，将报警数据以曲线和地理信息相结合的方式进行展示，彻底改变以往单一数据的报警模式，使报警信息由点到面，内容更丰富。通过弹出框报警、RTX报警及短信报警等，用户能够随时随地接收到管网报警信息，做到"报警零遗漏"。预警子系统的建立实现了预警方式多样、预警级别分层、预警信息直观、预警作用时效等效果。

同时，为进一步缩短爆漏定位时间，该项目还部署了基于噪声监测的渗漏预警终端设备和基于云计算的漏控大数据分析平台（见图3-6），通过构建供水管网渗漏预警体系，结合DMA、PMA的管理应用，完成对于管网漏水噪声、管道流量、管网压力的全方位综合监测，建立了精细化的主动控漏工作机制，为保障城市安全供水发挥了积极作用。

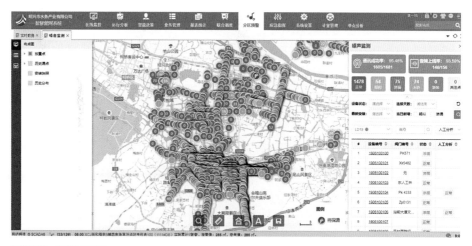

图3-6　预警子系统

2. 水力模型子系统

（1）在线水力模型计算引擎。通过水力模型系统与SCADA调度系统的融合，建立实时模拟供水管网运行状态的在线水力模型系统；研发检测系统、数据异常检测与数据清洗技术，并应用于在线水力模型的前端数据处理，提高在线水力模型的模拟精度；研发水力模型节点需水量分布在线校正技术，可根据监测水量与模拟水量的偏差自动校正管网的需水量分布，使在线水力模型具备智能性和自适应性。

（2）管网运行在线水力模型子系统。对在线水力模型输出的管网运行状态参数进行可视化展示，通过各种专题图直观呈现供水系统当前的工作状态，包括低压区、高流速区、高水龄区等，调度人员可对供水系统过去24h运行状态的变化进行分析，了解管网任意区域当前的压力、流量和流速情况，并可通过24h

内管网压力波动情况、管道水流方向变化情况及水源供水范围变化情况等分析专题图，得出更具参考价值的运行分析结果。

（3）管网运行智能分析子系统。当智能监控平台检测出供水管网系统运行状况出现异常情况时，在线水力模型平台提供分析工具，协助调度人员根据监测数据的变化，在线分析异常情况的种类以及产生的原因。如发生管网压力异常波动时，在线水力模型可以快速识别产生异常压力地区的供水路径，分析产生压力异常的管段；当发生爆管事故时，在线水力模型可以分析部分区域停水后管网压力降低以及管道流量、流向等运行参数的变化情况，并及时得到入口调流阀的应急调度数据；当管网发生水质异常变化时，在线水力模型可以迅速分析不同时间污染物的扩散范围，并分析污染物最可能的来源，提高调度人员在发生紧急事故时的应急处置能力。

（4）在线调度子系统。建立绍兴供水管网在线优化调度水力模型，根据管网中的目标压力值优化水源入口调流阀的开度，达到管网压力均衡可控的优化目标。在线优化调度系统可以根据管网总用水量，在线制定出当前各调流阀的优化开度方案；利用在线水力模型的水量预测功能，预测未来24h的管网需水量，制定未来优化调度方案；当供水系统发生消防、冲水、调压等特殊情况时，调度人员可以运行调度系统专用工具来得到相应的调度方案（见图3-7）。在线调度子系统还可以用于对调度人员进行岗位培训，让调度人员在虚拟的调度环境中，对各类正常和非正常运行工况进行模拟操作，查看不同调度方案的结果，以提高调度人员的业务能力和水平。

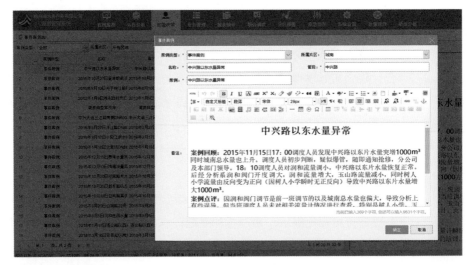

图3-7　事件案例库

（5）管网虚拟监测点子系统。由于SCADA调度系统的监测点数量有限，监测覆盖范围无法满足对管网运行状态进行全面监控的需要，为了解决这一问题，该项目研发了虚拟监测点技术，可在管网中尚未设置监测点的区域建立虚拟监测点，将在线水力模型的模拟结果作为虚拟监测点的监测数据，与现有监测点一样，能够在线监测管网当前的运行状态。虚拟监测点不仅能够监测压力、流量等常规运行参数，还能够监测普通监测点难以获取的参数，如水龄、压差、流速、水力坡度等。虚拟监测点是对现有监测系统的补充和完善，能够帮助调度人员更加全面地掌握管网的运行状态。

3. 智能调度决策子系统

（1）爆漏应急处置子系统。基于预警子系统，综合管网建模成果、GIS系统数据和分区计量系统海量数据计算方法，建立异常事故判定模型（见图3-8），在发生爆管事件时，进行快速定位，并自动寻找爆管相关的调控阀门，智能控制管网压力流态，有效避免爆管引起的大范围水质异常和压力下降；通过系统可及时发现突发性爆漏和趋势性漏点，变被动为主动，及时消除管网安全隐患，实现智能调度决策功能。

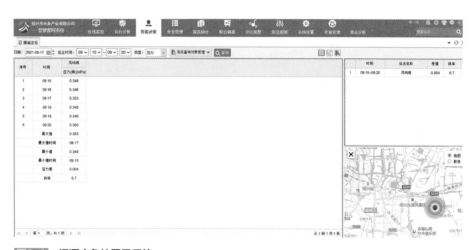

图3-8　爆漏应急处置子系统

（2）水质应急处置子系统。在水力模型基础上开发管网水龄和余氯浓度计算等水质分析功能，并将计算结果在管网图中分级展示。通过模型计算结果与监测数据的比对，定位污染源可能位置，计算不同时刻的污染影响范围。建立住宅小区、农村等终端用户水质预警数学模型，通过综合分析管道长度、容积、流量和在线远传考核表用水量等相关参数，实现对管网末端水质的间接预警提示。

（3）调度方案评估子系统。通过对大量历史阀门调节记录和SCADA数据的统计和分析，制定各种阀门调节方案下的管网压力、流量、水质等管网工况分析报表，生成不同工况下的阀门调节方案，合理指导供水调度，开展日常供水压力调度、流量合理区间分析评估工作，形成标准化调压调流机制，实现供水调度经济、合理、高效。

（4）业务流管理子系统。对公司调度管理、水质管理、巡检、检漏、抢修、作业审批、GIS数据更新、模型维护等管网业务流程进行全面梳理、规范管理，实现公司业务在系统内全电子化闭环控制，提升精细化管理水平。

3.7　应用场景和运行实例

该项目自建成以后，在全公司范围内推广，广泛应用于供水调度、企业管理、应急处置、行风服务等方面，得到了相关岗位人员的好评，并取得了显著的成效。应用主要体现在以下几个方面：

1. 漏损控制的网格化管理

实现分区监控、分区控压、分区计量。服务区域的供水管网上共安装了125个流量计、43台在线水质监测仪、9只调流阀、12只减压阀，已建成5个一级分区、38个二级分区，累计发现1300余处监测点异常情况、103处区域水量异常事件，3年来未发生爆管事故，水压、水质合格率持续保持在100%，漏损率持续控制在5%以下，各项指标处于行业领先地位。

2. 爆漏定位、爆管影响分析

系统自动报送水量异常事件，并智能定位爆漏点可能位置，指导应急抢修队伍快速找到爆漏点，降低爆漏带来的经济损失及社会影响。目前试点片区内的爆漏点定位精度控制在200m以内，启用至今，该系统已成功定位漏点20处，有效节省了查漏时间。当漏点确定需要停水修理或在日常的停水排放作业中，都可通过系统进行关阀搜索，自动确定停水区域及用户，智能生成需操作的阀门清单，并评估阀门操作后和爆管后周边区域的压力变化情况。

3. 精细化的流程管理

企业内部的业务流程通过系统平台实时流转，不仅节省时间成本和劳动力成本、提高工作效率，而且便于动态跟踪及事后进行统计分析。精细化的流程管理已经成为企业打造行业标杆的重要组成部分。

4. 用户贴心服务

通过呼叫系统与巡检系统的结合，成功打造"20分钟服务圈"，用户只需一个电话，话务员可根据用户地址就近指派抢修人员，抢修人员20min内就能到达现场解决问题；在停水信息短信发送的基础上，开展微信公众号推送服务，让用户实时掌握停水信息。秉持"想用户之所想，急用户之所急"的工作理念，项目的应用赢得了广大用户的掌声。通过长期研究与实践，该项目已应用于企业生产管理的各个环节，取得了显著成效。项目研发技术人员多次受邀参加国内行业会议交流，数次作为演讲嘉宾报告发言，得到了业内权威专家的肯定。该项目的成功应用被誉为"绍兴经验"，在行业内具有很高的影响力。

3.8　建设成效

3.8.1　环境效益

通过系统对管网水龄、流态等运行参数的分析、预警，有效掌控管网水质动态，追溯污染源，防控水质污染事件发生；同时，对龙头水质进行主动跟踪服务，为用户提供更优质的供水服务，保证用户生活品质。

3.8.2　经济效益

据统计，项目实施后，每年及时预警并发现突发性事故10多起，累计减少水量损失3000m³/h；及时预警并发现趋势性事故50多起，累计减少水量损失近1000m³/h；自然管道爆管次数和漏损水量逐年减少。通过该项目的实施，供水管网运行安全可靠度得到进一步提高，用户满意度持续提升，管网改造等经济投入得到合理降低，取得了良好的社会效益与经济效益。

3.8.3　管理效益

通过系统对管网运行情况的实时监测、科学分析，提供合理的调阀方案，辅助供水调度人员进行压力调控决策，确保供水管网压力低峰不高、高峰不低，防止压力过高或调节不合理造成爆管或管道渗漏事故的发生，减少社会负面影响。

3.9 项目经验总结

绍兴水务在项目建设过程中，经过持续探索和反思，总结出以下发展建议：

1. 政府推动是重要保障

在智慧水务建设过程中，涉及企业经营思想统一、资金投入、人员培训、薪酬业绩挂钩等问题，还涉及水价保障机制、成功模式推广应用等方面，都离不开政府的引导与支持。

2. 认识到位是根本前提

智慧水务建设是一项系统工程，是体现供水企业经营管理水平的一个重要指标。企业领导要算大账、算远账，确立"一次投入长期见效"的意识和担当，有计划、有重点地谋划推动。

3. 科技创新是关键途径

智慧水务建设必须要依靠科技。要创新管理方法，引进行业先进技术设备，积极利用新型信息化技术、人工智能算法、视频识别技术等，促进供水业务由人工化向智能化、智慧化转变，达到"安全降本、提质增效"的目的。

4. 人才培育是有效方法

人力资源管理是有效实施智慧水务的重要环节，任何技术革新都要靠人执行落实，要通过加强培训上岗、建立绩效考核机制，调动人的主观能动性，提高职工从业素质，提升智慧水务建设和管理工作的质量与效率。

业主单位：绍兴市水务产业有限公司

设计单位：浙江和达科技股份有限公司

建设单位：绍兴市水务产业有限公司

案例编制人员：沈建鑫

福州供水管网实时在线模型系统

项目位置：福建省福州市

服务人口数量：300万人

竣工时间：2021年6月

4.1　项目基本情况

该项目通过离线模型拟合、在线模型数据更新的方式，实现了模型的动态更新与管理，重点实现以下功能：

（1）实时模拟仿真供水管网运行情况，利用监测和模拟的相关度分析，对管网出现的异常情况发出警告，包括爆管警告、关阀警告、断电警告、设备异常警告等；

（2）当系统发生紧急事件时，快速定位异常发生位置，及时进行模拟计算，形成处置方案，辅助调度决策，保证供水安全；

（3）通过模型污染物溯源功能，对管道工程施工、开关阀门、管道外力破坏等带来的片区污染扩散等问题进行溯源分析并制定预案，保障用户水质安全；

（4）对福州供水管网进行水质风险度实时评估，确保供水系统水质安全，对高风险度区域提前预警，实现精细化管理；

（5）为规划设计、优化调度方案提供了有效的工具，实现事后管理向事前管理的转变。

项目包括全福州7座规模5万m^3/d以上水厂，总供水能力165万m^3/d，实际供水量约110万m^3/d；项目拟合DN100以上市政管道1779km；供水服务用户节点6万多个（小区用户拟合至监控总表）；项目辐射供水服务面积210km^2，供水服务人口300万人。

4.2　问题与需求分析

实时在线模型系统是智慧水务的核心，它可以从系统论的角度，对管网调度、供水水质、事故报警等方面进行实时评估、实时预警及事故的实时处置。

1. 解决人工调度和经验调度的问题

目前国内大中城市供水企业仍主要采用依靠人工经验的粗放型调度管理模式，大量调度监控数据未真正发挥作用。供水管网实时在线模型的应用，可以将SCADA调度系统的压力、流量等关键数据与营销水量数据有机结合起来，为调度人员制定更科学的调度方案提供数据支撑。

2. 解决应急处置效率低的问题

提高事故的应急处置效率和客户服务质量水平是供水企业关注的焦点。现场处置人员可以方便快捷地使用PAD对管道爆管、水质污染等事故进行快速评估，制定优化处置方案，使事故的应急处置更加快捷高效。

3. 解决管网事件误报的问题

管网事件指管网压力或流量异常波动、爆管、水质事故等影响供水系统运行安全的事件。过去普遍存在监控仪表多、报警频繁、误报率高等问题。该系统以管网监测点的实测数据为基础，结合模型实时计算的数值，同时考虑流量、压力、水头损失、水龄、流速等多参数，通过聚类分析、相关性分析等方法，有效降低管网事件误报率，提高报警的准确性。

4. 为提高供水水质提供数据分析工具

近几年随着城市化发展，客户对水质的要求越来越高，这就要求从宏观和系统论的角度对整个供水系统进行评估，并对发现的问题进行有针对性的改造。利用实时在线模型对水龄、余氯、流速等因素进行模拟分析，及时发现系统中的水质高风险管道。

4.3　建设目标和设计原则

4.3.1　建设目标

通过管网资产数据GIS的综合服务平台，整合监测数据和用户数据，建设管网模型并实现在线运行，实现实时模拟仿真、在线工况更新和实时方案模拟的功能，建立供水管网数字孪生系统。

4.3.2　设计原则

系统建设遵循技术先进、功能齐全、性能稳定、安全可靠、节约成本的设计原则，综合考虑开发、建模、维护及操作等因素，并为今后的扩展、升级、改造等预留空间。

4.4　技术路线与总体设计方案

4.4.1　技术路线

实时在线模型系统建立在系统数据库和水力模型计算引擎的基础之上，业务系统主要包括数据清洗与处理、水量更新、压力更新、拓扑结构动态更新以及在线模型发布应用五大功能模块。具体技术路线如图4-1所示。

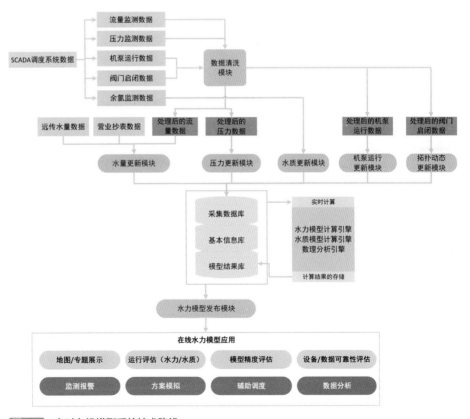

图4-1　实时在线模型系统技术路线

4.4.2 总体设计方案

1. 项目总体框架

该项目在升级原离线水力模型的基础上，完成实时在线模型系统开发，进而与现有营收系统、SCADA调度系统建立数据接口，将实时在线模型系统作为综合调度系统的补充。总体框架如图4-2所示。

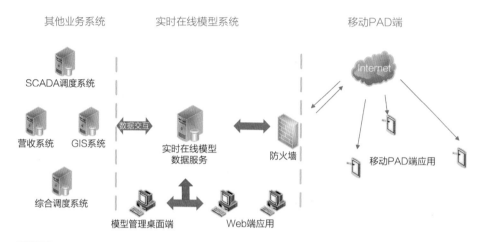

图4-2 项目总体框架

2. 系统软件架构

系统软件架构采用C/S、B/S和M/S的混合架构，如图4-3所示。

（1）实时在线模型是智慧水务的重要计算引擎。该项目的管网模型既需要读取现有的监测数据，实现数据的实时自动更新，又需要将实时在线模型系统与综合调度系统做整合，方便调度人员操作。

（2）实时在线模型将已有的SCADA调度系统、营收系统的用户水量、压力、流量等数据作为模型计算的边界条件或校核数据。

（3）实时在线模型与综合调度系统实现数据对接，系统调取数据中心的相关数据实现模型建设，模型系统操作界面与综合调度系统做整合。

（4）模型桌面管理工具可以与管网GIS系统实现对接，方便离线管网数据的更新、处理等。

3. 系统框架图（见图4-4）

实时在线模型系统主要分为数据管理、模型计算、系统功能以及在线应用等功能模块。

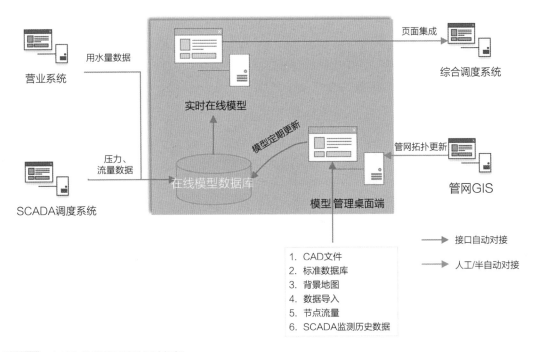

图4-3 实时在线模型系统数据流框架

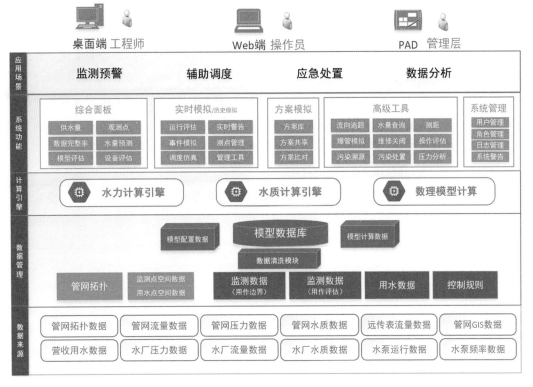

图4-4 实时在线模型系统框架图

（1）数据管理：主要包括模型数据的存储以及系统接口；

（2）模型计算：是在线系统的核心，提供水力计算引擎；

（3）系统功能：提供系统业务功能；

（4）在线应用：提供系统展示功能，以及为第三方系统提供支撑。

4.5　项目特色

4.5.1　典型性

1. 降低系统建设成本

与全套专业离线模型软件相比，实时在线模型在客户端通常只需使用简单的Web浏览器，软件成本与维护费用显著降低。

2. 系统操作简单快捷

供水企业员工可以采用通用的浏览器直接访问系统，在网上操作，获取所需要的各种地理信息并进行分析，无需考虑空间数据库的维护和管理。

4.5.2　创新性

1. 将大型供水管网的数字孪生体应用于运营

借助地理信息系统和水力模型构建了大型供水管网的数字孪生体，实现了数字仿真管网与实体管网的在线同步，实时、准确地掌握供水管网运行状态，并应用于实际生产运营，辅助工作人员及时发现爆管、管道水流反向等异常状况。这是国内首次将数字孪生体应用于大型供水管网的实际运营，在福州市供水日常调度、管网操作优化、应急处置等方面发挥了重要作用。

2. 离线模型和在线模型统一

通过管理软件实现了离线模型和在线系统的关联与统一。当在线模型计算结果与实际监测数据误差超过限值时，在线系统触发误差警告。工程师可以利用离线建模软件对模型进行维护和校核，当离线模型更新后，通过在线功能，可以实时更新在线系统中的模型管网数据、水量数据和泵站数据等，实现了离线模型和在线模型的统一。

4.5.3　技术亮点

项目集成了GIS、SCADA、远传水表和营收等系统的数据，达到了对水司各类供水调度数据的综合管理，系统实现了实时监测、计算、分析、警告、操作评估、应急分析、日报周报、方案模拟等多种功能，推进了智慧水务建设。该项目具有以下技术亮点：

1. 机理模型（水力模型）和数据模型的结合

在供水企业模型建设与应用过程中，存在机理模型和数据模型如何有效统一结合的问题。机理模型相对可靠，但其建模过程繁杂，数据要求高，由于各供水企业信息化建设程度不同，完全依赖机理模型有可能由于基础信息的部分缺失限制了其在供水企业的推广。数据模型是利用历史数据快速建模，数据为实测数据较为真实，相较于机理模型对管网数据精度要求较低，建模快速而便捷，但是局限于过去的历史数据与经验工况，特别是对未发生过的工况无法预测和仿真。该系统实现了机理模型和数据模型的结合，通过理论相关度分析（机理模型）和监测相关度（数据模型）的互补，实现了供水系统的实时报警，提高了报警的可靠度和精确度。

2. 管道水质风险度实时评估

随着用户对高品质饮用水需求的日益增长，水司对水质风险评价需求越来越强烈。通过实时在线模型系统，可实时评估管道的流速、流向、余氯和水龄。实际运行中，那些长时间流速偏低的管道是水质管理的重点，但是如何寻找长时间流速偏低的管道，是一个难题。该系统利用长历时的模型计算，统计出长时间流速偏低的管道，实时计算供水系统的风险度，给水司等相关部门提供决策支持依据。

3. 爆管实时警告和漏点实时分析

利用模型实时计算，对比监测值和模拟值的差别，通过聚类和相关度分析，对管网运行状态发出警告。通过模拟仿真，计算出不同监测数据之间，如压力之间、压力和流量之间、流量和流量之间的相关关系，当相关关系发生异常时，通常是因为有新的事件发生，这种事件往往是爆管或者新增的大漏点。系统据此对管网中的爆管和漏点进行实时探测，提高管网安全性，降低产销差。

4.6　建设内容

项目的建设内容主要包括离线模型的建立与在线模型的建立两大部分。项目建设的主要时间线为：2020年2月项目启动；2020年8月完成离线模型的校核，同时进行实时在线模型的试运行及人员培训；2020年11月在线模型正式上线，同时进行在线模型各项功能的优化；2021年3月项目正式验收。

4.6.1　离线模型的建立

数据包括管网GIS数据、SCADA数据、营业收费数据、水厂及泵站数据等。模型设置的边界条件包括水厂、泵站和转输点。用水模式的设置主要以各DMA分区及边界流量计的对应关系提取各DMA分区内的用水曲线。在模型软件的计算选项设置中按照需求设置计算类型、延时模拟的时长和日期、计算的时间和步长，以便和实际监测数据的时间对应，进行对比分析，直至模型满足调度模型的精度要求。

4.6.2　在线模型的建立

1. 功能设计

在线运行部分主要对各设备和监测点最新上传的数据进行模拟分析，评估设备和模型运行状态。也可从实际调度和管网操作等需求出发，在模型中调整管网设备状态并通过模型模拟评估调整前后管网水力状态变化，辅助管网管理和调度操作。在线功能包括运行状态、实时警告、测点管理、调度仿真、管理工具、高级工具等。

2. 方案模拟

方案模拟主要包括以下板块：

（1）方案库。查看方案、模拟方案、共享方案、对比方案等。

（2）方案基础信息。显示选中方案的基础信息，包括模型名称、模型类型、模拟时长、基准日期、起止日期、总供水量、节点数、管段数、阀门数、关阀数、计算类型。

（3）方案水厂泵站信息。显示当前方案相较于基础模型差异设施及设施状态。

（4）工具栏。包括搜索（节点管线/道路地面搜索）、模型计算（水力、水龄、污染物扩散、供水范围）、主题图展示（流量、水质、水龄、低压等）、编辑模式（选择对象、选择节点、增加管线、框选修改）。

（5）时间轴。默认显示当前时刻的管网状态，如果要显示其他时刻的管网状态，可以拖动时间轴，系统呈现的所有结果均对应时间轴设置的时刻。

3. 数据库设计

数据库管理系统中的各种为使数据管理方便而设定的数据管理对象，如数据库表、视图、存储过程等都是数据库实体。从广义上讲，这些对象中所存储的数据也是数据库实体。该系统数据库设计中，包括两种数据库，分别是PG数据库和SQLite数据库。PG数据库主要保存系统信息、模型计算汇总信息、SCADA汇总信息；SQLite数据库主要保存SCADA监测数据、模型计算结果数据、模型和SCADA基本信息。

4．与外部系统的接口开发

（1）SCADA调度系统接口。SCADA数据是在线模型边界条件、水量分配、泵/阀操作、实时报警等的重要依据。SCADA数据中的错误会对模型造成巨大影响。标准的数据文件包括以下内容：①水厂出厂压力、出厂流量、出厂余氯；②水厂二泵房吸水井水位；③管网测压点压力、管网流量计的流量、管网在线水质仪的余氯；④市政泵站的进口流量、出口流量、出口压力、出口余氯；⑤市政泵站泵房吸水井水位；⑥市政泵房水库水位；⑦水泵的开关操作；⑧变频水泵的频率；⑨电动阀门的开关操作。

（2）与数字水务一张图的对接。在线系统开发了3个接口，供数字水务一张图调用。

4.7　应用场景和运行实例

4.7.1　调度应用场景

（1）爆管应急处置方案的快速评估，保障供水安全；

（2）管道水质污染扩散处置方案的快速制定，为水污染事件的处理提供决策依据；

（3）水厂加压、水厂维修减产、清水库清洗等生产调度预案的模拟和评估；

（4）大阀门操作造成的水流反向、管网压力异常波动、爆管等事件的实时报警。

案例一：2021年2月28日某水厂停产。

在实际停水发生前，结合水力模型分析各类调度方案（如水厂压力的调整、阀门的关闭、泵站运行模式的变化等），利用模型计算结果，指导实际水厂生产调度，保障水厂停产期间居民用水压力安全。

4.7.2　管网运维

（1）24h动态掌握管网运行状态，进行全参数监测，包括压力、流速、流向、水龄、水损等；

（2）对阀门操作、管道冲洗等管网日常操作的模拟评估。

4.7.3　爆管应急快速处置

（1）紧急关阀分析、二次关阀分析；

（2）快速停水区域、停水用户、停水水量、低压区分析；

（3）关阀、停泵等应急处置方案的计算模拟；

（4）由于关阀造成的管道水流反向提示，减少水质问题。

案例二：某管道爆管，分析阀门关闭方案及停水区（见图4-5）。

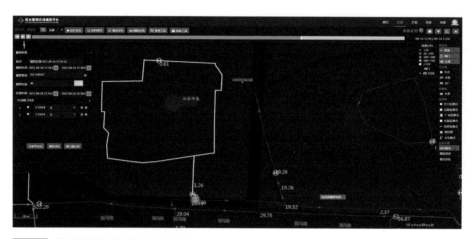

图4-5　快速关阀方案及停水区示意图

4.7.4　污染物扩散应急处置

（1）以管网水质数据为基础，通过模拟运算快速查找管网水质污染源头；

（2）分析受污染区域、污染用户数量；

（3）对关闭阀门、管道放水等应急处置方案进行模拟；

（4）评估污染消散时间、处置效果等。

案例三：某片区发生水质事件，分析水质污染源位于哪根管段（见图4-6）。

4.7.5　管网设计

（1）规划管网系统的模拟计算；

（2）新建管网、管网改扩建等设计方案的模拟计算。

案例四：管网设计与规划方案的计算和模拟，分析前后工况水厂管网运行的效果。

图4-6　污染物溯源示意图

4.8　建设成效

4.8.1　投资情况

该项目软件部分投入经费390万元。

4.8.2　环境效益

通过模型支撑调度精细化，减少了输配水过程的电耗，电耗降低约4.3%，减少碳排放1618t；同时通过模型分析，及时发现爆管和漏损，并大大缩短处置时间，减少了水量损失，漏损率由2020年的7.29%下降至2021年的5.93%，为实现绿色低碳供水提供了技术支撑。

4.8.3　经济效益

模型投入运行后，单位配水供水能耗由177.16kWh/km³下降至169.53kWh/km³，每年节省电耗278.5万kWh，年节约供电成本220万元。管网漏损率由7.29%下降至5.93%，年节约供水量约543万t，年节约供水成本约543万元。

4.8.4　管理效益

基于水力模型生成用水量预测、水厂规模和位置选择、输配水管网及泵站布设规划，促进供水规划的精准和有效性，并建立供水规划与评估模型，通过持续优化供水管网输配水格局，管网平均压力由2020年的0.233MPa提升至2021年的0.235MPa，爆管数量由2020年的865起下降至2021年的526起，管网水质合格率由2020年的99.67%提升至2021年的99.87%。减轻了员工劳动强度，降低了管理成本，大大提升了供水可靠性，使城市居民用水体验更佳。

4.9　项目经验总结

通过该项目的建设与运行，主要有如下经验与建议：

（1）模型是一个系统工程，涉及供水企业的方方面面，通过模型的建设，将传统管网管理、营销表计管理、在线监控仪表管理、管网综合调度等各个板块都进行了统合。需要主要领导进行统筹，推动数据的整合，解决原有数据孤岛、部门协同空白区域填补的问题。

（2）原有模型应用的门槛较高，现在通过在线模型的模块化、网页化，使供水企业员工可以通过简单的操作开展各自板块工作的模型应用，对于模型的落地是十分有利的。当然，对于模型的校对和功能深度发掘，需要对模型整体思维和业务经验的深度融合，供水企业仍需要进行专业模型工程师的培训。

（3）为了使模型更加具有生命力，需要保证模型的精度，提供可靠的模拟，为生产提供指导。因此，重点需要将模型的数据更新、应用、评估等工作固化到日常的生产工作流程中，唯有准确的数据、常态化的应用、定期不断地完善与校核，才能够最大限度发挥模型的作用。

（4）建议供水企业要用好模型这个工具，而不是完全依赖一个模型软件解决所有的问题，需要结合好基础数据、业务流程开展模型的建设与应用。尤其是基础资料不齐全的企业，首先夯实基础信息数据是十分重要的。

业主单位：福州市自来水有限公司

设计单位：福州城建设计研究院有限公司

建设单位：上海慧水科技有限公司

案例编制人员：魏忠庆、龚珑聪、何新宇、张晟、许益美、黄新、陈欣

5 佛山市供水管网水力模型建设与应用

　项目位置：广东省佛山市

　服务人口数量：210万人

　竣工时间：2019年12月

5.1 项目基本情况

伴随城市化进程的加快，供水管网规模不断扩大，供水管网建设与管理复杂性也在不断提高。为提高供水管网安全保障水平，满足人民群众日益增长的需求，水司必须借助科技手段应对管网管理工作的新挑战。

该项目建设地点位于广东省佛山市。项目建设单位为佛山水务环保股份有限公司（以下简称"佛水环保"）。佛水环保是一家以自来水供应、污水污泥处理、围绕市政水务开展的工程业务和生活垃圾处理等多样化服务，集水处理技术研发、水环境综合治理等相关业务为一体的大型国有控股、中外合资企业。供水服务面积约2060km²，服务人口210万人。

该项目建设的水力模型系统主要功能有：供水管网图形和资料编辑；供水管网各种设施的图形对象编辑和资料输入修改；供水管网水力模型生成和编辑，实现网模转换；各种模型对象的拓扑图和属性的编辑；模型拓扑关系的检查及简化；模型水力模拟计算及模型校验；模型对象特性编辑；模型的Web展示。

该项目建设目的是建立覆盖佛水环保全部供水范围的供水管网水力模型系统，为管网规划、新建、改造、水厂关停和扩建、调度管理等提供精细、有效的数据支持决策，以此来提升佛水环保供水系统运行管理科学性，保障供水安全，实现节能降耗。

5.2　问题与需求分析

供水管理工作中，供水管网的复杂性给供水管理工作带来了巨大挑战，主要有：

（1）管网规划、新建和改造时，方案如何决策缺少依据；

（2）复杂、重大的水厂建设和改造时，对现有供水管网运行影响难以准确评估；

（3）日常、应急供水调度方案制定主要依据人工经验。

例如，佛山市第二水源工程建设和投入使用，供水格局发生重大变化，由4个独立的供水系统转变为相互联系的联网格局。使用水力模型有助于预判第二水源工程对联网供水的影响，可评估配套的供水管网改扩建方案、评估供水泵房水泵机组改造方案、制定供水系统运行调度方案。再如，为解决佛山市高明区明城片区水压偏低、水量不足及释放水厂产能等问题，需要对高明区主干管输配水能力进行评估，对主干管改造方案进行比选。

5.3　建设目标和设计原则

5.3.1　建设目标

该项目通过建设一套切实可行的供水管网实时模拟软件系统，有效地模拟佛水环保供水管网的实际运行情况，强化管网运行的精细化管理，提升供水系统运行的稳定性、可靠性。为佛水环保带来良好的经济效益和社会效益的同时，有力地提高供水系统的管理水平。

该项目完成后，实现佛水环保供水范围水力模型全覆盖，涵盖下辖9座自来水厂、52台水泵、约6000km的供水管网。佛水环保水力模型系统保持国内领先的模拟精度，水力建模应用技术保持国内领先水平，为推动水力模型技术在行业内应用做出示范。

5.3.2　设计原则

模型设计遵循的原则主要包括：先进性与适用性；经济性与实用性；可靠性与稳定性；安全性和保密性；开放性与标准性；高效性与实时性；易用性和灵活性；集成化和可扩展性。

5.4　技术路线与总体设计方案

5.4.1　技术路线

供水管网水力模型建模分为5个步骤，分别是数据收集、现场测试、数据整理、模型建立、模型校验，如图5-1所示。

图5-1　水力模型建模步骤

1. 数据收集

只有数据完整、准确，才能保证模型能与真实管网保持最大的契合，才能准确模拟管网的运行情况，得到比较可靠的计算结果。主要包括水厂、泵站及水塔资料、管网资料、阀门资料、水量数据、监测数据的收集等。

2. 现场测试

主要包括压力测试、流量测试、水泵性能测试等。

3. 数据整理

包括初始数据整理和校验数据整理。初始数据整理包括节点流量、用水模式、水泵参数和阀门开关数据的整理。校验数据整理包括SCADA数据、流量与压力测试数据的整理，校验数据需要根据坐标放置在模型中与实际位置对应的节点和管道上，并设置为校验点。

4. 模型建立

将整理好的管网拓扑数据导入模型中，首先对管网拓扑进行简化，再将用水模式、节点水量导入模型中。

5. 模型校验

先对水厂泵站模型和管网模型分别进行校验，再对将处理好的水厂泵站模型与管网模型进行合并校验，使其满足精度要求。

5.4.2　总体设计方案

软件采用开放式的体系结构、模块化设计，易于二次开发，系统组成如图5-2所示。

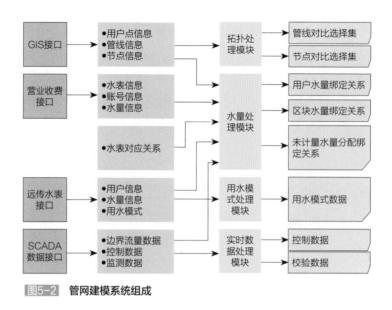

图5-2　管网建模系统组成

5.5 项目特色

5.5.1 典型性

佛水环保供水管网水力模型不仅应用于常规管网新改扩方案比选、日常和应急供水调度方案制定及优化、水泵机组更新改造方案比选等，还多次成功应用于解决复杂、重大的水厂建设配套方案比选、应急供水调度优化等，如佛山市第二水源工程、佛山市高明区"东水西送"工程、金沙水厂关停、丹灶加压泵站供水调度方案优化等。供水管网水力模型的应用为保障供水系统安全、节能等发挥了重大作用。

5.5.2 创新性

在项目建设和持续运行过程中，随着应用的不断深入，佛水环保不断完善了系统应用功能，主要包括：（1）供水区域划分功能：实现在多水源供水管网中区分各供水厂的供水区域；（2）供水路径分析功能：实现直观地在模型里面查看不同时段的供水路径；（3）水流方向分析功能：实现直观判断水流方向是否与实际不符；（4）能耗分析功能：实现对二级泵站水泵进行能耗分析。

供水管网水力模型的应用，同时推进了佛水环保GIS系统、SCADA系统、营业收费系统等关联业务信息化系统的数据质量提升，推动了相关管理工作的精细化，显著提高了及时发现问题和解决问题的能力。

5.5.3　技术亮点

在水力模型建设过程中，充分利用现代信息技术、通信技术等，成功建立供水管网系统微观数学模型，主要有以下技术亮点：

1.　一网多模

城市地图、供水管网图、管网模型图三图合一，并可便捷地创建多种不同工况的供水管网模型。

2.　全要素

模型对象全面覆盖水泵、阀门、管道、水表、水池、消火栓以及管道连接件等供水管网设施。

3.　高仿真

建成的供水管网水力模型与实际管网基本一致。其中压力监测点模拟值绝对误差均值控制在0.02MPa范围内的个数占总数的95%以上、流量监测点模拟值相对误差控制在测量值的±5%以内。

5.6　建设内容

该项目水力模型分5个阶段进行建设。

1.　第一阶段——探索阶段

从2003年开始，首先建立佛山市主城区的水力模型，模型包含25台水泵、6195个节点、6676根管段。随着供水规模的不断扩大，水力模型也随之进行扩展新增。

2.　第二阶段——推广阶段

水力模型建设从2007年开始至2009年结束，包括公司下属的禅城区、三水区及金沙镇等水力模型建设，模型包含57台水泵、18864个节点、19639根管段。

3.　第三阶段——升级探索阶段

水力模型建设从2012年开始，主要工作是将禅城区原本的单机版水力模型升级更新为网络版水力模型。升级之后的水力模型界面见图5-3。

4.　第四阶段——全面升级阶段

2015年至2016年对三水区、金沙镇的水力模型进行升级，并且建立了高明区的水力模型系统。这一阶段的建设实现了佛水环保供水范围内水力模型全覆盖，且所有模型都实现了跨区域水力模拟的功能，达到精度要求。

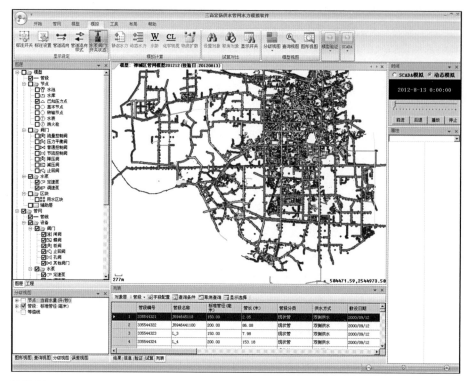

图5-3　水力模型界面

5. 第五阶段——持续应用运维阶段

截至2021年，水力模型系统中共有52台水泵、85945个节点、89697根管段。

5.7　应用场景和运行实例

5.7.1　供水管网水力模型在佛山市第二水源工程中的应用

佛山市第二水源工程是为确保佛山安全优质供水的重要民生工程。该工程于2007年开工建设，首期工程投资约10.6亿元，2009年年底投产供水。第二水源首期工程包括如下工程内容：（1）西江水厂工程，江边取水泵房土建按取水能力100万m³/d建设，净水厂处理能力40万m³/d；（2）净水输配水管网工程，新建净水输配水管网总长106.50km，管径$DN400\sim DN1800$。首期工程投产时，水厂供水能力20万m³/d，新建净水输配水管网总长约40km。通过水力模型的应用，成功模拟了第二水源工程投产后对沿线各供水区域带来的压力变化影响、供水系统能耗变化影响，为第二水源工程顺利投产、第二水源工程配套管网与现有管网的合理连接、供水格局优化调整、关联的 8 座水厂联合供水科学调度发挥了重大作用。

1. 第二水源工程配水管网与C区旧管网连接方案评估

第二水源工程输水管线途径C区时，有约8km*DN*1200管道在C区供水范围内，需确定2～3个连接点与C区现有管网连接，从而使C区充分利用第二水源工程以改善其供水水压偏低的现状。设计阶段共提出两个方案（见图5-4）：

方案1：设置1号、3号两个连接点；

方案2：设置1号、2号、3号三个连接点。

设置相关边界条件，例如将C区总用水量、水泵开关量、第二水源来水量、水压等作为模型的输入条件，分别模拟上述两个方案实施后的管网水力状态。结果表明：设置1号、2号、3号三个连接点，可以大幅减轻现有1号、2号连接点之间管线的配水负荷，使C区管网压力分布更均衡，更有效地解决C区低水压问题。再结合C区现状管网改扩建方案，推荐方案2作为第二水源工程配水管网与C区旧管网连接方案，采用方案2实施后，效果良好。

图5-4　第二水源管线与C区连接点示意图

2. B1水厂二级泵房改造方案评估

第二水源工程配水管网末梢与B区管网相连接，第二水源工程投产之后，将有部分水量通过第二水源配水管网转输入B区，直接影响B区现有的B1水厂二级泵房供水工况。另外，B区新敷设的供水主干管也已投产，致使B1水厂二级泵房水泵机组工况点严重偏离高效段，必须进行相关改造。泵房改造最关键的问题在于：确定恰当的设计扬程和设计流量范围，然后依据设计流量和设计扬程的范围选择合适型号的水泵，通过大、小泵搭配或是工频、变频搭配满足不断变化的管网水量、水压的要求。

对B1水厂历史出水瞬时流量的记录进行分析可以得到：瞬时供水量为1200～7000m³/h，其中常用区间为3000～6000m³/h。b1、b2节点为最不利供水点，以满足26～28m压力为目标，b3节点为B区管网压力主控点。利用模型模拟4种出厂压力、流量条件下管网各节点的压力值，从而确定出B1水厂合适的出厂压力和流量范围。根据模拟结果得出：为达到b1、b2节点服务压力在0.26～0.28MPa，考虑清水池水位、出厂压力、地面标高、泵房内部的水头损失，B1水厂二级泵房额定扬程范围建议为41～43m，方案得到各方肯定，实施效果良好。

5.7.2 供水管网水力模型在佛山市某区"东水西送"工程中的应用

为进一步提升佛山市某区供水安全可靠性，使其中心城区至中部某镇街实现"双回路"供水网络，并有效解决该中部某镇街片区水压偏低、水量不足的问题以及释放区内水厂扩建的产能，计划在中心城区至中部某镇街关键道路铺设$DN400～DN1000$管道，总长度约6.5km，设计阶段共提出3个方案（见图5-5）。

利用该区域供水管网水力学模型，在该区中心区域及周边片区等选取关键用户作为压力观测点及流量观测点，设置相同边界条件，进行3个候选方案的模拟，观察不同方案下高峰时压力值及平均压力模拟值，以及管段流量分配模拟结果，综合考虑选取最优方案。通过模拟上述3个方案实施后的管网水力状态，结果表明：方案一的效果比方案二和方案三更好，因

━━ 方案一 新建$DN1000$管道
━━ 方案二 新建$DN1000$管道
━━ 方案三 改造$DN600$管道

图5-5 "东水西送"工程建设方案

此，推荐方案一作为"东水西送"工程建设方案，方案采纳实施后，达到了预期效果。

5.8　建设成效

5.8.1　投资情况

该项目直接投资150万元。

5.8.2　环境效益

佛水环保较好地应用供水管网水力学模型技术指导供水系统的建设运行管理，有效消除了城市低水压区，降低了重大爆管事故概率，增强了水司应对突发事件能力，显著提高了供水安全性。

5.8.3　经济效益

1.　降低供水泵站运行成本

应用水力模型之后，核心供水区域水泵单耗从2004年的154.5kWh/km^{3}逐步下降到2020年的129kWh/km^3，降幅约16%，水泵电耗每年节省约120万元。

2.　节省管网改扩建成本

按每年完成大型管道改造工程项目评估10项，每项工程因设计更合理带来的收益按50万元计算，则每年节省约500万元工程项目投资。

5.8.4　管理效益

在项目实施过程中佛水环保培养了一支可自主对模型进行应用和维护的模型管理员队伍。在供水系统日常管理和重大工程建设决策过程中，公司模型管理员可自主开展相关工作，同时建立了相关应用和维护水力模型系统管理制度，实现了将模型应用"数据说话"作为主要管理决策依据的目标。

5.9　项目经验总结

目前供水管网水力模型已广泛应用于供水系统的运行管理，模型模拟的精度水平直接决定了模型应用的广度与深度。但是，由于建模过程的复杂性、数据来源的多样性，各种误差的累计导致现阶段许多供水系统水力模型模拟精度水平较低，其应用很难扩展到供水系统运行管理的一些微观环节。

佛水环保的水力模型建设与应用实践表明，现阶段供水企业已经具备建设较高精度水平模型的条件，而且模型的应用已经可以帮助供水系统管理者解决许多供水系统运行管理难题或是提高解决这些难题的效率。

对水力模型建设与应用的建议：一是加强水务企业技术团队培养。要培养懂模型和会用模型的人才，挖掘模型的潜在能力、拓展模型的应用范围，使得模型为企业创造更多的价值。二是必须持续应用和维护。在模型建设项目结束后，需要持续地开展应用及维护工作，才能使模型持续发挥有效的作用。三是提升数据融合应用水平。供水管网水力模型建设项目，实质是一种价值突出、较大范围、较高水平的数据融合应用，还可有力推动供水GIS系统、SCADA系统、营收系统等关联信息化系统的提升。

业主单位：佛山水务环保股份有限公司

设计单位：佛山水务环保股份有限公司、上海三高计算机中心股份有限公司

建设单位：佛山水务环保股份有限公司

案例编制人员：何芳、罗贤达

曾获奖项：佛山市科技进步奖三等奖

衡阳市华新开发区供水管网实时压力管理与瞬态过程调度

项目位置：湖南省衡阳市华新区

服务人口数量：16万人

竣工时间：2020年12月

6.1　项目基本情况

6.1.1　项目实施背景

华新开发区（以下简称"华新区"）位于衡阳市中心城区西部，区域总面积17km²，供水服务人口约16万人，由两个加压泵站联合供水。由于地势高低不一，最大地势高差为22m，引起供水压力不平衡。目前传统的恒压供水模式导致泵站附近和地势低点压力过高，偏远地区和地势高点压力不足，无法达到用水要求，送水泵站能耗较大，管网漏损率居高不下。

随着城市建设速度不断加快，为了使城市基础设施建设与城市发展相协调，供水企业需要逐步完善供水系统，整体提升管网系统供水能力，减少爆管、降低漏损、保障安全，提升配水能力、提高供水服务水平，以满足用户对水量、水压、水质的要求。

城市供水泵站和管网是城市的"心脏"和"动脉"，在稳定供水保障城市活力的同时，也会面临水锤引发"心脏病"和"高血压"的风险，导致管道爆管、设备损坏、泵站淹没等问题，严重影响到城镇的生产、生活和公共安全，造成水资源的浪费。因此，城市供水管网的安全监测、健康诊断、精细化控制、应急管理极为重要。

6.1.2　项目覆盖范围

华新区供水管网供水总面积为17km²，供水户数为47602户，供水服务总人口约16万人，平均供水量为9.5万m³/d。所辖海关大楼、互助小区、检察院北门、俊景花园、乐福地医药包、沐林美郡、泰豪通信南院、娃哈哈北、香江城市花园、愉景湾、蒸水花苑北、中国移动、中天星城，棕榈园等。

6.1.3　主要功能

输配水管网瞬态过程智能调度平台具有设备健康管理、在线监测、泵阀联调联控的实时压力管理与瞬态过程调度等功能。

6.2　问题与需求分析

衡阳市华新区地势高差大，项目实施前采用传统的恒压供水模式，为了满足偏远地区和地势高点供水服务压力，导致泵站附近和地势低点压力过高，多年来供水压力不均衡，"跑、冒、滴、漏"现象严重，爆管频率高（维修记录显示2016年至2018年每年爆管次数约100次），2018年管网平均漏损率高达30.36%。

项目实施前华新区已完成管网GIS和SCADA系统的建设，供水管网中设置了9个流量监测点和8个压力监测点，系统主要功能为简单的压力监测和流量监测，管网拓扑结构信息和设备分布数据不能及时更新，监测数据仅为稳态监测数据，无法对漏损率和爆管原因进行实时的分析和决策建议，不能有效辅助调度和管理人员的日常监测和运维管理工作，导致发现问题、处理问题不及时，人工劳动强度大。该项目通过压力管理和瞬态过程调度来降低爆管频率，从而降低漏失率和能耗，提高供水安全和供水服务水平。

6.3　建设目标和设计原则

6.3.1　建设目标

供水管网漏损率降低10%、爆管频率减少30%、供水能耗降低2%。

6.3.2　设计原则

为实现区域内压力平衡，降低管网漏损风险，该项目以提升管网系统运行的安全性为原则，提高供水信息化管理和服务水平。

6.4　技术路线与总体设计方案

6.4.1　技术路线

衡阳市华新区供水管网实时压力管理与瞬态过程调度系统技术路线主要包括两个方面：（1）基于供水目标和运行安全来设计并建设，通过稳态供水目标校核、监测和调度来实现；（2）通过瞬态安全校核，制定控制策略，满足瞬态过程调度的安全性。如图6-1所示。

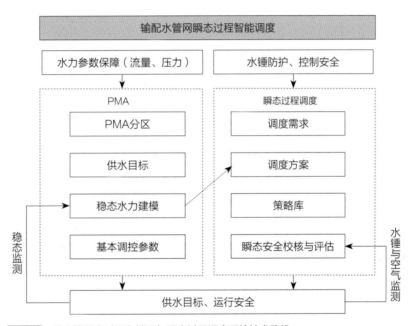

图6-1　供水管网实时压力管理与瞬态过程调度系统技术路线

1. PMA实时压力管理

根据管网拓扑结构、压力分布情况以及成本等进行PMA分区，基于供水服务水平，通过稳态水力模型校核的供水压力和流量来满足供水目标，并以设备控制参数作为初始调整参数和日常调度方案，日常的稳态监测作为稳态水力模型精度校核的依据。

2. 瞬态过程调度

为了满足供水目标，基于稳态调度方案，智能调整各减压分区入口减压阀，通过模型分析给出控制策略，合理地进行压力控制并降低水锤风险，同时对泵站水锤、空气阀健康状态等进行监测，作为评估水锤防护效果和校核瞬态模型的依据。

通过PMA实时压力管理和瞬态过程调度来实现压力均衡，达到提供安全和高效供水服务、辅助决策、简化工作流程、降低劳动强度的目的。

6.4.2　总体设计方案

根据目前的问题，衡阳市华新区供水管网采用基于PMA实时压力管理的方案，实现区域内压力平衡，从根本上解决漏损率高的问题，并实施瞬态过程的精细化调度管理，降低因瞬态过程调度产生的水锤风险，从而提升供水管网运行的安全可靠性。基于华新区供水管网的实际情况，对区域内供水管网实时压力管理与瞬态过程调度系统架构进行了顶层设计，如图6-2所示。

从系统的角度出发，在系统鲁棒性和安全可靠性的基础上，确保准确的管网拓扑信息、合理的压力分区与控制流程，充分考虑安全监测与水锤防护。实现供水目标的同时保障管网运行安全。

构建供水管网实时压力管理与瞬态过程调度系统，形成"3+1"的四大功能模块，包括水锤防护模块、调度巡检模块、实时压力管理模块及瞬态过程控制模块，如图6-3所示。

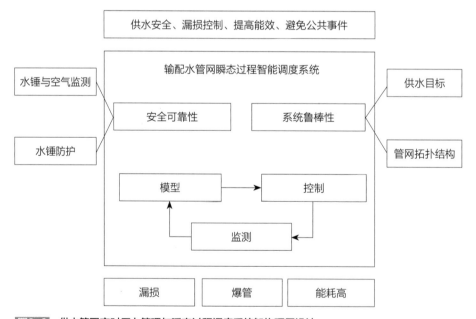

图6-2　供水管网实时压力管理与瞬态过程调度系统架构顶层设计

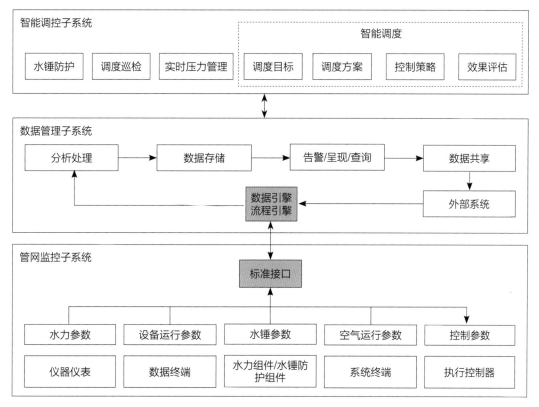

图6-3 供水管网实时压力管理与瞬态过程调度系统功能规划

6.5 项目特色

6.5.1 典型性

该项目为供水管网漏损的治理提供了新思路，在传统的老旧管网更新改造、管网检漏、DMA分区、压力调控等手段的基础上，创新提出爆管溯源，对管道老化进行源头治理，延长管道使用寿命。

传统供水调度依赖人工经验和泵站操作人员的操作水平，忽略了泵阀动作形成的压力波动以及水锤风险。该项目创新提出瞬态过程控制，提升了供水管网精细化调度水平。

6.5.2 创新性

1. 瞬态过程智能调度

当前，大多市政供水工程主要依靠泵站操作人员的经验操作，不确定性较大，存在误操作引发管网压力波动和水锤的风险，从而引发管道漏损甚至爆管。

现有的水锤防护系统中对关键阀门、水锤计算、信息化和自动化系统采取分别建设的方式，各系统功能间独立运行，缺乏系统的整体性、接口的兼容性、功能的有效性。

该项目应用系统工程的需求分析、架构设计、评估方法，通过稳态水力模型、信息图论、强化学习验证调度目标和路径，采用瞬态水力模型和神经网络点积算法分析，制定精准控制策略，同时经分布式过程调度控制和水锤监测、数据预测，评估实施调控方案的有效性，并建立控制策略库。

2. 水锤监测

城市供水管网爆管和漏损控制是当前水司关注的重点，现有防控措施以更换老旧管网和有效检漏为主。国内外最新研究成果表明，水锤是导致供水管网老化和损坏的主要原因，严重时可能导致爆管，引发较大的漏水事故。传统的管网监测点无法进行瞬态压力监测，无法进行源头治理。

该项目应用水锤监测系统，帮助工程管理人员及时掌握水锤风险和关键水锤防护设备的健康状态，有效开展爆管溯源分析并制定预防措施。

6.5.3 技术亮点

1. 自适应水锤防护技术

止回阀和空气阀是水锤防护的关键产品，传统的水锤防护产品采用电动、液压、机械方式进行驱动和指令控制，主要解决单一工况的水锤防护需求，而实际中供水系统具有时变性、非线性、多变量的特征，传统的水锤防护设备无法适应复杂系统中水锤的突发性和不确定性。因此，如何提高复杂系统的节点可靠性和系统鲁棒性，广谱自适应的水锤防护是供水工程技术难题之一。该项目应用动网格仿真和管道流体能量耗散理论，创新了止回阀和防水锤空气阀的结构设计，由自适应水力控制替代了复杂的程序化机电控制，取得了重大突破。

2. 瞬态水力模型精度率定方法

（1）应用止回阀动态特性试验装置、空气阀稳态特性试验装置、控制阀性能特性试验装置、多目标试验装置，对水力组件特性进行测定，确保模型输入参数的准确性，提升了模型模拟精度。

（2）基于耦合止回阀的动态特性、空气阀的稳态特性以及管道系统特性，进行供水管网瞬态水力过程分析。

（3）调度运行过程中进行水锤监测和模型校核。

3. 供水管网压力精细化调控技术

瞬态过程智能调度系统基于压力分区，应用水力模型和智能控制算法，对泵阀操作的顺序、时点、时长进行模拟分析和评估，避免了传统调度模式的瞬态压力波动风险，通过泵阀联调联控技术，实现供水管网压力的精细化管理。

6.6　建设内容

6.6.1　管网水力建模

根据管网实际情况，选取$DN200$以上管道进行管网水力建模，将华新区基础高程、管网拓扑结构、管段信息等从GIS系统中导出，通过合并平行管线、删除多余节点等操作对管网进行简化处理，最终获得管网拓扑结构。根据华新区管网拓扑结构及供水流量、压力等信息完成水力模型建立。

6.6.2　压力分区管理及系统平台建设

基于管网拓扑结构和水力模型，将华新区划分为4个压力管理分区，在其中3个分区入口安装3台智能减压阀。建立供水管网实时压力管理平台，实现压力分区智能管理，具有实时在线监测、在线水力模型仿真、智能处理以及安全评估、信息共享与反馈等功能。通过GIS形象直观地展示整个管网，"一张图"呈现各水力组件的运行状态和告警监控等信息，如图6-4所示。

系统平台根据配置时间周期，定时采集输配水管网中的运行数据（水量、

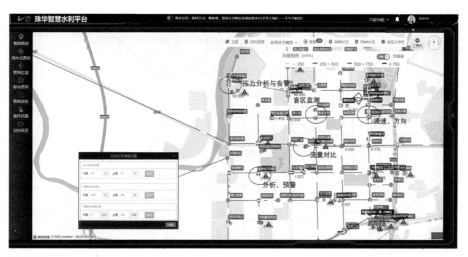

图6-4　在线水力模型运行监控

水泵运行参数等），作为边界条件输入事先创建的水力模型中，进行实时管网运行仿真；在浏览器上直观展示基于图形化管网图的实时仿真结果，并对结果进行分析，输出相应的告警。系统平台建设在有限数量传感器的基础上，完善了管网的监控手段，实现了全网络的全面监控，如图6-5所示。

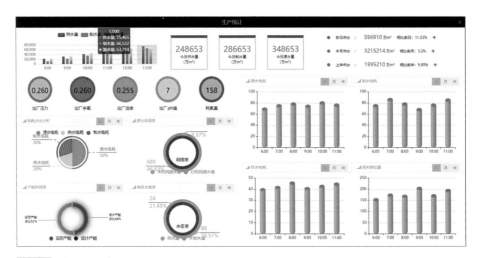

图6-5 生产运行数据

6.6.3 管网水锤监测系统

对供水管网水锤的监测与分析，是了解管网运行安全状态、水锤风险程度、爆管溯源分析以及制定爆管防治策略的前提。对华新区多个小区的供水管道、二次供水泵站等进行现场勘察发现，小区内均存在大小不一的爆管点隐患。管道老化、道路碾压以及小区二次供水设备的影响（如浮球阀的频繁启闭等），都易引发爆管。本次管网水锤监测试点工作，选择星欣花苑的小区主管道和二次供水设备出口2处安装水锤监测系统，主要监测浮球阀、二次供水设备等关键设备的运行对小区供水管网水锤的影响。

6.6.4 瞬态过程调度平台

开发华新区供水管网瞬态过程调度平台，是为了解决调度过程中的瞬态压力问题，防止设备动作引起的水锤风险，对调度过程进行管理。平台界面如图6-6所示。

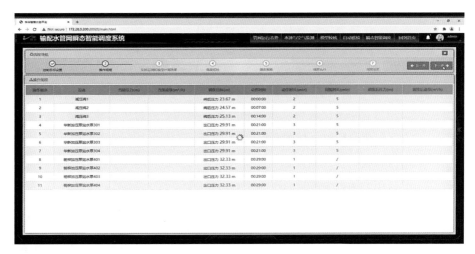

　华新区供水管网瞬态过程调度平台界面

6.7　应用场景和运行实例

6.7.1　在线水力模型的应用

基于PMA实时压力管理方案，建立在线水力模型（见图6-7），对分区进行实时稳态监测和告警，将分区压力和流量监测值与模型参数进行实时对比分析和告警，同时通过模型计算对超过设定阈值的管网节点（监测盲点）进行告警。通过监测每个分区的压力和流量，结合实际监测点的水力参数，校核模型。

　水力模型在线监测界面

6.7.2　水锤监测系统的应用

水锤一般发生在泵站和管网关键节点上，水锤监测系统能够分析判断监测点的水锤风险，进而进行水锤成因分析，制定优化控制策略降低水锤风险。该项目在华新区杨柳加压站和欣星花苑两处进行了水锤监测，并通过分析给出了运行优化建议。如图6-8～图6-11所示。

杨柳加压站水锤分析：9月1日，泵站吸水端管道检修并通水，可能存在空气引起的水泵流量和压力的剧烈变化。

建议：吸水口设置防水锤空气阀，抑制水锤压力波动。

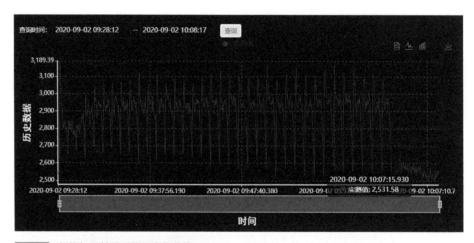

图6-8　杨柳加压站泵后流量变化曲线

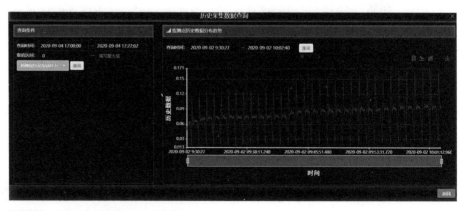

图6-9　杨柳加压站泵前压力变化曲线

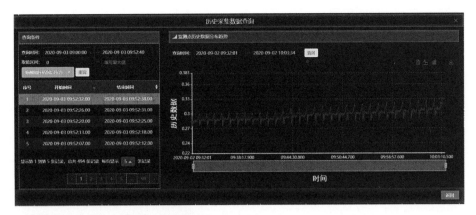

图6-10　**杨柳加压站泵后压力变化曲线**

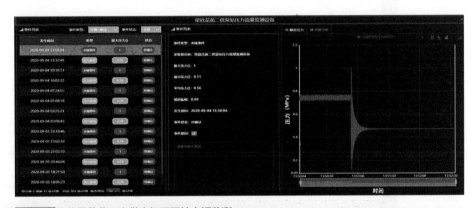

图6-11　**欣星花苑二次供水加压泵站水锤监测**

欣星花苑二次供水加压泵站水锤分析：

（1）停泵后产生了瞬间的水锤增压，最高达到1MPa，且产生了短时的压力震荡。水泵启动时的扬程一般维持在77～79m之间。

（2）通过对水锤事件的监测，发现二次供水设备每次启动约17min，应为高位水箱补给完毕后关闭。

（3）通过对水锤事件的监测，可以总结出小区的用水规律，通过水箱补给的次数及水箱的容积，可以计算出每天的用水量。

结论：设低位水池的二次供水系统，可最大限度减少二次供水设备启停对管网的压力冲击。

建议：对直接从管网抽水的二次供水设施叠压供水设备设置监测装置，研究其启停对管网压力的影响。

6.7.3　瞬态过程调度的应用

供水管网系统是一个典型的复杂系统，具有水力脆弱性。管网运行过程中水泵、阀门动作引起的流速急速变化，是产生水锤风险的根本原因。如何满足瞬态过程调度安全是该系统的关键。

基于华新区用水需求，调度需求包括日常时段恒压调度需求、运行异常处理以及爆管、事故等应急调度需求，作为调度需求库，驱动瞬态过程调度流程。调度系统如图6-12所示。

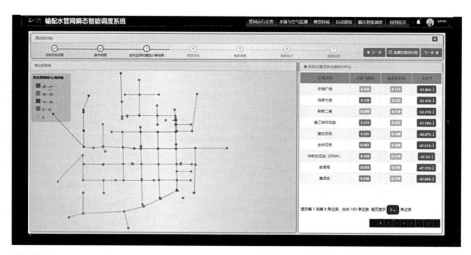

图6-12　瞬态过程调度方案

基于调度需求，通过稳态水力模型仿真计算形成有效的控制对象调控参数，即调度方案。优先通过控制策略库进行适配（见图6-13），同时与经验法相结合，确定调度方案的控制顺序与时长，形成控制策略。控制策略通过瞬态模型进行安全校核，符合要求即成为最终下达方案。

控制过程中，通过稳态监测（稳态水力参数、设备状态）与瞬态监测（水锤、空气监测）对供水目标和瞬态过程调度安全性进行评估，将符合要求的控制策略更新至策略库，如图6-14、图6-15所示。

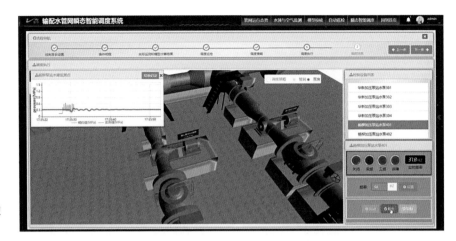

图6-13
瞬态过程调度控制策略

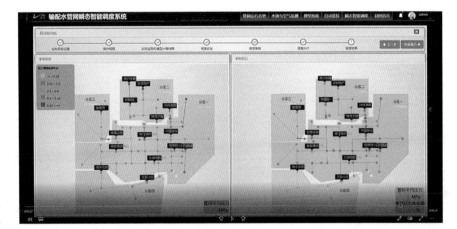

图6-14
瞬态过程调度控制策略结果对比

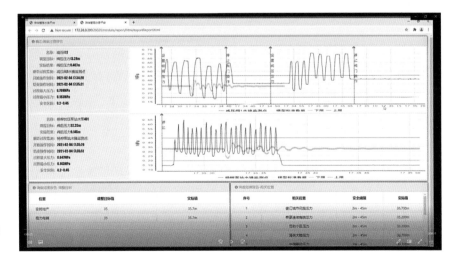

图6-15
瞬态过程调度控制效果评估

6.8　建设成效

6.8.1　投资情况

该项目总投资620万元，包括水力建模、PMA压力管理及瞬态过程调度平台建设、智能减压阀、智能空气阀、压力计、流量计等监测与调控设备。

6.8.2　环境效益

当管网系统内发生低负压事件时，管外污染水体会通过管道漏损点侵入管网系统，进而危害公众健康。研究表明，配水管道周围的土壤和非饮用水中可能含有多种微生物病原体，包括粪便指标和可培养的人类病毒。通过该项目技术实现供水管网压力的精细化管理，有效预防水锤产生风险，减小爆管和漏损率，防止管网外部污染物进入供水管网，保障供水水质安全。

6.8.3　经济效益

1. 降低能耗

采用阀门协同泵站调控压力后，水泵的平均扬程降低约3m，加压泵站年节约电耗约12.4万kWh。

2. 减少爆管频率，减少维修费用

项目实施后，通过水锤记录仪进行高频压力采集，实现对管网压力突变、管网水锤的实时监控与分析，分区压力管理区域的爆管次数由往年超过100次降低为现在的50多次，爆管频率下降约55%，减少维修费用约150万元/年。

6.8.4　管理效益

通过水力模型与管网GIS、SCADA系统的融合，及时发现了多个压力异常点，包括低压区域和漏损区域，缩短了查找管网隐患的时间。通过在线监测和远程控制，管理人员可以远程调节水泵和阀门，减轻了劳动强度，提高了工作效率。

通过平台建设，有效提升了供水的可靠性和稳定性，均衡了管网供水压力，减少了用户投诉，简化了数据流转环节，提高了数据可靠性，公司经营管理成本有所降低，工作效率明显提高。

6.9　项目经验总结

基于该项目的建设与应用，获得如下经验：

（1）水力模型要持续更新。

（2）历史数据是宝贵的资源，需要用心去挖掘。

（3）经验知识库和模型决策库经过长时间积累后可以转化为专家知识库，辅助决策，减少人为因素引起的风险。

另外，智慧水务建设的经济效益总体上是伴随着业务而产生的，即智慧水务自身很难独立产生经济效益，需要与工程、设备等多种手段相组合起来才能实现效益。智慧水务建设的经济效益往往是通过提高效率、提高服务水平、降低成本的方式体现，且随着智慧水务的不断发展，产生的经济效益也将更为显著。

智慧水务建设的成功开展，需要各层级领导及业务骨干的重点关注与支持，促进各个项目落地应用，让智慧水务建设见到实效，从而推动供水行业信息化建设走上新台阶。

业主单位：衡阳市水务投资集团有限公司

设计单位：株洲南方阀门股份有限公司、湖南大学

建设单位：衡阳市水务投资集团有限公司、株洲南方阀门股份有限公司

案例编制人员：黄靖、许仕荣、罗剑宾、徐秋红、欧立涛

第四章 | 二次供水设施运行与管理

苏州城区二次供水智能化改造

项目位置：江苏省苏州市姑苏区

服务人口数量：90余万人

竣工时间：2020年1月

7.1 项目基本情况

为适应由供水企业对居民住宅二次供水设施进行集中运维管理的新形势，通过信息化、智能化手段为苏州市姑苏区居民提供更优质的水和更好的供水服务，苏州市自来水有限公司（以下简称"苏州水司"）实施了苏州城区二次供水智能化改造项目，项目主体业务领域为苏州市姑苏区二次供水设施的智能化管理，覆盖区域面积约83km²，服务人口约90余万人。

项目主要采用硬件改造+软件升级"双措并举"的方式：一方面，在上级部门的大力支持下，用3年时间对苏州市区74个小区的老旧二次供水设施进行全面改造升级，使机泵、安防、在线仪表、控制模块等硬件设施匹配智能化管理要求；另一方面，充分考虑二次供水管理新模式带来的新需求，基于精准的需求分析确定智能化平台建设内容，积极应用基于边缘计算的物联采集技术、基于GIS的空间地理数据管理技术等先进技术开展系统平台搭建工作，全面提升服务区域内二次供水智慧化管理水平，为姑苏区居民提供更及时、更精准的二次供水维保服务。

7.2　问题与需求分析

《苏州市生活饮用水二次供水管理办法》实施后，苏州市姑苏区新建居民住宅二次供水设施已由苏州水司统一按照高标准建设、管理。但办法施行前已建成的二次供水设施，其供水设备大多存在服役年限较长、运行状况不佳、无法支撑智能化管理等问题，具体包括以下几个方面：一是老旧设备无法接入自控系统，无法实现远程监控，阻碍了智慧水务的发展进程；二是设备老化造成供水水压不稳，甚至出现时断时续的情况，严重影响居民用水；三是设备设施的锈蚀导致供水水质不佳，对居民饮水安全造成不利影响。

同时，居民住宅二次供水的管理模式发生了很大变化。原先二次供水设施均由物业管理，采用"一对一"的分散管理模式，其优点是有人在现场，如果出现异常状况可以及时响应、及时通知各住户，其缺点是物业单位缺乏专业能力，无法对二次供水设施进行专业化、规范化的管理，部分物业单位责任心不强，运行维护质量参差不齐。《苏州市生活饮用水二次供水管理办法》实施后，二次供水设施由供水企业管理，采用"一对多"的集中管理模式，运行维护工作的专业性、规范性得到很大提升，但与此同时也带来了工作面的扩大和工作量的增加等问题。如果供水企业仍然采用传统的管理手段，势必无法对每个泵房都做到细致地属地设人管理，因此，使用智能化手段提升二次供水运维水平和管理效率已是一种必然的趋势。

7.3　建设目标和设计原则

7.3.1　建设目标

（1）完成姑苏区74个小区的老旧二次供水设施改造，解决这些泵房设备设施服役年限较长、运行状况不佳的问题，并使其硬件设施匹配智能化管理要求。

（2）构建一个集运行监控、安防监管、维保管理、移动应用、驾驶舱概览功能于一体的二次供水管理平台，提升服务区域内二次供水的智慧化管理水平。

7.3.2　设计原则

（1）以高标准开展硬件设施改造，确保改造完成后较长时间内仍能支撑信息化、智能化新技术的应用。

（2）充分考虑二次供水管理新模式带来的新需求，开展多轮沟通，认真分析二次供水管理的现状和痛点，并开展需求分析，基于需求确定智能化平台建设内容。

（3）积极应用二次供水和智慧水务领域的先进技术，依托技术成果实现相关功能。

7.4　技术路线与总体设计方案

7.4.1　技术路线

（1）通过对示范区域二次供水管理和信息化的现状分析，确定项目基本内容和目标。

（2）制定二次供水管理平台的建设方案，通过技术分析确定平台开发的实施步骤及需要攻关的技术难点。依托施工单位的智慧物联网平台、工作流引擎等，进行二次供水监管平台的优化和物联网平台、移动应用平台的开发。

（3）对二次供水管理平台进行安装、部署以及测试，开展试运行工作，快速验证平台各项功能，探寻需要进一步提升和优化的事项，全面收集反馈意见，不断完善项目成果。

该项目的技术路线如图7-1所示。

7.4.2　总体设计方案

二次供水管理平台由二次供水监管平台、物联网平台、移动应用平台3部分组成，从系统架构角度又可划分为基础支撑层、传输层、数据层、应用层、展示层5个层面，总体设计方案如图7-2所示。

1. 基础支撑层

包括各类物联感知设备和软硬件支撑环境。物联感知设备主要包括水泵、流量计、水质检测仪等前端设备，借助物联网平台可对采集的数据进行初步的汇聚、提取、清洗和过滤，为平台的业务应用提供基础数据来源。软硬件支撑环境主要包括机房设备、防火墙、数据库软件等，为平台的运行提供基础环境支撑。

2. 传输层

通过光纤网络将基础支撑层获取的各类监测数据传输到数据层，同时为各类用户访问提供网络支持和服务。

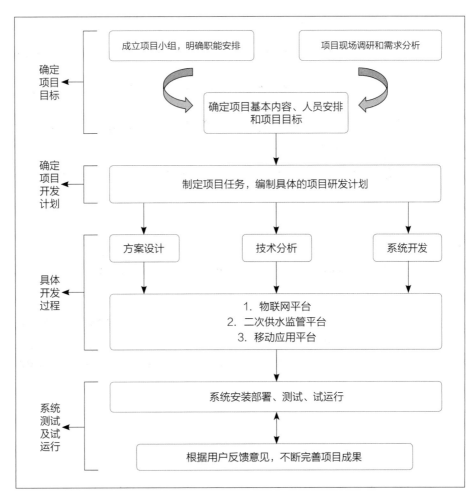

图7-1 二次供水智能化改造技术路线

3. 数据层

主要实现对系统数据以及其他相关数据的统一存储、计算和管理，包括GIS数据、监测数据、业务数据等，为二次供水监管平台的应用提供数据支撑。

4. 应用层

主要包括运营总览、运行监控、报警监控、安防监控、统计分析、巡检维修管理、资产管理和移动应用等板块，用以满足供水企业对二次供水监控和管理的需求，实现对泵房及设备的全方位管理，从而提升供水服务质量。

5. 展示层

主要包括监控大屏、台式终端、平板终端、手机终端等展示窗口，方便工作人员能够随时随地以多种方式查看二次供水泵房运行的相关情况。

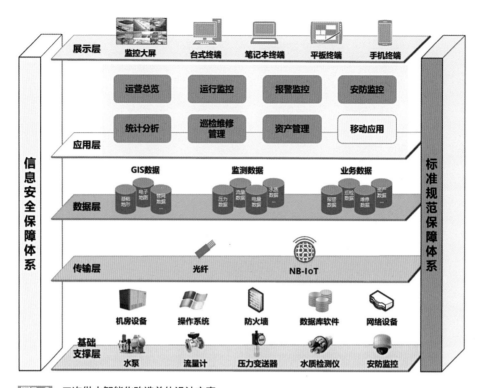

图7-2　二次供水智能化改造总体设计方案

7.5　项目特色

7.5.1　典型性

　　项目采用硬件改造+软件升级"双措并举"的方式，补齐了部分泵房硬件设备无法匹配智能化运行需求的短板，构建了高效化、智能化的二次供水运维管理体系，提升了二次供水业务的处理效率和质量，具有良好的示范和引领作用。

7.5.2　创新性

　　项目将科研与实际运行相结合，依托国家"十二五"水专项子课题及相关后续研究，探索二次供水领域的新技术、新方向，通过研究分析，开发适用于苏州地区老旧二次供水设施改造的技术，并应用于改造实践中，提升了泵房改造标准、保障了居民生活用水安全。

　　项目充分考虑二次供水管理新模式带来的新需求，通过多次沟通，掌握苏州水司二次供水管理和信息化现状，通过需求分析确定项目基本内容和建设目标，通过技术分析确定平台开发的实施步骤及需要攻关的技术难点，积极应用各项先进技术，搭建了功能齐全、集成度高、可操作性强的二次供水管理平台。

7.5.3　技术亮点

（1）应用基于边缘计算的物联采集技术，以物联网的技术框架为基础，通过边缘计算、物模型、云边交互协议等模块设计，在边缘侧实现"多维感知、多端接入、统一模型、统一物联"的智慧物联体系。构建智慧物联网平台，具备海量站点实时接入能力，可对接入设备进行分布式或集中式管理，提供可云可端的部署模式，满足不同的应用需求。

（2）整合城市基础地形图和供水管网数据，采用基于云GIS的分布式空间数据弹性存储管理技术，将数据统一部署在云端数据层，通过数据层可实现海量空间数据和管网数据的高性能存储、管理、查询等，提供一种按需的、安全的、可配置的全新GIS服务方式。该技术的应用，使得二次供水泵房能够在城市基础地形图上精准定位，更直观地展现二次供水泵房的地理分布，使远程监控人员能合理派发抢修工单，减少不必要的路途时间，同时使抢修人员能迅速找到相关定位，以最快速度赶赴现场进行工单处理。

（3）采用基于工作流引擎的工单全流程管理技术，将二次供水管理平台与工单系统打通。系统具备自动生成泵房巡检、设备定期维保任务的功能，只需预设周期规则，系统将自动生成工单并派发至相应人员。系统具备泵房和外业人员定位功能，便于运行管理人员对抢维修作业的到场时间、处置时间进行跟踪和监督，提升工单处理效率。系统具备工单全流程记录、追溯功能，从工单生成、派发，到外业人员接收、赶赴现场，再到任务完成、提交，对工单全流程的各个关键环节进行记录，有助于运行管理人员对工单任务进行有效监管。

（4）探索使用智能调蓄+智能变流（变压）控制模式。采用智能液位规划+智能B/C切换技术，通过智能算法每天预测对应分区的用水情况，然后控制水箱进水阀门实现进水流量、水箱液位的控制，以及水箱供水和市政供水的切换，在管网压力富余时段充分利用管网水压，从而实现泵房的节能降耗；采用智能变流技术，通过智能算法使水泵运行匹配用户供水流量，从而使水泵出口压力匹配用户所需压力、出口流量满足用户所需流量，避免不必要的压力与流量消耗，从而降低实际能量损失、实现节能降耗，在用水低峰时段效果尤为明显。

7.6 建设内容

7.6.1 泵房硬件设施改造

苏州水司将科研与实际运行相结合，依托国家"十二五"水专项子课题及相关后续研究，探索二次供水领域的新技术、新方向，通过研究分析，选择适用于苏州地区老旧二次供水设施改造的技术，在当时的行业标准、地方标准基础上对泵房硬件设施及环境要求进行了一系列补充和细化，并于2012年至2014年期间完成姑苏区74个小区的老旧二次供水设施改造，改造成果如图7-3和图7-4所示。

（1）要求水泵叶轮、轴、基座采用06Cr19Ni10（即SUS304）以上不锈钢材质，噪声符合国家标准《泵的噪声测量与评价方法》GB/T 29529—2013（原标准号JB/T 8098）中的B级要求，振动符合国家标准《泵的振动测量与评价方法》GB/T 29531—2013（原标准号JB/T 8097）中的B级要求，电动机效率不低于国家标准《电动机能效限定值及能效等级》GB 18613—2020中的3级要求。

（2）为变频机组配备了隔膜式压力罐，要求其具备特种设备相关证照，有效容量与水泵允许启停次数相匹配，隔膜采用食品级天然橡胶隔膜（需有涉水产品卫生许可批件），应可舒张 20 万次以上。以达到保压、稳压、防水锤的目的。

（3）提升水箱、管道及附件材质。要求水池（箱）及人孔、爬梯等附属设施使用06Cr19Ni10（即SUS304）不锈钢材质，要求泵房内所有管道、法兰及螺栓等配件使用06Cr19Ni10（即SUS304）不锈钢材质，要求阀门阀体采用球墨铸铁材质、表面喷涂环氧树脂，阀瓣、阀杆及阀轴等采用不锈钢材质，全面提升抗腐蚀性能。

图7-3 二次供水泵房现场-1

图7-4 二次供水泵房现场-2

（4）增设在线监测仪表。配备了电磁流量计、压力变送器、静压液位变送器、低量程在线浊度仪和在线余氯分析仪等在线监测仪表，分别对进出水流量、泵口压力、水池（箱）液位以及供水水质等关键参数进行测量和监控。

（5）提升电气、自控硬件配置。要求电控柜防护等级不低于IP54，电源系统具有防浪涌电压设计，有防雷击和防过电压措施，柜内主要电气元器件选用具有CCC认证的产品；要求所有增压泵都必须配置独立的变频控制器，采用1控1变频调速控制；要求PLC具有模块化供电电源、限流装置和过电压保护装置，内部采用高性能工业级别微处理器。

（6）增强安防配置。设置了门禁装置，采用刷卡/密码输入/运控中心远程三者并行的方式执行开门动作，必要时还会加装机械锁以确保安全。泵房内外安装了多个视频监控设备，确保泵房大门、电控柜、水箱人孔、集水坑等关键位置处于视频监控范围之内。

（7）有针对性地采取吸声降噪措施。针对改造项目中距居民住宅较近的或其他需采取吸声降噪设计的泵房，规定了采取轻钢龙骨+吸声棉+硅酸钙吸声板的措施，避免泵房噪声对居民用户造成影响。

（8）细化泵房环境要求。要求墙面使用符合环保要求、易清洁的涂料涂覆，地面铺设同色同质的防滑地砖；规定了门窗的性能要求，并要求门窗孔洞采取防止蝇、鼠等进入的措施；确保泵房整体环境卫生、清洁、美观。

7.6.2　二次供水管理平台搭建

苏州水司充分考虑二次供水管理新模式带来的新需求，充分沟通掌握自身二次供水管理和信息化现状，通过需求分析确定项目基本内容和建设目标，通过技术分析确定平台开发的实施步骤及需要攻关的技术难点，积极应用各项先进技术，搭建了功能齐全、集成度高、可操作性强的二次供水管理平台。该平台由二次供水监管平台、物联网平台、移动应用平台3部分组成，其中二次供水监管平台是系统的主体部分，物联网平台是物联设备与业务应用间的连接桥梁，移动应用平台主要满足管理人员、外业人员移动办公需求。

项目建设了可视化的BI驾驶舱（见图7-5），通过图表化的形式实现二次供水泵房关键指标的汇总展示，使得管理人员能够全面掌握二次供水泵房相关运行概况；通过报警信息滚动提醒，使得管理人员能够直观了解当前泵房安全隐患，及时进行指挥调度。

系统设置了运行监控和报警监控界面，通过工艺运行图实时展示工艺环节和

图7-5　二次供水泵房驾驶舱

关键指标，对所选二次供水泵房的关键运行参数进行实时监控；通过电子地图直观展示各泵房的位置分布，实现异常快速报警；通过对各二次供水泵房运行日志的统一记录，使得工作人员能够便捷地进行查询和对比；通过报警方案的自定义配置，实现基于用户角色的多层级信息推送；通过对历史报警信息的记录，使得工作人员能够快速地进行回溯及查阅，及时发现存在的问题并提出相应解决措施。

　　系统融合了移动应用平台，运行管理人员、维保作业人员均可通过移动端对二次供水泵房的运行状态进行查看，按照相应权限对二次供水设备信息进行管理、对工单流程进行响应和处置，满足外业人员的移动办公需求。

　　系统集成了视频门禁系统，将所有二次供水泵房视频监控、门禁设备所产生的数据和信息融合到统一的数据库中（见图7-6）。运行管理人员可自由选择

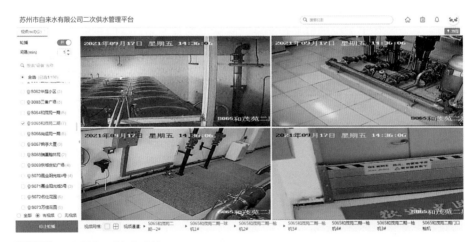

图7-6　二次供水泵房视频监控

关注的泵房，实时监控各二次供水泵房现场环境情况、人员进出情况，便于出现问题时能够及时回溯。

平台与工单系统打通，通过相关周期的自定义配置，实现计划性巡检、定期维保任务工单的自动生成和自动提醒；通过对工单全流程关键环节的详实记录，实现对巡检、维保任务质量的有效监管；通过泵房位置信息的展示和对外业人员位置信息的跟踪，实现对外业人员到场及时情况、维保工单处理时间的统计。

平台遵循标准性和开放性的原则，设置了一套标准安全的数据接口，不仅能够实现与苏州水司未来各新建系统之间的数据共享交换，同时也对接了已建设的安防系统（门禁系统、视频监控系统）、设备管理系统、调度系统等信息化系统，打破了"信息孤岛"僵局，实现了海量数据共享共用，解决了各业务板块之间流程不通的问题，实现了跨部门、跨组织的高效协同办公和集成应用。

7.7　应用场景和运行实例

7.7.1　二次供水整体运行概况掌握

通过二次供水管理平台驾驶舱界面，运行管理人员能够快速了解苏州城区二次供水泵房的宏观运行情况、地图分布情况。所提取的泵房关键信息包括：泵房状态、实时监测信息、用电用水信息、安防信息、维保信息等。运行管理人员能够根据报警提示信息直观了解异常泵房数量、异常状况所在位置、异常信息类别、事件严重程度等信息，并可根据监控大屏数据及时进行指挥调度。

7.7.2　单个泵房运行监控

通过二次供水管理平台泵房运行详情界面（见图7-7），运行管理人员可自由选择关注的泵房，对其各分区机组出口压力、出水瞬时流量、出水累计流量、水箱液位、变频器频率、机组电流及电压、出水水质指标、电动阀门开关状态等信息进行实时监控或历史数据查询，覆盖了二次供水系统运行的各个方面，实现了对指定泵房详细运行状态的掌握。其中部分重要指标由运行管理人员根据实践经验设置了报警上、下限值，一旦超过限值将触发异常报警，生成对应的报警信息并按设置进行推送。

7.7.3　安防监控

二次供水管理平台集成了视频门禁系统，将所有二次供水泵房视频监控、

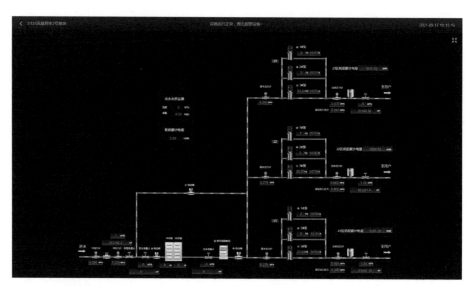

图7-7 单个泵房运行监控

门禁设备所产生的数据和信息融合到统一的数据库中，实现了泵房进入数字化登记。运行管理人员可自由选择关注的泵房，通过实时视频监控画面、历史视频监控画面、各时段门禁开启记录，观察是否有身份不明人员或异常物体进入泵房，查看泵房内是否出现明显影响运行安全的事件，从而做到对二次供水泵房的有效防护，提升反恐安防智能化水平。

7.7.4 移动办公

二次供水管理平台采用了B/S、M/S多端应用模式，其中M/S端支持外业人员进行移动办公（见图7-8）。系统采用多层级的信息推送模式，根据角色不同、信息类别不同、事件严重等级不同设置对应关系，方便公司管理层、运行管理人员、维保人员随时随地获取本岗位所需的关键信息，避免因信息传递延迟导致故障处理时间延长、供水服务质量受到影响。运行管理人员、维保作业人员均可通过移动端对二次供水泵房的运行状态进行查看，按照相应权限对二次供水设备信息进行管理、对工单流程进行响应和处置，满足外业人员的移动办公需求。

7.7.5 泵房异常报警与应急处置

二次供水管理平台能够以卡片形式对二次供水泵房的报警情况进行展示，报警类型分为阈值报警、硬件报警、突变报警、超时报警以及漏损报警等，当出现欠电压、过电压、缺相、某分区机组出口压力高、某分区机组出口压力低、

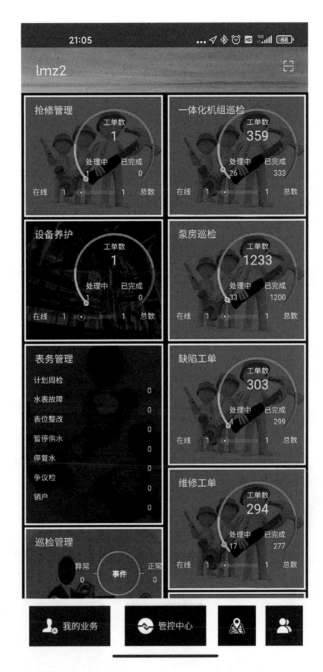

图7-8　移动端应用

地面液位高、变频器故障等情况时，可通过颜色、声音、弹窗、微信公众号、APP消息等多种方式进行报警提醒。平台系统能够迅速识别运行异常，并根据不同类型、不同级别的报警设置对应的报警方式和推送对象，使得相关人员能够及时接收各类报警信息并处置。对于报警等级较高的事件，运行管理人员能够结合维保人员动态地理位置信息，就近派发相应工单，实现异常状况的快速响应，有效降低事件影响。特殊情况下部分操作支持远程控制，可进行应急处置。

7.7.6　维保工单管理

二次供水管理平台通过标准接口与现有工单系统打通，可根据预先设定的原则自动生成计划性巡检、定期维保任务工单，并及时提醒维保作业人员。系统采用网页端与移动端相结合的模式，方便外业人员及时收到相关报警和工单信息，有效减少外业人员路途奔波和电话沟通的时间。同时系统将收集从工单生成、派发，到外业人员接收、赶赴现场，再到任务完成的反馈信息，将对全流程的关键环节进行详实记录，便于管理人员对计划性巡检、维保任务进行有效监管，也便于日后对各泵房的巡检、维保记录进行追溯与查阅，实现了对泵房的计划性巡检、维保任务的电子化、规范化管理。图7-9为维保作业人员根据二次供水管理平台的任务工单，对二次供水设施进行巡视检查及维护。

7.7.7　维保绩效监管

二次供水管理平台可在地图上实时展示维保作业人员的位置信息，运行管理人员可查询维保作业人员的历史轨迹，从而快速判断其是否及时到达巡检、

图7-9　二次供水维护现场

维保任务现场，便于管理人员对应急抢修、计划性巡检、设备设施定期维保、水箱清洗消毒等任务进行有效监管，全面提升对维保外包单位的管理水平，从而提高苏州水司的二次供水服务质量。

7.7.8 资产设备管理

二次供水管理平台应用表单搭建、数据关联分析等技术，通过设备唯一编码来实现二次供水设备全生命周期的信息管理，包含二次供水设备基础信息管理、设备树管理、生命周期管理、巡检管理等。建立精准、详细的设备台账，满足二次供水设备信息的有效共享和快速检索；构建完善的设备维保管理流程，支持通过工单进行维保工作的全过程管理与追溯。

7.7.9 能耗分析

二次供水管理平台具备对泵房整体及各加压分区的水量统计、用电统计分析功能，可以自由选择泵房及时间段，追溯查看指定泵房在指定时间段的供水量信息、用电量信息，并自动计算出电耗值（见图7-10）。该项功能有助于运行管理人员精准掌控每个泵房甚至每组机泵的水量、电量、电耗数据及其变化趋势，能够为二次供水泵房的能耗优化以及未来新建、改扩建泵房的机泵设备选型提供数据支撑，同时也能为二次供水节能降耗技改新措施的有效性提供验证。

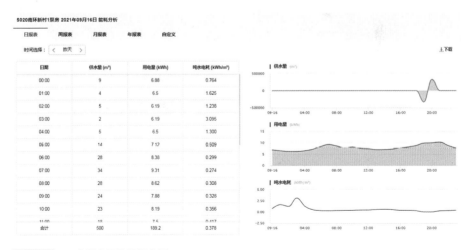

图7-10 二次供水设施能耗分析

7.7.10　智能调蓄+智能变流控制

在试点小区应用智能调蓄+智能变流控制模式（见图7-11），采用智能算法分析历史用水数据、特别是近期的用水变化规律，预测对应分区后一天的用水变化情况，从而生成相应的二次供水系统运行预案。同时，在实际运行中结合在线压力监测点、在线流量监测设备反馈的数据，及时对预定的运行预案进行修正，综合调节水箱进水阀门开度以及机泵运行状态，从而实现能耗的降低。

图7-11　智能调蓄+智能变流控制

7.8　建设成效

7.8.1　投资情况

该项目完成了姑苏区74个小区的老旧二次供水设施改造，解决了这些泵房设备设施服役年限较长、运行状况不佳的问题，并使其硬件设施匹配智能化管理要求；构建了一个集运行监控、安防监管、维保管理、移动应用、驾驶舱概览功能于一体的二次供水管理平台，提升服务区域内二次供水的智慧化管理水平；项目总投资金额约1.2亿元。

7.8.2　环境效益

该项目通过硬件设施的更新和智能化管理水平的提升，使得二次供水水质得到明显提升。根据项目实施前开展的一次水质抽样调查，在物业管理二次供水设施期间，苏州市姑苏区二次供水设施出水的水质合格率仅为61%，合格率较低的指标分别为浊度、余氯、铁、锰、细菌总数等；感官性状和一般化学指标的超标，严重影响了供水水质的感官，是居民投诉的重点。该项目实施后，二次供水水质得到有效管控，水质合格率提升至100%，消除了水质监管的真空地带，实现了从"源头"到"龙头"的水质全过程管控，有效保障了居民用水安全。

7.8.3 经济效益

（1）该项目通过硬件设施和自控程序的更新，解决了因机泵设备、电气和控制系统老化造成的机泵效率降低和电耗升高问题，改造后同一泵房吨水电耗较之前下降约10%。

（2）该项目在个别小区试点开展智能调蓄+智能变流控制模式，采用智能算法分析预测用水变化情况，将预测用水变化情况与实际流量、压力监测结果结合，通过控制水箱进水阀门、水泵出口压力实现智能调蓄与变流控制，避免不必要的压力与流量消耗，从而实现节能降耗。经测算，试点小区二次供水吨水电耗较试用前下降约20%。

7.8.4 管理效益

（1）项目实施前，苏州市姑苏区各老旧泵房的硬件设施情况参差不齐，部分小区机泵设备、电气和控制系统老化现象严重，造成供水水压不稳定，严重影响居民用水。项目实施后，机泵设备、自控系统均得到更新，供水水压得到有效保障，居民用水体验得到有效改善。

（2）项目实施前，二次供水泵房的安防设施分散独立，未纳入整体平台，同时部分老旧泵房存在安防硬件设施配备不足的问题。项目实施后，将所有二次供水泵房视频监控、门禁设备所产生的数据和信息集成至二次供水管理平台，实现了对泵房安防状况的全面监管，提升了二次供水安防智能化水平。

（3）项目实施前，二次供水设施由物业单位"一对一"分散管理，然而物业单位缺乏专业能力，无法对二次供水设施进行专业化、规范化的管理，部分物业单位责任心不强、运行维护质量参差不齐。项目实施后，二次供水设施由供水企业进行统一管理，通过二次供水管理平台的搭建以及与工单系统的互通，实现了"专业运维、优质服务"，提升了泵房巡检、设备定期维保、设备抢修、水箱清洗消毒等工作的效率和质量，为姑苏区居民提供了更及时、更精准的二次供水维保服务，有效提升了人民群众的生活品质，用户反响良好。

7.9 项目经验总结

该项目突出问题导向，充分考虑《苏州市生活饮用水二次供水管理办法》实施后二次供水建设新要求和管理新形势，结合苏州水司自身实际开展需求分析和技术研究，力争探寻解决问题的思路和措施。

（1）解决硬件设备问题：该项目将科研与实际运行相结合，依托国家水专项课题及相关后续研究，探索二次供水领域的新技术、新方向，选择适用于苏州地区老旧二次供水设施改造的技术，在当时的行业标准、地方标准基础上对泵房硬件设施及环境要求进行了一系列补充和细化。

（2）解决集中监控问题：将所有泵房的关键运行数据和视频门禁系统集成接入二次供水管理平台，使管理人员能在统一平台上进行实时监控，适应了"一对多"的二次供水管理新模式。

（3）解决异常识别问题：利用物联网技术全面感知泵房的运行状况，实现异常的快速识别和报警，减轻了远程监控人员的工作负担。

（4）提升维保管理水平：将平台与工单系统打通，实现定期巡检、维保工单的自动生成，实现巡检、维保工单的全过程监督，提升维保任务的完成质量。

（5）满足数据汇总需求：采用多样化图表对二次供水数据进行汇总展示，包括水箱液位变化、进水流量变化、机泵出口压力变化、机泵设备耗电量等，能为泵房运行状况分析提供参考。

（6）满足移动办公需求：采用了B/S、M/S多端应用模式，其中M/S端支持外业人员进行移动办公，为泵房的日常管理提供了应用支撑。

业主单位：苏州市自来水有限公司

设计单位：上海熊猫机械（集团）有限公司

建设单位：苏州市自来水有限公司

案例编制人员：钱勇、蒋福春、张雪、夏星宇

第五章 | 供水系统综合管控

8　苏州吴江区衍云智慧水厂工业互联网平台

项目位置：江苏省苏州市吴江区

服务人口数量：155万人

竣工时间：2018年12月

8.1　项目基本情况

吴江华衍水务有限公司位于苏州市吴江区，水厂以太湖为取水水源，全区 1176km² 全部实现联网供水，服务客户近59万户，人口约155万人。其中下属水厂吴江第一水厂供水能力60万 m³/d，供水范围为松陵、震泽、盛泽、菀坪、梅堰、南麻等19个乡镇。吴江区衍云智慧水厂工业互联网平台是吴江华衍水务有限公司构建的智慧水厂运营管理平台，主要服务于吴江第一水厂的运营管理。

该平台集成了物联网、云计算、人工智能、大数据、数字孪生等众多新技术，将设备、工艺、业务、人员和平台串联起来，推动水厂运营与工业互联网深度融合，实现了水厂全过程工艺监控、成本自主分析优化、设备预防性维护、安防全环节管控、巡检数据在线管理，同时提供水量预测、泵组搭配节能、工艺模拟3个人工智能算法模型，助力构建精细化闭环管控的数字孪生智慧水厂。

8.2　问题与需求分析

面对水源水质不稳定、水源突发污染、净水工艺演进等因素给生产供水提出的诸多挑战，传统的自动化控制方式已经难以满足水厂精细化、智能化管理的要求，主要体现在以下三大方面。

1. 业务协同

水厂实时运行数据与业务管理存在信息壁垒，预警报警、应急处置难以做到闭环管理。

2. 设备管理

水厂设备情况不清晰，维护工单不闭环，报修依赖线下，难以保障设备运行效率与稳定性。

3. 数据支持

能耗分析效率低，水厂调度主要依赖人工经验，全过程数据资料不完整、易丢失、难查阅，难以支撑水厂工艺优化分析、科学调度的管理目标。

因此，将"水厂运营、业务和管理"与"工业互联网"相结合，利用互联网平台智慧化、精细化、可视化的特色，全面推动水厂运营变革，建立集高新技术应用于一体的智能化水厂生产业务管理体系，实现信息数字化、控制自动化、决策智能化，使感知内容全覆盖、采集信息全掌握、传输时间全天候、应用贯穿全过程，变得尤为关键。

8.3　建设目标和设计原则

8.3.1　建设目标

依托平台建设及应用，将设备、工艺、业务和人员有机串联，推动水厂运营数字化转型，构建安全、高效、智慧、可持续发展的数字孪生智慧化水厂。

8.3.2　设计原则

该项目以满足供水安全性和经济性两个条件为出发点，对智慧水厂进行系统设计时，遵循如下原则：

1. 统筹规划、分步实施

从全局出发统筹规划、统一设计智慧水厂系统架构，尤其是应用系统建设架构、整体集成架构以及系统扩展规划等内容，充分考虑系统的前瞻性、实用性、可扩展性，采取分步实施的方式，规避风险。

2. 先进性与实用性并重

系统建设应采用成熟的、先进的，且符合行业发展趋势的技术、软件产品和硬件设备。在追求技术先进性的同时，需遵循实用性的原则，保护已有资源，急用先行。

3. 统一集成、易扩展

充分考虑未来发展的需要，尽可能设计简明，降低各功能模块耦合度，并充分考虑兼容性。选用行业内成熟、规范架构的统一集成网络和综合信息系统的体系结构，以保证系统具有长久的生命力和扩展能力，适应水务业务发展的需要。

4. 成熟性与可靠性

在实施过程中，应尽量选择成熟的产品和规范，以及标准的、已被大量实践所验证的技术。选用具有成熟性、可持续发展性的开发工具。系统要采用国际主流、成熟的体系架构来构建，实现跨平台的应用。

8.4 技术路线与总体设计方案

8.4.1 技术路线

以水厂运营与工业互联网深度融合为建设思路，充分运用物联网、大数据等技术，将生产车间设备100%联网，实现各类生产过程数据可视化监控管理。以打造"四个管理在线"为设计理念，将水厂设备、成本、员工、管理等要素有机融合，实现设备健康度管理、人机协同及成本精细化管理。同时，运用人工智能技术构建生产业务模型，辅助水厂工艺优化和管理决策。

8.4.2 总体设计方案

平台总体架构主要分为边缘感知层、基础设施IaaS层、平台PaaS层和工业APP层，如图8-1所示。

1. 边缘感知层

基于光纤环网、以太网、总线等通信协议将设备接入网络；通过PLC的采集设备对加工参数、设备状态、故障分析与预警等实时数据进行统一采集，内部集成多种采集协议，兼容ModBus、OPC、CAN、Profibus等各类工业通信协议和软件通信接口，实现数据格式转换和统一。

2. 基础设施IaaS层

基于高可用服务器、高性能SAN存储以及万兆核心网络，通过VMware虚拟化技术整合为企业私有云平台，并与业内技术领先的公有云服务商合作，组建企业

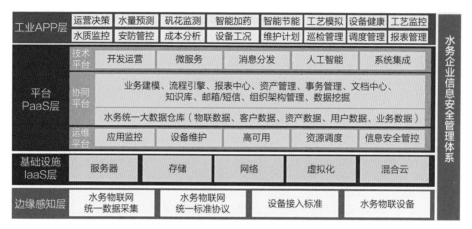

图8-1 吴江区衍云智慧水厂工业互联网平台总体架构

混合云架构。在为企业提供7×24h不间断高性能计算与存储资源的同时，做到最佳兼容性、最佳经济性与最佳用户体验，为平台提供强大的基础架构保障。

3. 平台PaaS层

将现有各种业务能力进行整合，具体归类为应用服务器、业务接入、引擎、业务开放平台，根据业务需要提供基础技术服务能力。

4. 工业APP层

拥有强大的自定制功能，集水厂运营决策、工艺管理、水质管理、安防管控、巡检管理等功能于一体，用于满足水厂经营管理需求。

8.5 项目特色

8.5.1 典型性

目前水务企业在水厂基础设施建设及运营管理方面，仍以传统的自动化控制水厂为主。然而，随着政府监管及企业管理要求的不断提高，传统自动化控制水厂已经很难满足目前的要求，因此利用水厂工业互联网平台，以数据为驱动，全面推动水厂运营变革势在必行。该项目以水厂管理诉求为出发点，贯穿整个平台的设计、实施和研发过程，符合行业发展趋势。

8.5.2 创新性

该项目的创新性体现在以下4个方面：

（1）技术方面，实现水厂物联数据统一采集、存储、分析和应用，同时借助数字孪生技术构建了数字化水厂。

（2）管理方面，助力企业构建水厂线上闭环管理的应急处置流程，构建高质量的水厂巡检及设备维护体系。

（3）业务方面，服务水厂全业务管理，包括水厂数据监测、安防管控、设备运维、工艺分析、业务模型、厂区巡检等。

（4）协同方面，打通水厂数据与企业业务流程的关联，实现业务高效协同。

8.5.3　技术亮点

1. 水厂物联数据统一采集分析

通过构建水厂物联数据平台，对各类传感器、控制器的数据标准进行统一规范（包括压力流量传感器约170个、液位仪约100个、水质监测传感器约30个、PLC控制柜约110个），对各类数据进行统一采集、存储、分析和控制，解决了此前因设备品牌多样、协议不统一导致的数据信息壁垒问题，实现了水厂物联数据互联互通，为水厂数据分析、业务流程优化、工艺模型构建夯实了基础。

2. 水厂运营全过程实时在线管理

通过平台数据监控、水质跟踪、设备运维、门禁视频管控、移动巡检、成本分析、智能报表、智能模型等业务模块实现水厂运营全过程实时在线管理。

3. 智能模型助力节能降耗

构建水量预测模型、泵组搭配节能模型和工艺模拟模型。以水厂工艺实时感知数据为基础，通过人工智能神经网络和大数据分析处理技术，以不同年份、季节的历史用水量数据为基础，构建水量预测模型，对各制水工艺环节进行控制和调整，达到取水量与供水量的平衡，优化调控出水压力，实现按需生产，所有时间段内进水量和出水量尽可能保持一致，提高制水效率，保障制水水质。

4. 智慧水厂移动应用

利用移动互联网技术，打造移动水厂，构建工艺监控、移动巡检、工单管理、移动报表等功能模块，满足水厂值班人员、工艺人员、公司管理人员等多种角色不同场景的工作需求。

5. 移动巡检提高物联数据有效性

根据管理要求，规划每日巡检计划及路线，自动发送通知提醒。巡检人员根据巡检计划，通过移动APP上传实际巡检数据（现场照片和设备、工艺运行等数据）。系统将巡检数据与物联数据自动比对，误差超过阈值时，系统自动发起工单流程，确保物联数据有效性。

6. 设备健康状态实时监控

通过采集重要设备（取水泵、送水泵等）的物联数据，包括运行时长、电流、电压和流量等运行参数，振动、温度、噪声等环境参数，构建设备健康状态评估模型，实时监控设备运行效率和运行情况，发生异常时自动报警并提供专家库排查方法和维修方案。

7. 数字孪生水厂

以现实水厂中的建筑、工艺设备和工艺管道为基础，利用三维建模技术，对水厂进行1∶1还原建模，在此模型上接入水厂视频门禁数据、工艺实时数据、设备实时数据、模型预测数据，构建数字孪生水厂，实现水厂的仿真运行。

8. 工控安全等保2.0三级认证

对水厂业务、服务器与网络等系统运行状态进行7×24h全天候监控，一旦发生故障立刻发送报警邮件到相关责任人，最小化业务系统宕机时间，保障平台基础环境流畅运行。同时，对水厂及泵房工控网络安全进行认证，成为江苏省首家通过公安部"等保2.0"三级认证的水务企业。

8.6 建设内容

8.6.1 生产工艺全过程监控

通过对水厂、泵站等各类物联网传感器的合理配置，构建水厂物联感知网，对水厂各工艺环节的压力、流量等工艺数据，余氯、COD等水质数据以及振动、噪声等设备运行环境数据进行实时采集，汇聚形成水厂物联大数据。这些数据统一接入物联大数据平台，实现对数据的统一收集、治理和应用，支撑从源头水到出厂水全过程制水工艺的跟踪管理。同时，对工艺状态开展多维度精准计算，指导设备控制指令自动下发，实现水厂生产现场的少人化、无人化管理。水厂工艺监控画面如图8-2所示。

8.6.2 智慧生产模型

以水厂自控数据实时采集及存储为基础，通过人工智能神经网络与大数据分析挖掘技术，以不同年份、季节的历史用水量数据为基础，构建水量预测模型，对各制水环节进行优化控制和调整，达到取水量与供水量的平衡，实现按需生产，最低化水厂能耗。在水量预测模型的基础上，进一步优化厂内各工艺环节电耗、药耗管理，综合实现水厂节能降耗。

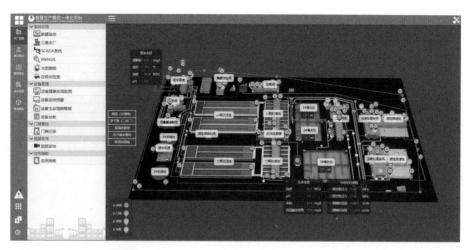

图8-2　水厂工艺监控画面

1. 水量预测模型

水量预测模型集成强大的数据挖掘、分析和大数据处理功能，通过模型对工艺流程各环节进行分析和计算，协助生产部门对各工艺环节的PLC进行协调和控制，将整个生产工艺控制在合理的平衡状态。水量预测模型（见图8-3）的建立为生产部门每日取水量和配水量的调度优化提供了强大的数据支撑，实现了制水过程的水平衡状态，所有时间段内进水量和出水量基本保持一致。

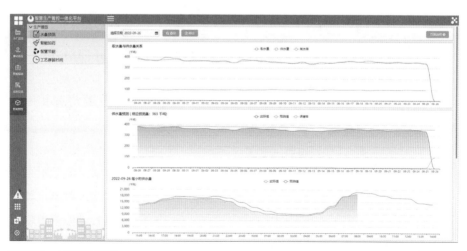

图8-3　水量预测模型

2. 泵组搭配节能模型

泵组搭配节能模型（见图8-4）主要用于分析研究水厂主要生产用电、辅助用电以及损耗，充分发挥各种用电设备的效能，以实现高效低耗的运行管理。

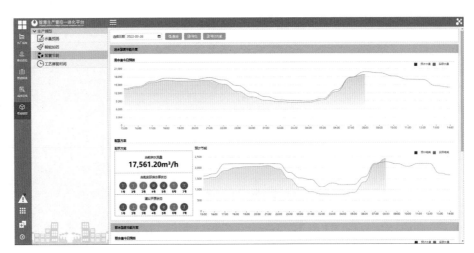

图8-4　泵组搭配节能模型

模型具备以下功能：

（1）分析水厂进水用电量、供水用电量、分项辅助用电量、分项非生产用电量等各项用电量在小时、日、月等不同时间单位下的数值；

（2）按模型运算公式，计算出总用电量、线损量、总电基、出力率，以及总的电耗费用；

（3）以小时、日、月的表格形式反映以上各个分析结果；

（4）自动筛选需要查证的问题，提升风险管控能力；

（5）取水泵房优化配泵模型：根据外管网确定的泵房流量要求与清水池水位，确定效率最高的水泵运行方案；

（6）送水泵房优化配泵模型：根据外管网确定的泵房出水压力、流量要求，以及清水池水位，确定效率最高的水泵运行方案。

3. 工艺停留时间模型

工艺停留时间模型（见图8-5）是为了识别各阶段水流所处的位置，对各个时间段的水质进行更加精确的检测。模型结合取水量和供水量数据，对水在各工艺环节的停留时间进行模式识别，使用神经网络模型及机器学习模型计算水在各工艺环节的停留时间。

8.6.3　成本分析

1. 水量在线分析

展现水厂整体和各工艺车间的实时水量数据，以及按小时、日、月为单位汇总的水量数据，可选取任意时间段的水量数据生成水量历史变化曲线（见图8-6）。对取水量、制水量、配水量等以整体或工艺车间按小时、日、月维度实时调取当前节点的数据分析情况，形成实时变化曲线，反映当前的取水量、制水量、制水率（供水量/取水量×100%）、自用水率（（取水量−供水量）/取水量×100%）。

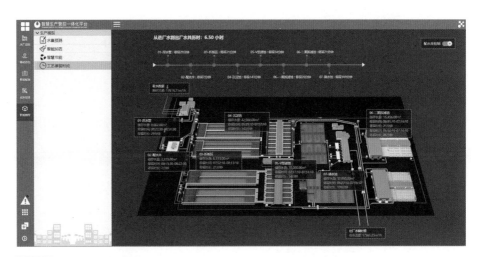

图8-5　工艺停留时间模型

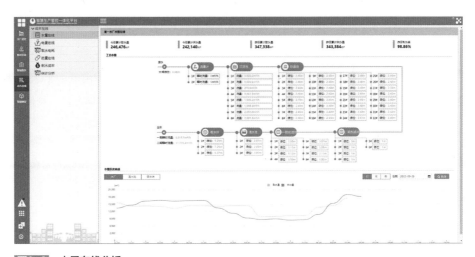

图8-6　水量在线分析

2. 电量在线分析

展现水厂各工艺车间的实时电量数据，同时按小时、日、月为单位汇总电量数据，可选取任意时间段的电量数据生成历史曲线。结合各工艺车间的水量数据，分析各工艺环节的能效（见图8-7）。具体功能如下：

图8-7　电量在线分析

（1）展示各工艺实时能耗；

（2）按整体和工艺车间展示电耗历史曲线；

（3）根据年、月、日展示电耗历史曲线。

3. 药量在线分析

展现水厂各工艺车间的实时药量数据，以及按小时、日、月为单位汇总的药量数据，可设置药量数据的时间段，生成历史曲线（见图8-8）。

4. 制水成本分析

结合制水量、电量、药量数据和各项单价，统计电耗、药耗成本，进一步统计制水成本，以图表展示（见图8-9），直观反映成本状态。具体功能如下：

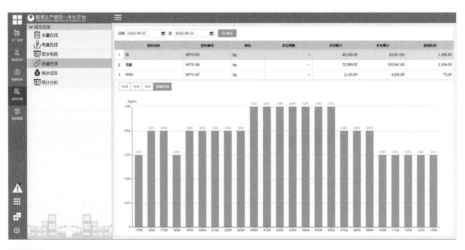

图8-8　药量在线分析

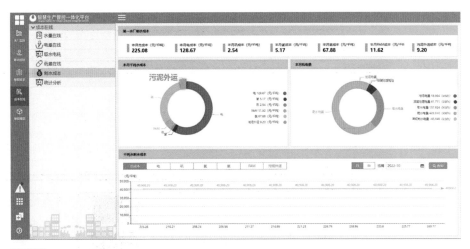

制水成本分析

（1）根据电量、药量、制水量和单价展示实时成本；

（2）可设置以年、月、日为单位展示成本历史曲线。

8.6.4　设备维护

平台按照设备全生命周期管理思路，根据行业设备管理现状，按照以下几个维度建设：

（1）建立一个准确、规范、安全的基础数据与资产实时信息共享平台，统一数据，统一平台集中管理，高效协同；

（2）实现设备全生命周期信息化管理，涉及采购、安装、转固、结算、设备使用、变动、盘点、报废、处置等业务流程，实现实物与价值的全过程管控；

（3）对设备核算实物进行全面跟踪与管控，管理企业设备卡片，准确、及时、全面跟踪设备在整个生命周期中的状态变化；

（4）提高设备利用率，降低设备维护运营成本，盘清企业家底，实现账物数据统一；

（5）规范公司设备管理体系，强化风险预控，通过流程的标准化推进业务的规范化、精细化。

设备管理业务流程如图8-10所示。

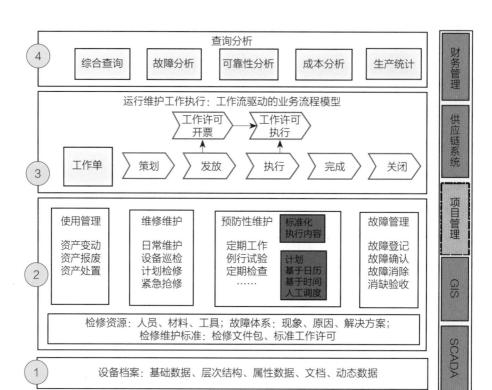

图8-10　设备管理业务流程图

8.6.5　移动水厂

依托移动互联技术，打造掌上移动水厂APP，自动规划最优巡检路线（见图8-11），规范巡检人员作业流程，同时可实现工艺数据掌上监控、移动报表等

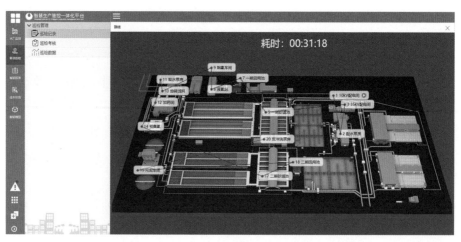

图8-11　巡检路线规划

功能，具体如下：

（1）巡检智能化：巡检人员通过APP实施巡检计划，直接上传巡检结果（见图8-12），大幅提高工作效率。

（2）巡视设备状态检测自动化：将设备巡视结果与设备各检测指标的阈值实时比较，自动判断设备运行状况，若发现设备异常或缺陷，在移动终端上自动报警，并提供可选维修方案。

（3）巡视到位监督自动化：根据手机定位记录实际巡视轨迹，强化对巡检人员的工作监督和考核，可有效避免漏检、错检的情况发生。

（4）巡检记录无纸化：使用移动巡检系统后，巡检人员不需要填写各种巡检表格，系统

图8-12　移动巡检数据上传

可以自动记录巡视人员、时间、设备、巡视情况等信息，真正实现了巡检工作的无纸化，并对巡检人员的工作考核提供真实依据。

（5）巡视内容专家库化：移动终端可作为便携式专家知识库，自动提示巡视条目，不必记忆繁多的设备及检修条目，从而方便巡检人员专注于设备的运行状况检查。

8.6.6　数字孪生

将水厂构筑物、设备、管线按1:1三维静态建模，并与水厂水质、设备工况、车间环境等物联数据以及机理模型预测数据进行动态有机融合，将水厂实时运行状态和模拟运行状态数字化呈现，助力制水工艺改进和运营方式优化。同时依托数字孪生技术，实现VR巡检功能模块（见图8-13），提高厂区巡检效率。

8.6.7　水厂工控安全

针对水厂业务系统、服务器与网络等运行状态进行7×24h全天候监控，一旦发生故障可立刻发送告警邮件到相关责任人，相关责任人立即处理故障，减少业务系统宕机时间。

自动化系统监控包含设备硬件监控、操作系统监控、应用系统监控、运行

图8-13 VR巡检

图8-14 平台信息安全运维监测

日志分析、异常告警、运维数据展示等模块（见图8-14）。纵向可实现底层硬件到上层应用的全程监管，如CPU、内存、操作系统、中间件、业务应用程序等，横向可做到系统设备健康程度、系统设备资源使用率、错误日志分析的全面监控。做到所有业务模块全面监控，所有运行数据实时展示，所有异常事件立刻告警，实现对平台基础环境的智能化运维。

8.7　应用场景和运行实例

8.7.1　能耗及成本分析

对水厂各工艺环节的电耗、药耗等数据进行实时监测分析（见图8-15），感知能耗变化趋势，针对水厂作业人员、工艺管理人员及运营人员等不同角色出具定制化分析报表，实现工艺分析便捷化，助力水厂节能降耗管理。

图8-15　能耗及成本分析

8.7.2　水厂业务数据协同

为保证制水过程安全、高效，出厂水符合公司高品质要求，平台主要利用以下4个系统的数据协同：

（1）LIMS（实验室信息管理系统）与生产工艺协同（见图8-16）：生产工艺过程中各水质传感器监测数据与LIMS水质化验数据进行实时对比分析。一方面，校验水质传感器的数据准确值，如果两者数据差异超过阈值，则发起报警，需人工介入检查维护；另一方面，两者数据共同指导生产工艺，当水质指标超过预警限时，做出相应指令，指导应急处置。

图8-16 在线化验室水质协同

（2）设备管理系统与生产设备健康监控协同（见图8-17、图8-18）：以设备管理系统中的设备特征参数（在线运行数据及使用年限、维修次数等）作为失效依据，运用参数检测法对设备进行实时健康监测，得到健康指数，判断设备的状态；通过参数模型法拟合健康指数随时间的变化趋势，得出未来某时刻系统健康参数的随机分布，并预测设备的健康状态和需要维护的时间节点。

图8-17 送水泵运行监控图

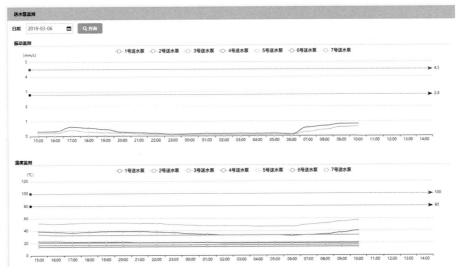

图8-18　设备健康监控协同

（3）智慧华衍APP与水厂巡检协同（见图8-19）：将移动巡检记录上传至APP，与SCADA在线仪表数据作对比分析，核验在线仪表数据准确度，及时发现问题并校准。同时，对比分析各巡检人员上传的数据量和质量，为员工绩效考核做数据支撑。

监测点	巡检数据	在线数据	误差百分比	单位	巡检据次	巡检人员	巡检时间
预臭氧							
1 1号预臭氧流量	0	0	--	m³/h	21:00	陆明	2019-03-04 21:05:49
2 2号预臭氧流量	0	0	--	m³/h	21:00	陆明	2019-03-04 21:05:49
3 预臭氧尾气装置	运行	运行	--	--	21:00	陆明	2019-03-04 21:05:49
配水泵房							
4 二期出水瞬时流量	6415	6400.2	0.23%	m³/h	21:00	陆明	2019-03-04 20:35:04
5 二期出水累计流量	33699644	33699904	0%	m³/h	21:00	陆明	2019-03-04 20:35:04
6 出水余氯	0.64	0.59	7.81%	mg/L	21:00	陆明	2019-03-04 20:35:04
7 出水浊度	0.05	0.05	0%	NTU	21:00	陆明	2019-03-04 20:35:04
8 出水pH	7.24	7.2	0.55%	N/A	21:00	陆明	2019-03-04 20:35:04
9 出水COD	1.13	1.13	0%	mg/L	21:00	陆明	2019-03-04 20:35:04
10 一期出水瞬时流量	3988	3948.5	0.99%	m³/h	21:00	陆明	2019-03-04 20:35:04
11 一期出水累计流量	597204544	597204672	0%	m³/h	21:00	陆明	2019-03-04 20:35:04
12 2号送水泵B相电流	0	0	--	A	21:00	陆明	2019-03-04 20:35:04
13 6号送水泵B相电流	0	0	--	A	21:00	陆明	2019-03-04 20:35:04
14 UPS运行状况	运行	停止	--	--	21:00	陆明	2019-03-04 20:35:04
15 冷却水状况	运行	停止	--	--	21:00	陆明	2019-03-04 20:35:04
16 1号送水泵A相电流	0	0	--	A	21:00	陆明	2019-03-04 20:35:04
17 1号送水泵B相电流	0	0	--	A	21:00	陆明	2019-03-04 20:35:04

图8-19　巡检数据对比协同

（4）工单管理系统与生产设备维护协同（见图8-20）：水厂工作人员在日常巡检监控过程中发现设备异常，可通过系统直接发起设备维修工单，协同资产管理部同事进行设备维护、保养、检查、维修，并将维护过程和结果同步至资产管理系统，做到设备历史信息可追溯。

图8-20　生产设备工单维护协同

8.7.3　智能模型

应用LSTM长短神经记忆模型，基于生产大数据，利用人工智能技术，构建了水量预测、泵组搭配节能和工艺模拟3个模型，从而优化企业生产运行管理。

水量预测模型：该模型内部集成了强大的数据挖掘、分析、大数据处理模块，基于不同年份、季节的历史用水量数据，结合当天天气、节假日情况，以时间序列进行模式识别，使用人工智能深度学习算法结合混沌预测方法构建水量预测模型，从而预测下一小时和次日需水量。以模型运算结果为参考，对制水过程进行控制和调整，达到取水量与供水量平衡，为调度侧优化提供有力的数据支撑。

泵组搭配节能模型：在水量预测模型的基础上，结合管网最不利点压力，建立一级优化调度模型，保障管网压力满足基本要求；在一级优化调度模型的基础上，建立以单厂最小能耗为目标的二级优化模型，根据厂内取水泵房、送水泵房、水泵类型、效率曲线、设备健康状况智能分析出最优配泵方案，制定厂内泵组开启/关闭台数及转速的最优组合，在保障设备健康运行的前提下，降低水厂动力单耗。

工艺模拟模型：在不同流量下，预测水在每个工艺段和全过程的停留时间，同时监控各环节水质变化情况，保障常态供水和应急供水的水质安全。

8.7.4　数字孪生水厂

以实际水厂为蓝本，以三维虚拟水厂为呈现形式（见图8-21），整合静态数据、动态数据和机理模型数据，模拟不同的运营场景，将水厂过去、现在和未来的状态进行直观的呈现和预测，为运营管理者提供决策支持，实现高度保障、管理高效、成本优化和产能挖潜的目的。

图8-21　数字孪生水厂

8.7.5　企业级综合调度

在平台中打造综合调度模块，以供水核心业务数据为主线支撑企业级综合资源调度。建立详尽的企业运营指标体系，涵盖水质跟踪、滚动产销差、水厂能耗分析、客户满意度等共计60余项关键管理指标。通过分解、量化各项重点管理指标和工作，以图形、表格等方式，直观展示管理现状，实时预警业务异动，更新工作调研、情况汇报等传统辅助决策方式，解决因业务壁垒、人为干预影响而导致的管理滞后、效率低下、决策针对性不强等问题。

8.8　建设成效

8.8.1　投资情况

苏州吴江区衍云智慧水厂工业互联网平台由衍之道（江苏）水务科技有限公司设计、实施和运行维护，建设周期6个月，平台总体投资约300万元。

8.8.2　环境效益

依托平台水质数据实时分析预警模块，构建水厂水质管理体系，实现全年出水水质优于《生活饮用水卫生标准》GB 5749和《华衍水务内控标准》。

8.8.3　经济效益

节能降耗方面，平台助力水厂构建能耗分析管理，以平台成本分析模块、节能模型模块为基础，深入分析各工艺段能耗情况，根据水量预测值和管网末端压力值，优化分时段恒压供水方案，制定给水泵房最优运行方案。通过优化运行调度，实现水厂动力单耗同比下降3%，折合人民币约120万元。

人员结构优化方面，通过物联应用、流程优化、报表/分析自动化、协同办公等手段降低工作量、提升工作效率，逐步完成人员结构优化，降低了运行管理人员的人力成本。自2018年平台建成后至2021年初，吴江第一水厂运行管理人员数量减少了8人，包括值班工5人、业务人员2人、管理人员1人。

8.8.4　管理效益

智慧水厂工业互联网平台的应用，能够显著提升供水质量，保证供水安全；有效降低人工成本和管理成本，提高工作效率，保障生产安全，提高突发风险的应对能力；延长资产使用寿命，提高资产收益率。同时，智慧水厂工业互联网平台的应用能够有效提升自来水公司的社会形象，提升管理效率、降低管理成本，为城市基础设施建设做出贡献。

8.9　项目经验总结

"水十条"、《中华人民共和国水污染防治法》等的颁布，对水务公司在供水管网漏损率控制、从水源到水龙头全过程饮用水安全监管、备用水源或应急水源建设、供水安全风险应急预案制定及演练等运营管理方面提出了更高的要求。

近年来移动互联网、物联网、云计算、大数据、人工智能等新一代信息技术飞速发展，通过跨界整合和行业赋能等商业手段助推各行业生态的演化发展，产生巨大的社会和经济影响。在此背景之下，传统水务公司面临数字化、自动化、智慧化转型的新需求。智慧水务建设是水务公司转型发展的重要动力，但无论是政策要素还是技术要素，水务公司转型发展始终离不开水务行业本质，即为所在服务区域提供达标、安全、可靠的饮用水。因此，应立足于水务公司的实际情况，厘清转型中的机遇、问题和挑战，为智慧水务战略顶层设计和实施方案设计提供客观事实基础。智慧水务战略的实施能够有效提升水务公司的运营管理水平，解决企业在人力、流程、财务、客户服务等方面的管理问题，填补管理漏洞。未来将进一步完善、推广智慧水厂工业互联网平台，为企业创新发展提供更加坚实的基础支撑。

业主单位：吴江华衍水务有限公司

设计单位：衍之道（江苏）水务科技有限公司

建设单位：衍之道（江苏）水务科技有限公司

案例编制人员：张寿龙、滕悦、汪宠

曾获奖项：江苏省示范智能车间、苏州市工业互联网重点平台

合肥市智慧水务建设实践与应用

项目位置：安徽省合肥市

服务人口数量：251.77万户

竣工时间：2020年12月

9.1 项目基本情况

合肥供水集团有限公司（以下简称"合肥供水集团"）始建于1954年，为合肥市属国有独资大型企业，主要承担合肥市区和巢湖、肥西、北城等区域的供水保障与服务工作。目前，资产总额128.6亿元，下辖制水厂10个，日供水能力251万m³，直径75mm以上供水管网8991km，用户251.77万户，服务面积650km²。

近年来，合肥供水集团高度重视信息化建设，建设了一批国内先进的信息化、自动化系统，智慧水务建设内容全面覆盖制水生产、管网管理、客户服务、科学调度、二次供水管控、漏损管理、内部管控等各个方面，实现了供水业务全面信息化，极大地提高了企业管理水平，促进合肥供水集团逐步迈入更高的智慧水务阶段，为集团公司发展、管理做出突出贡献。

9.2 问题与需求分析

技术是为管理服务的，智慧水务解决的就是传统水务企业在管理实践中遇到的具体问题。近年来，合肥供水集团智慧水务项目始终聚焦供水主业，主要解决问题如下：

1. 创新服务举措，提升服务效能

"获得用水"作为优化营商环境的重要一环，各大城市供水企业均高度重视。如何进一步提升服务效能，优化营商环境，成为各大水司关注的焦点问题。在坚持以用户需求和满意为出发点和落脚点的基础上，尤其需要通过智慧水务建设实现在服务渠道上做加法，在服务流程上做减法，在服务效率上做乘法，

在服务节点上做除法，助力服务效能再升级。

2. 优化科学调度，有效节能降耗

节能降耗是供水企业都必须面对的难点问题。如何在保障供水水量足、水质优的前提下，有效节约能耗、物耗成为供水企业一直以来不断探索的课题。一方面，需要建设全面涵盖原水、制水、管网、用户侧的科学调度指挥平台；另一方面，还要给平台赋予"思考"的能力，给出最优调度方案。通过该项目建设，创新运用先进的人工智能算法，在供水量预测、能耗优化、水厂加药等方面开展研究。比如，在供水量预测中需要通过深度学习算法，对全市供水量进行预测，科学指导供水调度；在水厂加药加氯系统中，需要研究如何自动控制加药加氯过程；在能耗优化过程中，需要通过分析不同机泵组合效果，给出最优化的机泵开停、调频控制方案，在保障供水的同时，有效节能降耗。

3. 全面智慧管控，实现减员增效

在日常管理过程中，供水企业另外一项最大的成本就是人工成本。如何在保障供水能力、做好服务保障的前提下，科学降低劳动强度，降低操作难度，减少人力成本，是供水企业关注的重点。该项目就是要通过协同办公、财务供应链、仓储、工程等一系列管控平台的上线与集成联通，形成一套完整的智慧化管理体系，提升集团公司对财务、物资、工程建设等业务的管控能力，实现全流程信息化追溯，有效降低管理成本，节约人力物力。

9.3　建设目标和设计原则

9.3.1　建设目标

优化科学调度，保障城市供水安全。供水安全涉及全体合肥市民的饮用水安全，是最基础的民生保障之一。智慧水务项目的首要目标就是从水压足、水质优等方面保障全体市民喝上放心水、优质水。

1. 实时感知管网状态，有效消除潜在风险

全方位感知原水、制水、管网输水、二次供水等供水全流程状态，实时监测压力、流量、水质等各项供水指标，通过智慧水务及时预警可能存在的漏水、局部压力异常、水质不达标等不利情况，及时预警相关单位部门立即处置，强力消除各类风险隐患。

2. 创新服务举措，提升用户满意度

用户满意是我们永恒的追求，用户服务永无止境。通过智慧水务建设打破服务瓶颈，畅通服务渠道，优化服务手段，为用户提供24h不间断的优质供水服务。

3. 打造"1100"模式，优化营商环境

让数据多跑路，用户少跑腿，通过智慧水务全面实现工改平台项目"1100"模式，即1个环节（接入挂表环节）、1个工作日内完成接入挂表、0资料、0费用，进一步营造利企、便民、高效的营商环境。

4. 融汇海量供水数据，挖掘数据价值

通过智慧水务将多年沉淀下来的海量供水数据融会贯通，打破数据孤岛，赋能各项传统业务，深层次挖掘数据价值。

9.3.2　设计原则

1. 统一规划，分步建设

按照集团公司运营管理战略目标要求，兼顾行业领域发展趋势，制定智慧水务规划方案，分期分步骤制定工作任务和计划进度。

2. 整合资源，保护投资

最大限度发挥现有的软硬件基础环境和数据资源价值，系统设计，充分考虑与原系统并存使用和接口问题。

3. 业务集成，信息整合

用空间一体化的设计思想，着重实现各部门全方位的业务集成，着眼各系统间的有机集成，实现统一标准和平台的业务管理集成化、一体化应用。

4. 决策支持，探索前沿

通过全面采集集团公司各个业务环节的信息数据，建立中心数据仓库，共享基础数据、历史数据，实现有效的挖掘分析、决策支持。

9.4　技术路线与总体设计方案

9.4.1　技术路线

以用户需求为导向，按照用户对水压、水量、水质的需求，创新运用大数据、云计算、物联网、"互联网+"等先进技术手段，充分考虑天气、温度、季节、区域、节假日、用户历史用水信息等相关约束条件，对一定时间内符合用户需求的各项生产指标进行预测。并依此指导水厂加药、加氯等生产过程和机泵组合启闭、阀门开度调整等，实现机泵组合最优、电能成本最小、阀门最优

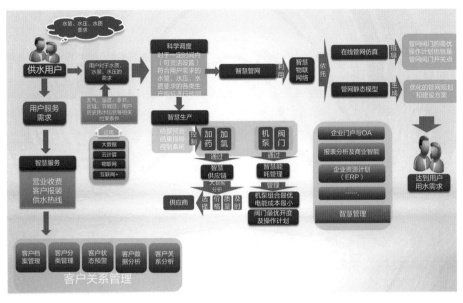

图9-1 合肥市智慧水务建设技术路线

开度及操作计划。利用物联网技术，通过在线管网仿真指导阀门最优操作计划，通过管网静态模型优化管网规划和建设方案。技术路线如图9-1所示。

9.4.2　总体设计方案

合肥供水集团智慧水务建设把大数据、云计算、物联网、工业4.0、5G、人工智能等新一代信息技术有机地结合起来，建立创新的供水信息化框架和模型，在城市供水管网设施数据的基础上，集成供水生产运营业务和数据，建立供水业务信息管理应用群。

智慧水务将通过智慧生产、智慧服务、智慧管网、智慧管理、科学调度5个方面的一系列信息、自控系统的建设，实现智慧化供水管理，使供水企业能实时感知掌握城市供水关键过程的运行状态，及时科学调度处置。智慧水务为各级管理人员提供有力的信息支持，大幅提高城市供水管理人员的工作效率和决策的准确性与科学性，提升供水企业管理精细化、服务标准化、生产智能化水平。

总体可以归纳为"6个1+N"，即1套制度标准、1个基础设施平台、1个云平台、1个数据仓库、1个数据中心、1个决策中心和N个业务应用，实现业务全面信息化（见图9-2）。

图9-2 **业务模型图——"6个1+N"**

1. 制度标准

依托国内外供水行业各类法律、标准、制度、文件构建涵盖合肥供水信息、自动化全领域的技术标准、建设办法、运行规定、安全规范文件体系，促进合肥供水集团信息化建设科学、标准、有序、安全开展。

2. 基础设施

构建起互联互通、高效稳定的信息网络架构，稳健高效冗余的服务器、存储的信息化硬件平台，安全可控的网络安全管控群，全面感知的供水物联网络，充分保障信息系统安全稳定运行，同时建立完备可靠的数据备份系统，全面保障数据安全。

3. 云平台

私有云的安全性超越公有云，而公有云的计算资源又超越私有云。构建合肥供水集团混合云，通过私有云将重要数据存于本地数据中心保障安全的同时，整合公有云的计算资源，更高效快捷地完成工作。

4. 数据仓库

通过数据挖掘技术（ETL）在供水应用系统数据库进行数据映射、抽取、清洗、转换，建立生产数据仓库、管网数据仓库、营收数据仓库、综合数据仓库，为应用、管理和决策提供有效信息。

5. 数据中心

坚持以"统一规划，统一标准，分步建设，信息共享，面向服务"为指导，通过建立供水信息化标准，采用大数据、云计算、人工智能、工业4.0技术等将各类数据进行有机整合，推进规范化、标准化建设，建立互联互通、功能强大的企业数据中心，向各类应用系统提供有价值的基础数据。

6. 业务应用

以精细化管理为核心，以智慧生产、智慧管网、智慧服务、智慧管理、科学调度为依托建立完整的一体化业务运行管控平台，实现制水生产、营销客服、供水服务、工程建设、综合管理等业务协调有序运行，大幅提升运营效率和水平。

7. 决策中心

整合各类信息系统关键数据，形成公司级的经营管理管控体系，实现公司内部信息充分共享、高效利用，提高办公效率，提升经营管理水平和应急响应能力，降低生产和采购成本，增强资源优化配置和集中管控能力。

9.5 项目特色

合肥供水集团智慧水务项目取得了丰硕的成果，主要亮点如下：

（1）建成了全面的供水"水联网"，全方位监测原水、制水、管网输水、二次供水等供水状态，为智慧水务建设打下了坚实的基础。同时，主动运用新技术，利用电信云平台实现了多并发、低时延、强穿透的NB-IoT设备接入，在远传水表、流量计、压力计传输方面具有示范性意义。加强与清华大学合肥公共安全研究院的合作，试点布设了在线漏失监测仪，实现漏点位置快速定位，及时排查、维修、止漏，有效降低漏损率、产销差。

（2）完成了企业级混合云建设，在企业内部运用虚拟化技术，建设了企业私有云，同时将一部分服务公众的或不涉及敏感信息的系统部署在租用的公有云上，既保持了内部系统的安全性、稳定性，又能合理利用外部资源减少不必要的投入。

（3）高度重视网络安全，构建了深度的供水企业网络安全体系。先后部署AI态势感知平台、蜜罐诱捕系统、企业级防火墙、堡垒机、VPN、网闸、安全网关、网络防病毒软件、手机安全应用等网络安全设备，完成重要系统等保测评，建立健全网络安全相关规章制度，扎实做好供水企业网络安全保障工作。

该项目的安全体系建设在安徽省相关网络安全比赛中取得了优异成绩。

（4）建设了企业级数据中心，包含生产运营、管网运维、客户服务、综合管理四大主题数据仓库，利用大数据和数据挖掘技术对主题数据仓库中的数据开展定量分析、模拟建模、预测建模。

（5）创新运用先进的人工智能算法，推动算法研究落地使用并产生较大经济效益。比如，在水厂加药过程中，创新性使用神经网络算法，学习熟练工人的操作经验，自动控制加药加氯过程，有效节省料耗、人力；在供水调度中，创新采用支持向量机（SVM）、人工神经网络（ANN）、随机森林（RF）等机器学习算法，以及卷积神经网络（CNN）、循环神经网络（RNN）等深度学习算法，对全市供水量进行预测，科学指导供水调度；在制水生产中，研发能耗优化算法，给出最优化的机泵开停、调频控制方案，在保障供水的同时，有效节能降耗。

（6）智慧水务建设内容全面覆盖制水生产、管网管理、客户服务、科学调度、内部管控等方面，实现了供水业务全面信息化，极大地提高了企业管理水平。

（7）创新运用BI（商业智能）为企业决策提供支持，通过大数据引擎实时抽取各系统关键数据，整合多种数据源，使用ETL工具对原始数据进行二次加工处理，进行OLAP数据分析，并生成可视化大屏展示界面，直观展示供水企业各类核心数据，洞察数据背后有助于领导掌握生产、经营、管理等方面的决策信息，为企业经营管理能力提升做出了重要贡献。

9.6 建设内容

9.6.1 供水"水联网"建设

采用"感、传、知、用"四层架构，运用以太网、无线网络、移动网络及窄带物联网等先进通信技术，全面覆盖原水、制水过程、出厂水、管网水、用户终端用水状态，打造了全面感知、实时监控、及时响应的"水联网"体系。

9.6.2 生产运营体系建设

1. 水厂自控安防系统建设

近年来，先后完成新三水厂、七水厂二期、八水厂、磨墩加压站等水厂自控安防系统建设，正在开展四水厂迁建、六水厂提升改造工程。水厂建设过程中，不断改进技术手段，实现关键工艺流程自动化处置、运行工况实时监控、重要设备全生命周期管理，不断提升水厂自动控制水平，提高生产效率。

2. 二次供水泵房远程监控改造

近年来，合肥供水集团大力推进二次供水泵房远程监控改造，实现二次供水泵房流量、压力、水位、机泵运行状态等重要参数的实时监测，可一键远程开停机，打造无人值守二次供水泵房。另外，按照防恐的要求，针对可能存在的暴力闯入甚至投毒，创新性地将泵房视频、门禁与报警系统集成到一起，实现了闯入报警、远程喊话、行为追踪、远程停泵等功能，全天候保障二次供水泵房安全运行。

3. 调度指挥平台

调度指挥平台全面集成了水源厂、制水厂、加压站、管网压力监测点、管网水质监测点等实时监测数据，"一张图"展示供水全貌。其中，在管网上布设了73个测压点，远高于住房和城乡建设部制定的标准（1个/10km²），全面监测了管网压力分布情况，及时反馈数据服务调度决策，切实保障管网压力状态平稳。建立了原水、出厂水、管网、终端的全面水质管控体系，确保出厂水水质指标常年100%达标。并在管网上布设了51个在线水质监测点，对余氯、浊度、pH进行实时监控、预警，有效保障居民用水安全。

在发生爆管等重大管网事件时，只需坐镇调度指挥席，就可以看到故障点附近的人员和车辆分布，通过5G布控球回传抢修现场画面，通过爆管分析得出关阀方案并预测可能影响的用户，迅速止水、及时维修，将影响降到最低程度，极大地提高了应急保障能力。

4. 管网水力建模

基于地理信息系统建立管网水力静态模型，经过拓扑、参数、工况的模拟仿真来实现管网状态模拟，进而应用于水厂/管网建设规划、管网状态预警、辅助科学优化调度等方面。

5. 分区计量管理平台

按照"三级分区六级计量"的逻辑，接入原水、出厂水、供水所、供水所子区域、小区进水水表、用户水表六级流量计数据，建立三级漏损管理体系，全面梳理五、六级水表勾稽关系，管控约220万户用水信息。通过夜间最小流量分析等功能，及时排查、维修、止漏。分公司运维人员直接通过系统分析对比五级表流量变化趋势，参考夜间最小流量信息，即可快速判断是否存在漏点。结合实地探漏寻漏工作，快速定位漏点，及时修复。这极大地降低了检漏难度，提升了检漏准确度，避免了大量水资源浪费，有效降低了漏损率。

6. 管网设施运维平台

巡检人员每人配备手机终端设备，并定制开发巡检APP，按照编制好的巡检任务前往各巡检点即可完成管网养护任务。建立"网页端巡检计划编制，手持端巡检任务执行，GPS轨迹回放"的管网巡检新模式，极大地提高了巡检养护工作效率和质量。

9.6.3　服务营销体系建设

1. 线上服务渠道

用户可以通过客服电话、微信公众号、网上营业厅、支付宝生活号、皖事通等多种渠道反馈使用诉求，供水业务全都搬到线上，微服务渠道全覆盖，真正实现"网上零跑办"。

2. 热线工单系统

热线呼叫系统集成话务、工单、报表等功能模块，为用户提供来电、咨询、报修、回访全套便捷服务。通过用户基本信息、用水量信息、水费信息、报建信息、过往来电等多维度数据记录，提前判断来电诉求目的，变被动服务为主动服务。打造半小时服务圈，所有工单直接派发到处置人员手机APP上，及时联系用户、处置工单。

3. 多措并举，优化营商环境

运用微信营业厅、网上营业厅、支付宝生活号、皖事通等平台，方便用户便捷获取所有供水服务，足不出户也不需要任何资料即可申请获取用水，提前服务、主动服务、无感接水，有力优化营商环境。

4. 线下服务渠道

为给用户带来更便捷、优质的服务，以及针对老年及特殊用户群体，线下部署多个智能营业大厅，让用户在家门口就能实现供水业务的快速办理，使公众充分享受到信息化带来的便利，提高办事效率。

9.6.4　综合管理体系建设

1. EAS财务供应链系统

有效地将企业经营中的三大主要流程，即业务流程、财务会计流程、管理流程有机融合，建立基于业务事件驱动的财务一体化信息处理流程，使财务数据和业务融为一体，形成以财务数据为龙头，以业务数据为前提，以项目数据为核心的信息化管理平台，实现对合肥供水集团财、业、物的统一管控。

2. WMS仓储信息化系统

通过规范集团公司物资使用流程，优化仓库库位、入库、出库管理，实现了物资收、发、存全流程自动化管理，工作效率极大提升。配备查打一体机，逐步取消打单室，现场便捷领料，有效节约人力物力。打通物资公司总仓与各供水分公司、水厂以及子公司仓库信息数据，强化规范二级库管理，形成了物资公司—二级库—工程现场的物资规范化管理体系。

3. 工程项目管控平台

围绕"四控、两管、一协调"的建设思路，实现对用户投资、集团投资、财政投资三大类工程项目的全程管控。工程立项时即明确工期进度，制定里程碑管控节点，确定甲供材清单。在工程实施过程中，通过手机端APP，以相关方每天填报的施工日志和监理日志为数据基础，及时掌握项目进度并实施管控，排查各类隐患。在资金支付方面，实现按进度结算，并把农民工工资支付情况纳入硬性考核。在甲供材管理方面，实现跟物资公司仓储系统的联动，及时发起物料申请，并按照甲供材清单严格约束领料行为。

4. 表务全生命周期管理系统

实现水表到货签收、检定校验、入库出库、安装验收、立户抄表、维修换表、周期换表的全生命周期信息化管理，及时掌握领用未安装、安装未验收、验收未移交、移交未立户、立户未抄表等情况，实现到期更换周转等及时预警，实现对水表从"生"到"死"的全过程管控，进一步提升水表管理的精细化水平。

5. OA协同办公系统

日常的公司新闻、通知公告及各类业务流程，都可以在网页端或者手机端OA上操作，打破了时间、空间的限制，真正实现了无纸化办公、随时随地掌上办公。

6. 安全管理平台

按照安标管控体系建设思路，实现隐患治理、风险管理、危险作业管理、应急预案与演练、安全培训、生产月报等安全生产管理工作全面信息化。

9.7 应用场景和运行实例

1. 面向工业4.0的智慧水厂建设

在合肥市第八水厂建设过程中，利用自动控制、物联网、机器人、BIM建

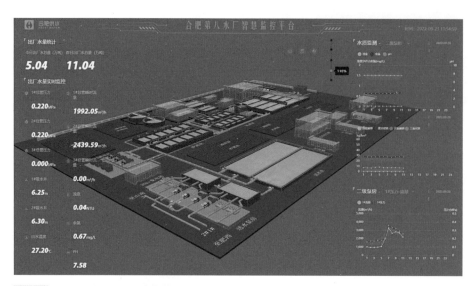

图9-3 合肥市第八水厂智慧监控平台

模等新一代信息技术，实现了运行工况、设备巡检、水质管控、能耗管理、原料管理、安全防范和应急处置方面的智能化建设，在大幅提升生产质量的同时，节约了大量人力物力。智慧监控平台如图9-3所示。

2. 防恐联动无人值守二次供水泵房建设

随着合肥市近几年高速发展，二次供水泵房数量极速增加。为了对全市二次供水泵房进行信息化管理，自2016年至今，合肥市部署了二次供水远程监控系统（见图9-4），系统建设涉及二次供水泵房现场标准化改造、远程监控接入、统一信息平台部署。

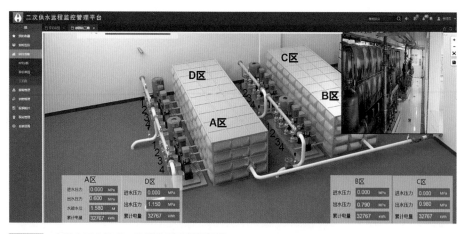

图9-4 合肥市无人值守二次供水泵房监控系统

按二次供水泵房现场标准化进行新建或改造的泵房，具备无人值守、统一远程监控能力。现场可按照设定压力实现恒压供水、机组轮换、异常故障保护等功能，并且对一些故障信号，如地面积水、出口超压等进行监控报警。

现场安装视频监控及门禁系统，覆盖出入口和设备，具备报警联动功能，可提高安防反恐等级，保障供水安全。该技术获得国家实用新型专利1项——《无人值守泵房防恐远程监控联动系统》ZL 201620858818.1。

建设部署了二次供水远程监控统一管理平台，实现对接入泵房进行数字化远程监控、报警管理，以及泵房资料信息化管理，并具备对压力、流量、耗能的分析功能。截至2020年12月，二次供水远程监控系统共接入泵房1100个。该项目将持续进行，未来具备接入至少1500～2000个泵房的能力。平台覆盖的二次供水泵房数量和信息化管理水平远远领先国内同行业，为保障全市供水安全稳定提供了重要支撑。

3. 三级漏损管理体系有效降低漏损

近年来，合肥供水集团逐步加大了在管网上布设流量计的投入，并建设了分区计量管理平台。该平台按照"三级分区六级计量"的逻辑，接入了原水、出厂水、供水所、供水所子区域、小区进水水表、用户水表六级流量计数据，建立了三级漏损管理体系，全面梳理了五、六级水表勾稽关系，全面管控200多万户水量信息。通过综合展示、分区管理、大用户管理、水平衡分析、夜间最小流量分析等功能，对管网漏损情况进行及时排查、维修、止漏。同时，与清华大学合肥公共安全研究院合作，积极参与合肥市城市生命线安全工程建设，试点布设了在线漏失监测仪，实现了漏点位置快速定位，及时排查、维修、止漏，有效降低了漏损率、产销差。

4. 智能服务热线，架起用户"连心桥"

基于电信云呼叫平台，将话务、工单、报表等功能模块集成到一起，为用户提供来电、咨询、报修、回访全套便捷服务。

（1）红黄绿灯管控模式，报建业务最多跑一次

"网上申报、零跑办，窗口申报、最多跑一次"，这是合肥供水集团对全体市民的承诺，已成为合肥市优化营商环境的重要举措。系统以项目为中心，实现对所有关键节点"红黄绿灯"管控，极大地减少中间环节，简化办事程序，压缩办理时限。

（2）科学调度指挥平台建设

调度指挥平台集成了1个水源厂、10个制水厂、122个压力监测点、48个管

网水质监测点等实时监测数据，全过程展示从水库到水厂到管网的数据信息，"一张图"展示供水全貌。平台通过实时监测、分级预警、多级调度，科学指挥，变被动调度为主动调度，确保调度决策执行有力。

另外，合肥供水集团还跟浙江大学合作开展了供水量预测算法研究，在供水量预测上创新采用支持向量机（SVM）、人工神经网络（ANN）、随机森林（RF）等机器学习算法，以及卷积神经网络（CNN）、循环神经网络（RNN）等深度学习算法，对全市供水量或者节假日、重要会议等特殊日期的用水量进行预测，进而提前做好调度预案，做好特殊供水保障。24h供水量预测精度达±2.5%，有效指导了日常供水调度，有效消除了低压区，稳步降低制水能耗。

5. 企业级数据中心构建企业大脑

通过全面统筹梳理、调研集团公司各类数据资源，结合相关国家、行业标准，打造一套符合合肥供水集团特色的数据标准规范，建设数据资源库及数据共享交换平台，进一步加强集团公司数据共享交换能力，为提升服务质量、提高管理水平提供支撑。

通过对集团公司主要的25个业务系统以及全部16个业务部门的详细调研，在借鉴相关行业标准的基础上，形成合肥供水集团8大标准数据规范，即数据分类、数据编码、主数据、元数据、数据采集、数据存储、数据交换、数据管理标准规范。归纳总结信息数据一级分类13个，二级分类48个，元数据实体90个（元素417个），主数据实体15个，数据编码标准18个。目前，数据中心已采集数据2亿条，已治理并存储数据8334万条，已具备7540万条共享能力，共享至表务系统1200万条、管网运维系统200万条、超定额累进加价系统1000万条、合肥市数据资源局6029万条。后续还将完成综合管理、营销服务类数据的采集、存储、治理、共享，有力促进系统整合，预计入库3亿条数据，具备2.5亿条共享能力。同时加强与高校深度合作，开展客户服务大数据分析关键技术研究，在用水负荷、用户画像、漏损分析等方面开展探索，助力进一步提升服务质量。

9.8　建设成效

9.8.1　投资情况

合肥供水集团高度重视智慧水务建设工作，近3年来每年投入4000万元左右，主要用于智慧水务基础设施、网络安全、物联网以及各类信息化、自动化系统等方面建设。

9.8.2 环境效益

通过智慧水务项目建设等信息化手段多措并举,有力保障了居民饮用水水质安全,提高了供水可靠性。利用管网水质模型,综合分析管网末梢水水质,及时进行管道冲洗;结合先进算法,进行污染物扩散模拟,应急演练可能出现的管网水质污染事件;在出厂水水质方面,运用智能加药算法,在确保出厂水水质合格率常年保持100%的基础上,不断优化加药管理,合理节约药耗;在管网水质方面,布设了51个在线水质监测点,实时监测浊度、余氯、pH等,一旦出现水质超标等异常情况,调度指挥平台立即进行声光电报警,分公司水质负责人员立即赶往现场排查处理并及时恢复水质,确保水质安全。

9.8.3 经济效益

1. 节能降耗

该项目通过对水厂、二次供水泵房的改造升级,尤其是对科学优化调度算法、能耗分析算法的研究,有效降低了制水、输水能耗。据统计,近年来合肥供水集团单位制水电耗始终保持在较低水平。其中,截至2020年12月,制水单位电耗为267.0kWh/m³,同比降低0.72%。

2. 有效降低产销差

产销差指的是供水企业提供给城市输配水系统的自来水总量与用户用水总量中收费部分的差值,是供水企业经济效益的最直观体现,也是供水企业最难降低的硬指标。

近几年来,通过该项目的实施,合肥供水集团实现了产销差、漏损率"双降"。截至2020年12月,漏损率10.72%,相比于2018年降低2.70%;产销差14.55%,相比于2018年降低3.25%。

9.8.4 管理效益

1. 减员增效

对比国内先进水司,合肥供水集团2020年供水量达到64938.7万m³,在职员工仅为1977人,这与公司高度自动化的控制系统、高度信息化的管理体系是分不开的。各类自动化、信息化系统的投入使用,代替了很多重复的手工劳动,减轻了劳动强度,降低了出错率,有效减少了人工成本。信息化管理在减员增效方面作用明显。

2. 有效减少低压区

供水管网低压区的存在，直接影响用户满意度，供水企业面对的用户投诉很大一部分来自于用水水压不足。通过科学的供水调度、全面的水压监测、及时的抢修服务，消除了滨湖新区、经济开发区等多处低压区，用户满意度明显提升。

3. 爆管抢修及时性、科学性明显提高

爆管会造成管网压力降低甚至停水，给居民正常生活带来极大影响。为此，在全市管网上安装了74个压力监测点、51个水质监测点，实时感知管网状态，优化调节管网压力分布，定期巡检管网设施，有效降低爆管风险。同时，科学辅助爆管抢修，分析给出最优关阀方案，实时回传现场画面，确保抢修响应最快、维修过程最短、停水/降压影响范围最小。正是在这样的基础上，合肥市近年来大型爆管停水事件明显减少，老百姓用水安全得到有效保障。

4. "最多跑一次"助力优化营商环境

"网上申报、零跑办，窗口申报、最多跑一次"，集团公司运用信息化手段，实现了各个业务环节的信息化流转。目前，所有水表立户、报建等业务，都可以通过网上申办，后续流程全部实现内部流转。此举成为优化合肥市营商环境的重要举措之一，得到众多工厂、企业、开发商、物业等公司的一致好评，企业形象得到进一步提升。

5. 客户满意度逐年提高

运用先进的呼叫中心系统，及时响应用户诉求，为用户提供优质服务，连续五年获得合肥市数字化城市管理工作企事业单位考核第一名。

6. 仓储物流管理水平再上新台阶

通过规范集团公司物资使用流程，优化仓库库位、入库、出库管理，实现了物资收、发、存全流程自动化管理，极大地提升了工作效率。打通物资公司总仓与各供水分公司、水厂以及子公司仓库信息数据，有力规范二级库管理，形成了物资公司—二级库—工程现场的物资规范化管理体系。

9.9　项目经验总结

项目建设过程中形成了较好的经验，供读者借鉴：

1. 规划先行，分步实施

凡事预则立不预则废，智慧水务是一个庞大的系统性工程，顶层设计的科

学性、规划的可行性都至关重要。合肥供水集团每年都会修订和完善《合肥供水智慧水务发展规划》，分析当前存在的问题，制定近期、中期、远期的分步实施规划，不断更新、不断完善。

2. 安全第一，注重基础

如何在建设信息化系统的同时，确保网络安全，已经成为全国信息化行业共同面临的最严峻挑战之一。网络安全工作极其重要，一失全无！在建设智慧水务过程中，必须建立起立体式全方位的网络安全体系，确保各项业务的安全稳定运行并发挥应有作用。

3. 服务管理，全面覆盖

智慧水务涉及的业务基本可以概括为"生产运营、服务营销、综合管理"三个模块。任何系统的建设必然要以服务具体业务管理为宗旨，各个水司具体业务的不同导致了各自智慧水务的建设细节存在很大差异，但存在共同的趋势，即信息系统将全面覆盖水司业务的方方面面，任意一块短板都可能导致智慧水务建设的不完备甚至失败。

4. 适当超前，稳步提升

智慧本身就是一个超前的概念，智慧水务的建设更应当适度超前。比如，大胆尝试当前5G、人工智能、大数据等最先进的技术手段，在合适的项目上先做试点，成熟后全面推广，充分利用技术进步带来的系统发展和管理进步。

平台建设过程中存在的难点主要包括以下几个方面：

1. 监测不够全面

在供水监测能力方面，还存在信息采集站点内容不够均衡、布设密度和深度不能完全支撑供水精细化管理的要求等问题，设备的完好性、可用性和可靠性有待进一步增强和优化。

2. 决策支持不够科学

目前，系统功能大多以信息服务为主，主要满足日常管理需要，数据模型类、辅助决策类、统计分析类系统不足，不能有效满足水务决策、应急管理的需求。

3. 水务人才较为缺乏

智慧水务的建设和持续、健康的运行迫切需要技术团队具备充足的业务知识和专业技能，因此要进一步扩大智慧水务人才队伍的培训，改善人才构成结构，通过人才培养、引进和储备，建设一支觉悟高、服务意识好、业务能力强、技术过硬、相对稳定的技术队伍。

业主单位：合肥供水集团有限公司

设计单位：合肥供水集团有限公司

建设单位：合肥供水集团有限公司、安徽舜禹水务股份有限公司

案例编制人员：穆利、朱波、吴铭、杨明

福州水务大数据中心建设

项目位置：福建省福州市鼓楼区

服务人口数量：280万人

竣工时间：2020年12月

10.1 项目基本情况

福州水务大数据中心建设项目的设计单位为福州城建设计研究院有限公司，运行管理单位为福州市自来水有限公司。项目业务包括供水、排水、环保、温泉、综合服务五大板块，上下游产业链齐全，覆盖区域面积约250km²，主要服务区域包括福州市鼓楼区、晋安区、仓山区、台江区，服务人口280万人。

该项目建设的核心功能如下：

1. 数据梳理

利用数据源系统主要针对营销客服主题进行系统历史数据的初始化、系统增量/变更/全量数据的抽取等。

2. 数据清洗转换

利用ETL工具对各业务系统原始数据进行清洗，并转换成可用于开发建模的标准化数据结构。

3. 数据资产管理

通过数据资产可视化工具，实现快捷访问数据表及灵活管理数据权限，并对数据模型、数据类目、元数据等数据资产进行全方位统一管理，实现数据治理。通过建立数据血缘关系对数据流向进行监控。

4. 建立数据服务总线

支持界面化注册、发布和数据API管理；提供API授权审批、安全配置及监控；提供数据API市场服务能力，高效开放共享数据，推动数据资产服务化。

5. 数据可视化应用

建设管理驾驶舱，多维度、多图形直观展示各类业务指标分析；创建报表设计器，实时生成各业务系统组合型报表；建立用户属性及用户行为等多分析维度的用户画像库。

6. 数据综合查询

业务人员可通过简易搜索条件快捷查询用户所有相关的血缘数据（如基础信息、缴费记录、欠缴信息、热线服务工单、热线录音等）。

通过搭建水务大数据平台打通数据孤岛，实现数据集成一体化、数据开发便捷化、数据资产规范化、数据服务流程化，形成贯穿智慧福州水务各系统的无边信息流，极大提升信息化系统对需求变更的响应速度，实现更进一步的精准和主动服务，为福州市民提供更好的用水服务体验。

10.2　问题与需求分析

1. 各业务系统数据不流通

在用的营销、报装、呼叫中心等多个业务系统中，数据各自管理且无统一标准（如统一的数据格式），导致业务数据割裂，影响运营管理效率及服务响应质量。需要建设数据仓库，将各业务系统数据汇聚并转换成标准的数据格式进行存储，打破数据孤岛，有效利用数据资源。

2. 数据质量无保障

在用各业务系统中，全量数据未经处理直接保存，数据质量在无统一标准和有效监控下无法得到保障。需建设数据资产管理体系以便实时监控数据质量，辅助溯源问题数据并形成校验报告供查询，为后续制定提升数据质量方案提供支撑。

3. 数据服务延迟

各业务系统对接某项业务须采用一对一对接方式，数据对接标准各异导致数据服务速度慢，同时服务更新的维护成本较高。需建设水务大数据中心用以提供标准化数据服务、统一管理维护及统一封装数据服务，便于对外提供支撑。

4. 数据应用率低

各业务系统数据未进行深度挖掘分析与有效应用，未发挥足量价值，需建设水务大数据中心提升数据管理效率，分析挖掘数据价值，建立数据模型，完善数据内容，凸显业务问题，提供决策依据。

10.3　建设目标和设计原则

10.3.1　建设目标

元数据系统是各类业务应用系统的基础数据来源。项目建设目标为建立源数据系统，全面覆盖营销系统、报装系统、热线系统、工单系统、表务系统等营销客服主题，通过元数据系统接入大数据中心，实现数据统一管理、各业务系统之间数据实时互通共享、业务数据价值最大化，以全面提升数据资源利用效率和业务赋能水平。

10.3.2　设计原则

1. 先进性

立足现状需求和未来发展趋势，设计中利用先进技术与现有的成熟技术、标准和设备的结合，以适应当前及未来更高的数据、语音、视频（多媒体）的传输需要。

2. 安全性

鉴于部分涉水类数据（如涉及社会公众信息等）的敏感性和私密性，项目设计中充分考虑系统的安全性，采用先进的安全产品和技术，对操作行为进行实时有效的监控和日志管理。

3. 易用性、可维护性

项目建设考虑提供友好便捷的客户界面，为不同职责的人员提供个性化界面，并采用常用、易用的操作风格，便于系统使用、维护和管理。

4. 响应性

系统首次打开速度在2s以内，各页面切换时间在0.5s以内。

5. 可扩展性

鉴于整体智慧水务深入、动态的发展趋势，为满足不断提升的供水服务质、效要求，项目建设不仅须具备对现有技术的兼容性，还须具有良好的灵活性和可扩展性，具备支持多种应用系统的能力以实现未来灵活的设备扩容、系统在技术和业务范围的扩容及升级，从而有效降低持续建设成本。

10.4　技术路线与总体设计方案

10.4.1　技术路线

该项目的技术路线如图10-1所示。

图10-1　大数据中心建设技术路线

大数据中心总体架构（见图10-2）分为数据源层、存储计算层、数据集成层、数据开发层、数据资产层、数据体系层、数据服务层、数据可视化层、数据应用层。采用大数据采集、预处理、存储及管理、分析及挖掘、展现及应用（大数据检索、可视化、应用、安全等）等技术，通过建立统一的数据标准形成数据资产，为福州水务营销客服日常运营管理、数字化转型及水务增值服务提供夯实的数据基础，从而实现福州水务运营可视化、决策数字化、管理高效化、服务精准化的整体目标。

（1）采用Dispatch（数据集成）工具（包括设计器、任务调度系统等），基于开源平台Kettle进行设计和封装，实现数据抽取、转换、装载全过程。

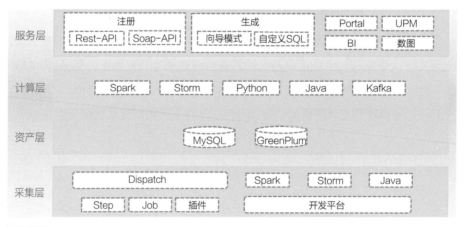

图10-2　大数据中心总体架构

（2）采用Data Processing（数据处理）模块，通过其内置的Spark、Storm、Java、Python等计算语言，协助数据开发人员快速实现计算任务的搭建。

（3）采用Data Assets（数据资产）模块，基于MySQL或其他存储介质，实现对数据资产的统一管理。

（4）采用Data Services（数据服务）模块的API创建和调用技术，实现数据的安全措施校验、数据源适配、数据查询/读取缓存或接口转发及封装。

10.4.2　总体设计方案

该项目的总体设计方案如图10-3所示。

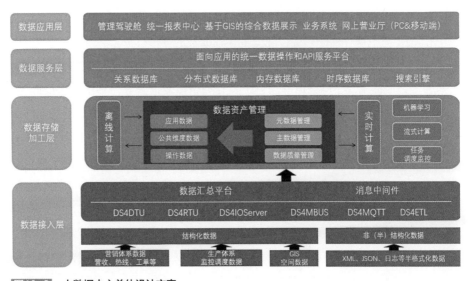

图10-3　大数据中心总体设计方案

（1）通过创建（数据集成、数据模型、数据资产、数据质量、数据开发、数据运维、数据共享服务等）全链路基础营销体系数据工厂，支撑大数据中心多样性需求，开发过程无需切换多个工具。

（2）规范化原有人工经验和人工约定的数据模型开发、命名及分类方式，实现数据资产元数据的灵活可更新、可维护及可视化。

（3）开发多种校验规则以满足各场景下的数据质量检验需求，实现全流程监控的数据治理闭环机制，为数据的高可信、高可用保驾护航。

（4）通过零代码生成及发布API，实现对数据服务的统一化管理和数据服务调用的全流程监控。

10.5　项目特色

10.5.1　典型性

基于数据治理思想构建福州水务大数据中心的夯实底座，用以赋能数据资产服务化的成功实现；基于物联网场景引入时序空间大数据，通过用户标签及画像管理，建立福州水务综合服务平台；项目具有较强的代表性及可复制性。

10.5.2　创新性

1.　集成Kettle到大数据中心

针对Kettle进行深度二次开发并集成到大数据中心，成为大数据中心的一个重要组成部分，统一由大数据中心进行ETL逻辑编撰和作业调度，使用Kettle剥离数据存储ODS层，降低近半数据量的存储。

2.　实现了API统一管理

建立企业API市场，统一管理企业数据服务，基于数据层面生成API与第三方API实现完美兼容，极大地方便了企业对数据服务的监控与维护。

3.　大数据中心建设及数据价值挖掘

通过数据的分析挖掘，为客户服务工作提供辅助决策，减少被动服务或实现服务自主化（如投诉、水费查询、各类业务咨询），增加主动服务。

4.　全面提升客户服务体验

为福州市民提供统一的互联网服务渠道，提供更方便、快捷、人性化的服务，大幅提升市民用水服务的体验。该项目融合到福州市"互联网+政务服务"体系，成为福州市便民服务的重要组成部分。

5.　以服务驱动管理的规范和优化

提供方便快捷的工具，支撑创新性客服工作的开展，提高客服人员的工作效率和质量。通过服务驱动，梳理并优化业务流程，并通过数据溯源企业潜在的问题（如表务管理、水厂生产、管网管理、工程施工、水质管理等方面的问题），实现客服管理的提升和优化。

10.5.3　技术亮点

（1）基于开源平台Kettle的二次深度开发及与大数据中心的集成应用。

（2）零代码生成并统一管理API。

（3）异构数据存储、冗余存储和PB级别的计算能力的构建。

（4）采用业内领先的压缩技术实现数据的高度压缩，在确保性能的同时，显著减少存储数据所需的空间。

10.6　建设内容

（1）大数据中心软件产品开发。对接营收系统、报装系统、工单系统、热线系统和表务系统共5个系统的业务数据，同时包括BI报表平台和数据血缘关系功能。

（2）营销体系数据开发。界面实现数据开发操作，支持Spark/Storm/Python/Java/工作流等数据开发任务，并支持离线统计任务界面化开发、数据开发资源统一管理、任务统一运维监控等，包括数据开发、运维中心、配置管理等功能，为数据平台提供数据存储、离线计算、实时计算、Python引擎、Java引擎等基础存储和计算服务。

（3）营销体系数据资产管理。包括类目管理、元数据管理、数据权限、数据搜索、数据源管理、数据模型、数据质量等功能，支持数据规范化管理、有限访问、精准搜索、类目查看、界面化数据建模、规范数仓模型，实现数据资产的界面化、规范化、平台化管理。

（4）营销体系数据服务发布。包括API市场、API管理、安全管理、数据源管理等功能，支持界面化发布、注册和管理数据API，提供API授权审批、安全配置、调用监控等安全功能；提供数据API市场服务能力，高效开放共享数据，推动数据资产服务化。

（5）数据综合业务查询平台。业务人员可通过简易搜索条件，如用户手机号、客户编号等快捷查询相关用户的基础信息、缴费记录、欠缴信息、热线服务工单、热线录音等所有血缘数据。

（6）管理驾驶舱。通过各种常见的图表展示福州水司运行的关键指标（KPI），并对异常关键指标进行挖掘分析，主要包括生产体系、营销体系、人员绩效、设备绩效、服务质量等经营管控指标。支持从不同维度进行分析，如对历史同往期业务对比等。

（7）报表展示。建设报表设计器，不同于传统定制型报表，大数据中心的报表支持灵活配置，实时生成营销体系不同业务系统的组合型报表展示。

10.7　应用场景和运行实例

10.7.1　用户画像

根据用户信用、减免笔数、欠费状况、系统收费方式、常用缴费方式、连续零吨用户、当月零吨用户、水量波动用户、重点客户、大客户、用户信息、抄表情况、表位类型、远传水表型号、水表使用时限等信息将用户的每个具体信息抽象成标签，每个用户具有多个类型标签，利用这些标签将用户形象具体化，根据相应的标签可从不同的维度对用户用水行为进行分析，从而为用户提供有针对性的服务，实现"通过业务找数据，通过问题找数据；通过数据找问题，通过数据找业务"。同时，培养专业的业务分析人员，随时应变业务需求变化。

例如，当用户打入客服电话报修断水情况时，通过用户手机号码定位到绑定的住址，查询该用户画像可知其多个标签，进而可判断造成断水的原因，比如欠费、管网故障等，通过用户画像可以迅速了解用户的问题与需求，从而进行定制化服务。

10.7.2　大数据中心在产销差分析系统的应用

在大数据中心建成之前，产销差分析系统为获取用户信息与水量开账信息需要每日多次请求营业收费数据库，这增加了营业收费数据库的负担，影响营业收费系统的日常运行效率。此外，获取的水量信息还需要进行合并同一户水表的每月多次开账记录等特殊化处理，才能接入产销差分析系统正常使用，不仅繁琐，而且时效性极低。

大数据中心为产销差分析系统提供了8个接口（见图10-4），系统每日从大数据中心接口中获取抄表数据与用户表信息数据，主要用于计算三级分区的供水量、一/二/三级分区的售水量、监控表与户表对应关系，得到产销差的计算结果。接口每日调用频率700次以上，接口调用成功率100%，接口平均调用时长约0.7s。

10.7.3　大数据中心在网上营业厅的应用

大数据中心共为网上营业厅提供了98个接口，其中13个接口直接从大数据中心的数据仓库中获取用户、账单等数据，85个接口为各关联业务系统接口，在大数据中心注册、转发和管理。接口日均访问量超万次，接口调用成功率99.98%，接口平均调用时长约0.6s，其中账单类的接口调用时长在1.2s左右，其他接口调用时长大多数在1s以内。

第1页（共1页）　　　　　　　　　　　　　　　　　　　　　　　　　　　　　　　　　　　🖨打印 ∨ ⬆导出 ∨ 🔄刷新 更多 ∨

* 开始年月起：2022-08　　* 开始年月止：2022-08　　站点：全部 ∨　　线路：全部 ∨　　查询　重置

售水量分析

开始年月	站点	线路	开账户数	当期售水量	同期售水量	同比	详期售水量	环比
		301	5,400	64,360.00	61,066.00	5.36%	66,024.00	-2.52%
		302	4,467	86,672.00	83,011.00	4.41%	83,635.00	3.63%
		303	3,673	39,868.00	39,625.00	0.61%	39,750.00	0.30%
		304	5,755	108,332.00	116,509.00	-7.02%	100,515.00	7.78%
		305	7,674	106,074.00	105,292.00	0.74%	102,601.00	3.38%
		306	5,011	87,126.00	84,163.00	3.52%	81,616.00	6.75%
		307	5,047	72,612.00	71,757.00	1.19%	69,539.00	4.42%
		308	5,294	61,208.00	59,151.00	3.48%	57,123.00	7.15%
		309	5,003	69,020.00	70,351.00	-1.89%	67,723.00	1.92%
		310	5,625	73,421.00	62,654.00	17.18%	71,287.00	2.99%
		311	5,040	63,463.00	64,611.00	-1.78%	63,669.00	-0.32%
		342	4,586	82,813.00	82,246.00	0.69%	74,637.00	10.95%
		343	6,191	124,287.00	117,787.00	5.52%	107,817.00	15.28%
		344	6,199	156,151.00	166,672.00	-5.76%	138,200.00	14.33%
		345	5,871	97,788.00	83,065.00	17.72%	92,397.00	5.83%
		346	4,686	60,365.00	62,527.00	-3.46%	57,660.00	4.69%
		347	5,435	90,145.00	97,658.00	-7.69%	89,366.00	0.87%
		348	4,020	72,542.00	73,452.00	-1.24%	70,286.00	3.21%
		349	5,113	99,621.00	94,195.00	5.76%	94,310.00	5.63%
	20	350	4,579	92,959.00	100,537.00	-7.54%	88,525.00	5.00%
		351	4,820	76,720.00	71,189.00	10.58%	73,246.00	7.47%
		352	4,410	73,091.00	74,120.00	-1.39%	69,471.00	5.21%
		353	4,818	83,348.00	82,609.00	0.89%	77,007.00	8.23%
		354	5,671	89,507.00	94,098.00	-4.88%	89,431.00	0.08%
		381	5,892	100,843.00	102,751.00	-1.86%	91,342.00	10.40%
		382	4,522	70,483.00	89,152.00	-20.94%	66,933.00	5.30%
		383	5,240	87,091.00	72,391.00	20.31%	82,739.00	5.26%
		384	3,720	43,522.00	46,316.00	-6.03%	44,809.00	-2.87%

图10-4　不同线路售水量分析模块

　　通过接口服务支撑模式，极大地减少了网上营业厅在系统后端的开发投入。大数据中心直接承载了多个业务后端逻辑的调研、梳理、开发及服务，包括应收列表、营收明细、缴费信息、水表信息、用户代扣信息、系统收费方式、年度账单用水总量、年度账单用户信用等级、年度账单缴费类型、年度账单加价费用、查询客户编号、查询用户画像等。

10.7.4　大数据中心在水务智慧大脑的应用

　　大数据中心为福州水务智慧大脑提供了5个接口（见图10-5），其中4个接口

图10-5　大数据中心数据调用系统

直接从大数据中心的数据仓库中获取用户、工单、停水等数据，为集团总览板块、供水总览板块和营销客服板块提供数据支撑。1个接口在大数据中心注册、转发和管理。接口每日访问量合计20次以上，接口调用成功率100%，接口平均调用时长约0.5s。

大数据中心的数据可直接接入福州水务智慧大脑进行服务调用，前期所有工作，甚至后期数据维护、监控管理等工作均可由大数据中心直接接管。这大大缩短了水务智慧大脑的建设周期，减轻了后端管理的压力。

10.7.5　管理驾驶舱

根据管理者的决策环境、企业管理综合指标及信息表述建立管理驾驶舱（见图10-6、图10-7），通过各种常见的图表展示福州水务运行的关键指标，包括生产体系、营销体系、人员绩效、设备绩效、服务质量等经营管控指标，并对异常关键性指标进行挖掘分析。

福州水司的内部领导及相关高管可以通过管理驾驶舱更加直观地监测运营情况，打破数据隔离，实现指标分析及决策场景落地。通过详尽的指标体系，将数据形象化、直观化、具体化展现，实时反映水司的运营状态。在领导主页上可清晰地看到营业收入、抄表、维修工单等情况。其中，涉及营业收入的指标包括供水量、售水量、大用户用水量、产销差率、实收金额、欠费金额、水费回收率等指标；每日的营收情况自动生成对比图表；抄表中包含新增用户数、

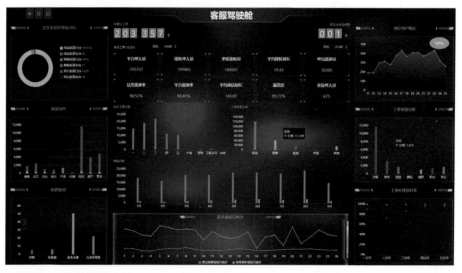

图10-6　"管理驾驶舱"界面

（2）从实体状态的数字转变成信息系统中的数字、从物理形态的数字转变成虚拟形态的数字，打通全方位、全过程、全领域的数据实时流动与共享，实现信息技术与业务管理的真正融合；

（3）适应大数据时代的需要，在基于数字化实现精准运营的基础上，加快传统业态下的设计、研发、生产、运营、管理、商业等的变革与重构。

福州水务大数据中心建设在以下几个方面实现了技术与应用创新，可为我国水务行业大数据建设提供经验：

（1）统一数据汇聚中心。通过建设福州水务大数据中心，统一汇聚各相关业务数据，发挥数据价值，快速提供数据服务，解决各业务系统数据共享问题，强化内部事件处理能力，提升社会服务响应速度。

（2）统一数据共享通道。建立企业级数据服务总线，支撑企业所有业务数据输入和输出通道，规范企业及部门之间业务数据共享和应用，对每个数据服务进行监控，清晰掌握数据来源与去向，根据具体业务对数据服务设置输出规则，避免数据被非法利用，保障用户信息安全。

（3）统一综合业务服务平台。建立综合查询平台，为客户服务中心业务人员提供统一、便捷、快速的服务平台，当坐席人员接到用户来电时，即可通过来电号码定位用户，为坐席人员提供用户基本信息、用水信息、缴费信息、工单信息、历史短信、历史来电情况、停水情况等全方位的数据，极大缩短服务时长，提升服务品质。

（4）实现数据分析应用。通过建立大数据分析专题应用，例如对各类用水情况进行深度挖掘，根据用户用水行为分析，建立群租房分析专题，分析供水区域内疑似群租房群体，并结合抄表核实形成相关报告，提供给相关部门，为强化社会治安控制提供帮助。

在大数据中心的助力下，福州水务数字水务的建设作为数字福州的重要组成部分，在城市规划、公共和基础设施建设、城市安全、民生服务、营商环境等领域贡献了巨大价值。未来，福州水务将有望打造成为数字水务建设示范和数字水务福州排头兵，为整个行业提供样本，输出经验，进一步提升福州水务行业影响力。

10.9.2　发展建议

智慧水务的建设是长期、逐步推进的过程，需要根据水司的战略和发展目标，结合现状进行整体规划，并制定分步实施的计划。在实施过程中，为了解决"信息孤岛"问题，有效利用各业务系统产生的数据，需要对现有业务系统进行整合升级，并构建一个可以集成各业务系统数据的综合管理平台，根据管理者的决策需求，开发不同的功能模块。理论上，通过挖掘、分析来自不同系统的海量数据，可以产生不同的功能模块。为了让智慧水务的建设更加容易落地，需要找到符合水司发展要求的突破口，然后在数据不断完善、管理水平不断提高的前提下，逐步扩展综合管理平台的功能模块。

具体建议如下：

（1）整合资源构建平台：充分利用现有数据和系统资源，构建厂站网一体化系统管理平台，集成各供水业务支撑系统，实现数据的有效集成，为供水企业各部门间进行信息交互与共享奠定基础。

（2）创新管理方式，提高管理能力：运用大数据、云计算、"互联网+"等新一代信息技术，建立统一的管理平台，将不同供水业务进行有效互联，进行跨业务的综合运营分析，实现面向供水企业宏观层面的综合运营监管与调度指挥决策（可同时实现对管网、用户、水量、水质、工程等运营信息的管理，以及巡检时间、漏水、爆管、用户投诉等异常信息的浏览、监控查询、展示和分析）。

（3）以数据挖掘提升决策分析能力，完善管理体系：充分利用水质、水量、压力等数据，挖掘有价值的信息，向水务公司提供决策支持。

（4）智能化绩效考核：构建绩效考核体系，将分散的数据经过收集、处理、分析和评价，指导水司绩效考核。

（5）为企业运营提供完善的评价体系和综合分析手段，为供水综合应急提供有力的信息化支撑，方便企业随时掌握供水企业的宏观运营情况。

业主单位：福州市水务投资发展有限公司

设计单位：福州城建设计研究院有限公司

建设单位：上海威派格智慧水务股份有限公司

案例编制人员：陈宏景、李招群、魏忠庆、肖友淦、林一庚、段东滨、
　　　　　　　吴浴阳、丁凯、曹瑛、彭暨云

11 基于 "互联网+" 的客户服务能力提升项目

项目位置：湖南省常德市津市市

服务人口数量：14万人

竣工时间：2021年1月

11.1　项目基本情况

随着信息技术的快速发展，以云计算、大数据、移动互联网、人工智能等新技术为代表的智能化时代逐步到来。人们的工作、生活、娱乐方式等日常行为越来越多地移动化、线上互动化。这些都对企业的信息化建设提出了新的要求。

该项目涵盖营收系统、呼叫中心、云外勤、在线业务办理、微信服务大厅、库存管理、云GIS等基于服务端的全业务、全流程、全闭环系统。项目地点津市市隶属于湖南省常德市，城区面积$10.6km^2$，人口约14万人。

项目建设运营单位为常德津市北控城乡水务有限公司（以下简称"津市北控"），是津市市人民政府和北控水务集团有限公司共同出资成立的水务PPP合资公司。项目的顺利实施是地方政府整合城市水务资产，联合北控水务集团有限公司实现水资源统一调配、高效运营和科学管理，提高服务水平，推动国有资本做优、做强、做大的具体体现，是地方水司改制合作模式的新探，市政府和北控水务集团有限公司共同经营、建设各县市水务业务，协助政府改造供水管网及水厂等基础设施，改善供水水质，适应市人民的饮水需求。

11.2　问题与需求分析

1. 业扩报装业务能力提升的需求

为了响应政府对提升营商环境的号召，提升业扩报装业务的受理效率，降低客户申报工作难度，通过搭建全线上的业扩报装管理平台，实现了报装系统工程资料录入、查勘设计、出图会审、缴费、施工、验收、决算、补/退款、补/退款审批、资料归档等一系列流程的全线上管理，对每个单据节点进行时限控制，配套线上申报、线上审批、电子合同、移动作业、自助缴费、施工过程全数字化监控、电子化归档等功能，解决了业扩报装业务申报复杂、流程交错的难题，实现了业扩报装业务的精细化管控。

2. 提升公司客户服务水平的需求

为了提升公司客户服务形象，切实提高客户服务满意度，建设多渠道、多媒体、智能化的呼叫中心平台，高效率、全天候受理用户的一切用水需求。通过全渠道多媒体呼叫中心平台的实施，全方位支持热线、微信、支付宝、APP、网厅等线上移动渠道接入，支持文字、语音、图片、视频等多媒体方式互动。

3. 提升生产运行管控水平的需求

为了理清供水管线数据，提高管网监测水平，奠定漏损控制基础，建设了地理信息系统（GIS），采集录入管网数据，实现管网信息的全面、标准化管理；实现对管网流量、水质和水厂自控系统数据的实时监控，提高安全生产运行效率；实现对区域供水漏损的分析和控制。

11.3　建设目标和设计原则

11.3.1　建设目标

1. 建设全新的一体化营销客服体系及平台

易联云计算（杭州）有限责任公司结合自身的平台建设方案及客户合作经验，以管理和业务标准化为目标，协助北控水务集团有限公司南部大区建立了《营销客服业务管理规范》，形成了规范和标准化的营销客服体系，包括相关管理制度和规范的建立、流程梳理优化，并通过软件平台固化和落地。

2. 建设支持全业务在线自助办理的微服务大厅平台

微服务大厅平台以微信为核心渠道，实现面向供水用户的多界面交互、全业务办理、全天候服务。用户通过关注公司的服务公众号，足不出户就可以便捷实现用户绑定、账单查询、购水缴费、电子发票等供水业务，实现了让"数据多跑路，群众少跑腿"。让企业全面拥抱移动互联网时代，优化现有的业务流程和工作模式，提升服务效率和质量，给用户带来实实在在的便捷和实惠。同时，提升供水企业工作效率、降低成本、促进资金回笼。

11.3.2　设计原则

津市北控作为重要的公用事业企业，顺应时代趋势、响应政府号召、倾听百姓声音，充分利用最新技术的支撑能力，解放思想，建设以线上自助服务为核心，以内部智能化全流程管控为辅助的客户服务能力提升平台，真正实现用户只跑一次、甚至跑零次的便民、利民、惠民服务，大力提升客户服务满意度，为城市营商环境的改善做出应有的贡献。

11.4　技术路线与总体设计方案

11.4.1　技术路线

系统采用微服务技术架构（见图11-1），借助阿里云为业务平台提供支撑。通过云端PaaS层技术，实现营销客服系统安全防护、数据分布式存储、服务弹性扩容。

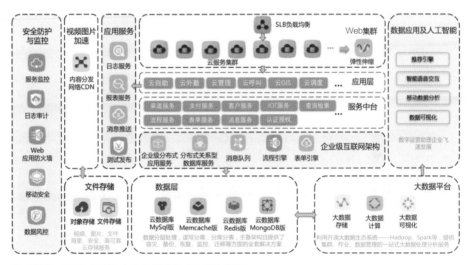

图11-1　基于"互联网+"的客户服务系统架构图

1. 平台层

整个ESLink易联云平台所依托的第三方PaaS平台，包括数据存储、文件存储、消息队列、支付渠道、短信渠道等。

2. 服务层

整个平台的服务中台，沉淀的SaaS平台中公共的一些服务组件与能力，包括用户中心、交易中心、渠道服务等。

3. 应用层

提供给最终用户使用的产品，包括云自助、云外勤、云呼叫、云GIS、云调度等子产品。

4. 支撑层

负责整个平台运营与运维支持，贯穿所有产品的研发、运维、运营生命周期。主要包括运营配置平台、运营分析平台、统一监控平台、统一发布平台、统一日志平台、统一任务平台、运维监控组件等。

11.4.2　总体设计方案

系统功能架构设计如图11-2所示。

1. 应用中台

负责对外服务，支持线上与线下业务服务、移动外勤业务、综合决策与管控服务业务，担负着服务入口功能。

2. 业务中台

负责营销与客户管理业务功能，支持客户管理、地址管理、表具管理、收费计费等核心业务功能。

3. 技术中台

负责底层技术支撑，为业务中台输出技术工具，如流程自定义工具、表单

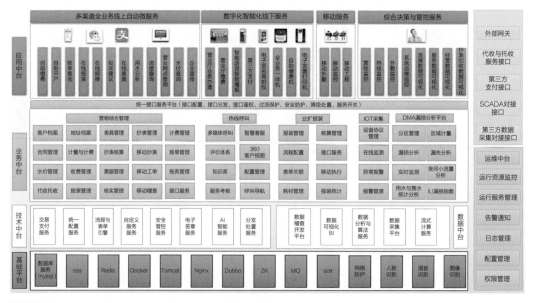

图11-2　基于"互联网+"的客户服务系统功能架构设计

自定义工具、报表服务、安全管控等基础技术。

4. 基础平台

负责云端PaaS层技术，主要是应用云计算成熟技术，借助外部技术实现业务高可用、高扩展。

5. 数据中台

负责数据标准化与数据工具支撑，如报表分析、数据统计分析、数据看板支撑等业务。

6. 外部网关

负责对外提供服务，可对接银行代扣、第三方支付以及其他系统。

7. 运维中台

负责业务监控与运行监控，通过运维实时监控支持业务高可用。项目提供的解决方案包括项目顶层设计、建设内容和实现的技术路径等。

11.5　项目特色

11.5.1　典型性

1. 先进性

公司熟悉并能够应用国内外知名系统的架构，例如 Seibel、SAP、Jenkins、Docker、ELK、zookeeper、XXL-Job、微服务、原生云等。可以借鉴这些系统在数据结构和功能架构上的成果，让津市北控新一代客户服务系统具有行业领先和主导地位。

2. 成熟性

全业务自助服务、全流程报装、主数据平台等系统是一套成熟稳定的软件产品。该系统在已有成熟产品框架的基础上研发而成，并在全国500多个城市水务企业运行，其稳定性和大数据量处理能力久经考验。可帮助中小型水司解决智慧水务建设、运维等问题，实现城乡一体化管理，满足优化营商环境需求，实现便民、利民、惠民。

11.5.2　创新性

以SaaS化的方式，在中小型水司快速部署一整套包含营业收费、报装、呼叫中心、管网管理、水厂监测等模块的智慧水务系统。实现标准化、大区统筹、云平台、全生命周期管理。

11.5.3 技术亮点

1. 多模式

系统架构部署灵活，不但适合本地部署，而且也适合云部署，支持阿里云、华为云、电信云等多家大型云平台，同时可实现混合云的云部署方式。

2. 可靠性

稳定性和可靠性是系统设计首先要考虑的指标，通过网络冗余、服务器硬件冗余、数据库均衡负载集群和应用服务器均衡负载集群等设计方案，消除了系统的单点故障，任何一台服务器发生故障，都不会引起业务停止，使系统的无故障率可以达到99.999%，确保不出现全集团性服务终止。系统充分考虑了整个系统运行的安全策略和机制，采取严密的数据保护解决方案，避免病毒黑客攻击导致硬件或软件故障引起的数据崩溃，采取必要的备份和保护措施，还有相应的报警设置。

3. 安全性

系统采用一种基于角色的访问控制（Role-Based policies Access Control，RBAC）模型设计水务行业权限管理系统，基于J2EE架构技术实现。系统支持基于角色和基于资源的授权方式：支持用户到角色的映射，并采用角色的身份来控制特定操作的访问权限；另一方面，系统内所有的资源都是受保护的，系统能够通过相应的机制决定哪些角色允许访问哪些资源和哪类操作（如读、写、删除、显示等）。系统具有完善的安全控制机制，并支持多种权限管理机制，如基于角色的权限管理和基于数据对象的权限管理。基于角色的权限管理可以对各个员工的功能性操作进行安全限制，而基于数据对象的权限管理则进一步加强了控制力度，可以对员工的数据访问进行限制。通过可视化的权限管理、角色管理、人员管理，管理人员可以有效配置员工角色及角色的权限，对员工进行授权和访问控制，并对员工的所有操作进行有效的日志记录，当员工进行异常操作时进行警告，并在严重时同时上报上级主管部门。另外，该系统采用一站式登录方式，一次登录，在系统的所有模块都有效，极大地方便了员工操作以及管理。

11.6 建设内容

基于SaaS云平台建成一套包含营业收费、报装、呼叫中心、管网管理、水厂监测等模块的智慧水务系统，主要涵盖营销管理系统（含表务管理、报装管理）、手机APP抄表系统、微信网上营业厅、PC端网上营业厅四套系统，同时对接当地政务平台、远传表抄表平台，完善和提高津市水司信息化系统建设水平，实现相关业务的便捷、高效、在线办理，扩宽水司面向社会的服务渠道。

供水业务数字化平台，是系统登录的主要入口，是各个子系统的上级目录，是全局基础功能和支撑功能的配置入口。供水业务平台包括的功能模块有：个人中心、工程报装、营业收费、网厅后台、流程设计、短信管理、系统管理，共七大版块。

营销管理系统属于供水平台中的营业收费模块，该系统实现对供水用户、各类表具的统一档案、统一收费、统一对账、统一报表等内容，是将表务、抄表、收费、开票、报表等业务统一整合管理的系统。

手机APP是移动版办公、抄表系统，支持安卓和IOS双平台，实现了移动流程审批、抄表数据管理等功能。

网上营业厅，包括微信网厅和PC端网厅，提供面向供水用户的网上业务办理系统，主要涵盖了水费查询、水费缴纳、业务办理、短信配置等功能。

11.7 应用场景和运行实例

11.7.1 GIS系统

津市北控上线云GIS产品，全面录入管网数据，实现管网、附属设施、设备的台账信息统一管理，对供水管网及节点、流量计、物联网表、水质监测点、压力监测点等管网附属设施进行标准化管理。

11.7.2 客户自助服务（云自助）

云呼叫产品（见图11-3）致力于打造即时、高效、前沿的智能客服产品，全面覆盖多样化的沟通方式，助力北控水务集团有限公司中部大区节约降本，提高客户满意度。设置智能来电弹屏，多维度展示用户信息；多媒体、云呼叫统一排队，智能ACD策略分配；依托阿里云平台相关技术和中间件，提升系统架构的安全性、可扩展性，保证系统运行的稳定性。可扩展性强，可直接扩展客服终端数；实现多媒体全渠道在线人工服务，智能机器人无人值守，保证及时解决客户问题，提高客户满意度。

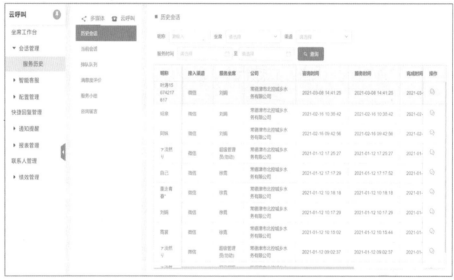

图11-3　客户自助服务平台

11.8　建设成效

11.8.1　环境效益

该项目通过水质在线仪表的实时监测，及时发现水质超标、原水污染、管网水质异常等现象，有效保证了城市供水安全，显著提升了城市供水水质，同时实现了重大事故下的高效、科学、智能决策与应急指挥，大幅提高供水服务质量。

水质公示信息表如图11-4所示。

国家标准 GB5749-2006		出厂水		管网水	
		监测平均值	合格率	监测平均值	合格率
浑浊 （NTU）	≤1	0.27	100%	0.49	100%
游离余氯 （mg/L）	出厂水： ≥0.3 管网水： ≥0.05	0.48	100%	0.19	100%
细菌总数 （CFU/mL）	≤100	0.74	100%	1.25	100%
总大肠菌群 （CFU/100mL）	不得检出	0	100%	0	100%
耐热大肠菌 （CFU/100mL）	不得检出	0	100%	0	100%
大肠埃希氏菌 （CFU/100mL）	不得检出	0	100%	0	100%
耗氧量 （COD_{Mn}，mg/L）	≤3	1.23	100%	1.12	100%
全分析合格率（36项）		100%		100%	
综合合格率		100%		100%	

图11-4　水质公开信息表

11.8.2　经济效益

截至目前，津市北控15个业务模块上线近3个月，充分利用互联网优势，通过云推送功能，实时催收，营业收费金额近700万元，较往年同期增加10%以上。

11.8.3　管理效益

截至目前，津市北控工单处理周期由原来的7d缩短至3d，呼叫中心接通率达97%以上，移动端抄表量达177.5万次，在线业务办理率达90%以上。还有机器人坐席支持，结合人工智能技术，实现了常规咨询业务的自动受理，提升了受理效率，降低了人工坐席的工作量和人力成本。

11.9　项目经验总结

通过一系列智慧化组团项目的建设实施与应用，津市北控有效实现了核心业务的标准化管理，消除了原信息化建设水平不高、覆盖不全、数据孤岛等关键问题，实现了企业内部数据的互联互通、业务串联，降低了企业内部管理成本，提升了整体工作效率。

（1）SaaS模式的优势为水务公司可以将重点放在业务管理实现上，有轻量、易维护、易推广等优势，本次项目建设通过津市北控先行试验的方式，前期对业务标准化的梳理工作不足，导致津市北控一些项目模块上线周期过长。建议此类集团化或区域化统一建设的智慧水务项目，在过程中应充分调研，并投入充足的时间和精力进行标准化的梳理工作，减少后期投入成本，实现在同区域或集团化的快速推广应用。

（2）项目实施过程中，曾在进行第三方系统或接口对接上耗费大量时间和精力，出现了第三方对接难、第三方不支持对接的情况。建议各水司在信息化建设过程中，把握好服务商的选择，要求其遵守公开、可扩展、共享等服务原则，制定水司的标准化接口，避免出现被第三方卡脖子的情况。

业主单位：常德津市北控城乡水务有限公司
设计单位：珠海卓邦科技有限公司
建设单位：易联云计算（杭州）有限责任公司
案例编制人员：冯兆继、郭明、李常英、李惠、张拥军

排水篇

——排水——

当前，排水防涝与水环境综合治理领域的智慧水务正处于快速发展阶段，已基本实现数字化采集、标准化处理和信息化共享，能为城市基础设施的协同化管理提供助力，但在智慧化控制和决策方面还需要进一步突破。在技术层面上，智慧水务平台可综合应用GIS、BIM、水动力和水质模型、移动终端等软硬件，协助管理部门提升管理水平和服务效能，且已在数据采集和传输、设施控制、数字化管理和智能运营方面形成了一些先进性经验。

第六章 | 城市排水源头治理与管控

12 深圳市智慧海绵管理系统

项目位置：广东省深圳市

服务人口数量：1756万人

竣工时间：2020年11月

12.1 项目基本情况

深圳市智慧海绵管理系统项目立足于深圳市海绵城市建设工作领导小组办公室的统筹协调管理工作，构建深圳市海绵城市"项目管理一张图、业务管理一张网、绩效评估智慧化、工作参与移动化"四位一体的新发展格局，实现对深圳市4000余个涵盖建筑与小区、公园与绿地、道路与广场、水务类四大类项目（包括腾讯滨海大厦在内的十余个海绵示范项目）的观察评估。同时在深圳各区实现对不少于2km²的汇水分区进行监测，并在市内选择2个典型流域（新洲河流域、上芬水流域）进行海绵城市系统研究。利用实际监测与模型模拟相结合的方式，对海绵城市建设的实际效果进行综合评估与验证。

在与多部门充分调研需求的基础上，实现海绵一张图总览、项目统筹管理、项目督查管理、日常业务管理、绩效监测及模型评估、奖励申报、海绵学院及公众参与互动等主要功能。

目前，深圳市海绵办利用智慧海绵管理系统开展了以下几项工作：（1）国家部委、省厅、市级、区级建立四级联络员制度，定期督导工作；（2）制定年度任务分工及监督管理工作；（3）开展年度政府实绩考评工作；（4）开展海绵城市方案设计事中事后审查工作；（5）建立全市项目库，开展项目巡查工作；（6）开展海绵城市建设资金激励奖励工作；（7）开展海绵城市建设宣传培训工作。

系统具有覆盖内容全面、数据完整、多维度分析、项目全周期管理、数学模型绩效评估等特点，具备较强的行业典型性、代表性和创新性。

12.2　问题与需求分析

12.2.1　面临的问题

1. 信息化发展不均衡，信息化统筹力度有待提高

水资源监控能力建设刚进入全面实施阶段，水环境、水生态管理系统建设尚未统筹推进，设施管理、行业监管仍然以人工为主，管理效率较低且管理不到位。水务局各单位已进行了相关的信息化建设，积累了丰富的数据和软硬件资源，但由于缺乏统一的规划，存在建设分散、内容重复或者交叉、标准规范不统一、应用系统协同工作水平和信息资源开发利用程度不高等问题，需要统一规划、统筹建设，各单位的数据资源、视频资源、网络资源和应用系统等资源整合和综合利用水平需要提高。

2. 业务支撑深度不够，现有支撑有待升级

信息化应用停留在数据采集和分析阶段，模型预测、智能决策等辅助决策系统建设基本空白，大数据分析、虚拟现实、人工智能等新技术尚未发挥作用，信息化技术在提高监管水平、优化决策支持能力方面还大有作为。另外，新技术的利用具有一定试验性，不适宜初期全面铺开建设，需要通过试点建设、示范工程对技术进行检验，以便未来进行全面建设。针对核心GIS服务支撑，目前水务局的GIS系统是几年前采买的ArcGIS Server10.2版本和ArcGIS Desktop10.2版本，而目前市场主流的开发环境都是基于较新版本的ArcGIS，如10.5和10.6，ArcGIS高低版本之间架构与API差异较大，无法做到相互兼容，不利于应用的后续升级。

3. 海绵办专职人员有限，亟需信息化手段进行补充

自2016年起，深圳市除抓好试点区的工作外，先行先试，试点与全市同步开展了海绵城市建设工作。这需要每年对全市城市水系、园林绿地、道路交通、建筑小区等建设项目落实海绵城市情况进行跟踪督办。同时还需直接对口协调、监督、考核全市21个市直有关部门、市前海管理局、11个区（新区、合作区）和2个国有企业的海绵城市建设工作。市、区两级海绵办工作人员共计约50人，

当前主要还是以文件及电子文档的形式传递信息、开展工作，工作效率低，工作压力巨大，亟需信息化手段进行补充，完善协调工作机制，提高工作效率。

4. 海绵项目范围广、数量多，需要高效管理体系和协作机制

自2016年4月5日深圳市成立海绵城市建设工作领导小组后，短短一年多时间里，各区（新区、合作区）、前海合作区陆续成立了海绵办，并在市、区海绵办的积极联合推动下，在各部门和单位的积极配合下，海绵建设由起初的单个项目开始逐步扩大到片区建设，"十三五"期间，在24个片区开展海绵化实践，涉及面积254.6km²，仅2017年，新增海绵城市建设面积达30km²以上，全年既有设施海绵化改造项目达到150项。海绵城市建设是一个需要多层级、多部门、多角色联合参与和共同推动的大型工程，单个项目在建设前期的合规审批、建设中期的定期巡检以及投产后的绩效评价，都需要高标准的执行，因而需要更加高效的管理体系、协作机制。

5. 绩效考核任务重，专业性强，需要建设绩效评估体系

海绵城市建设是一项长期的、系统性的工作，深圳作为国家海绵城市建设试点城市，按照国家考核要求，到2020年，城市建成区20%以上面积达到海绵城市建设要求；到2030年，城市建成区80%以上面积达到海绵城市建设要求。国家考核指标共有18项，其中11项为量化指标。因此，要实现以上考核目标要求，任务艰巨，必须建立常态化的管控和监督考核机制。

12.2.2 需求分析

1. 全市总览需求

海绵城市建设需要基于本市现状，结合降雨雨型、土壤、地形、下垫面等自然因素，综合科学地规划城市开发过程。因此需要将城市建设项目数据与自然环境数据从时间、空间维度合理地整合、关联在一起，才能给城市规划建设提供更有价值的指导。海绵城市建设全市总览也是为了实现"海绵一张图"的理念，借助信息化手段，通过多种方式对全市进行多维度呈现，并辅助决策。

2. 项目统筹管理需求

目前海绵城市建设项目入库的有4000余个，同时每年以几百个的量级逐年递增。这些项目基本覆盖了深圳市所有行政区域；项目类型多样化（道路、公园、小区、水务及改造等）；承建方面，既有政府单位，又有社会投资单位；海绵城市建设项目的管控跨越工程建设的整个生命周期；如果要将海绵城市建设效果落实到每个项目，必须要对入库项目建设的各个阶段了如指掌；以海绵办现有的人力配备情况来看，亟待通过信息化手段解决项目管理问题。

3. 项目在线督查需求

针对在建的重点海绵新建或改造项目，海绵办会委派专业的第三方技术团队负责定期巡查、指导工程建设方落实。随着建设项目规模的不断扩增，人力督查必然会产生瓶颈，因此需要充分利用公众互动、城市信息化基础设施等资源，并通过使用先进的技术手段，打造高效、低成本、灵活的项目在线督查功能。

4. 项目建设评估需求

针对海绵城市建设，住房和城乡建设部已印发《海绵城市专项规划编制暂行规定》，其中明确了海绵项目评价指标，深圳市结合自身特点进行了相应的深化和细化，为了能够以此为指导，有序推进深圳市海绵城市建设，真正达到有所成效，海绵项目的评估是重要的保障措施。以海绵项目评价中的约束性定量指标为目标，引入专业水力模型，接入针对项目设施及周边管网的多种监测数据以及模拟降雨数据，对模型率定验证后再对实际效果进行评估并得出定量指标中的各项数据，同时进行原始数据监测、获取、计算、分析和统计，并将各种维度的统计数据以图表的方式呈现。

5. 业务管理需求

深圳市海绵城市建设工作领导小组由37个成员单位组成，在市、区两级海绵办的协调下，每年年初制定相应的工作任务，进而从机制建设、实施推进、考核监督及宣传推广四个方面着手推进海绵城市建设。海绵城市建设的落实已经列入各市直部门、区政府、管委会的政府绩效考核指标之中，为了对组织内相关工作任务进行科学的规划、有效地实施和推进，因此需要借助信息化手段，实现海绵城市业务管理需求。

6. 绩效考核需求

在国家出台的《海绵城市建设绩效评价与考核办法（试行）》及深圳出台的《深圳市生态文明建设考核制度（试行）》的基础之上，深圳市海绵城市建设工作领导小组编制了《深圳市海绵城市建设绩效评估办法与政策研究》总报告，在此报告的指导下，海绵办每年需要组织专家团对37个成员单位进行海绵工作绩效的考评，考评对象包含市直部门、区政府管委会，考评内容按多个维度分为：年度任务考核、持续性任务考核；制度考核、进度考核、绩效考核；地块项目考核又分市政道路、公园绿地、河道水系、市政设施、区域整治等多个方面。面对如此众多的考评对象及考核内容，海绵办亟需借助信息化手段来满足绩效考核业务需求。

7. 公众参与互动需求

在海绵城市建设中，离不开公众的力量，为了能够让市民更好地认识海绵城市、参与海绵城市理念的传播、监督海绵城市建设以及对海绵城市建设效果作出评价，需要系统支撑满足公众参与互动的需求。

8. 海绵学院建设需求

海绵城市建设需要各个岗位技术人员的投入，涵盖规划、设计、施工、监理及运维等。随着海绵城市建设项目的不断增加，原有线下组织的技术培训和交流已经逐渐难以满足需要，此时，应该充分利用互联网技术，将培训等内容迁移至线上。

12.3 建设目标和设计原则

12.3.1 建设目标

依照国家海绵城市建设相关要求，综合应用水力模型、地理信息系统等科学手段，建设深圳市海绵城市规划设计、工程建设、运营调度、管理养护的智慧化管理平台，实现智慧化、系统化、科学化、精细化管理，全面提高深圳市海绵城市建设和管理水平，为2020年乃至2030年深圳市海绵城市建设过程及后期运营考核业务管理提供基础数据和科学管理模式。

12.3.2 设计原则

1. 经济性原则

该项目设备的选择应充分结合其用途，综合考虑其功能、质量和价格等因素，将项目构建成一个经济实用、功能强大、质量优异、操作方便、接口丰富的信息系统。同时兼容既有系统和未来发展方向，保护政府投资。

2. 开放性原则

深圳市智慧海绵管理系统要采用开放式架构，选用标准化接口和协议，并具有良好的兼容性和可扩展性，系统建设必须遵守国家和公安部有关标准与规范，并满足地方和行业有关规定和标准。

3. 可靠性原则

整套系统的可靠性是第一位的。应选用主流的并得到广泛应用的知名品牌，在系统设计、设备选型、调试、安装等环节严格执行国家、行业有关标准及有关安全技术防范的要求，贯彻质量条例，保证系统的可靠性。采用成熟、稳定、完善和通用的技术设备，系统有升级能力和技术支持，能够保证全天候长期稳定运行，有完备的技术培训和质量保证体系。

4. 系统集成原则

规划建设深圳市智慧海绵管理系统，要充分考虑和利用现有各应用系统的系统互联、资源整合、信息共享、快速反应，形成一体化的网络体系。

5. 安全性原则

相关软硬件必须满足可靠性和安全性要求，设备选型不能选择试验产品，优先选择先进的市场主流产品，保证系统不间断运行。对关键的设备、数据和接口应采用冗余设计；网络环境下信息传输和数据存储要注重安全，保障系统网络的安全可靠性。

6. 先进性原则

系统的设计方法和技术路线应符合当前网络架构未来发展趋势，充分兼顾需求和技术的发展，充分考虑与其他系统的连接，建设可扩展的、开放的平台。主要设备须支持分布式部署，软件的设计应先进灵活，便于升级以及与其他系统的互联互控，同时应保证人机界面友好，易于使用和操作，保证最终效果优异。

12.4 技术路线与总体设计方案

12.4.1 技术路线

1. 基于Node.js的前后端分离Web技术架构

该系统采用基于Node.js的前后端分离Web技术架构。Node.js提供了一个企业级的云计算模型和运行环境，用于开发和部署多层体系结构的应用。它通过提供企业计算环境所必需的各种服务，使得部署在Node.js平台上的多层应用可以实现高可用性、安全性、可扩展性和可靠性。按面向对象的模块化方式设计，采用多层体系架构，充分运用EJS、HTML5、XML、Web Service、RESTful API、事务处理等成熟技术，在统一应用支撑平台上独立建设和部署相关应用，并可根据用户访问情况进行分布式集群部署。

2. 目录服务技术

目录服务是在分布式计算机环境中，定位和标识用户以及可用各网络元素和网络资源，并提供搜索功能和权限管理功能服务机制。政府部门为实现各个分立"信息孤岛"走向连通和融合，一方面政务系统需要将自身职能和业务协作要求公布出去；另一方面，也希望能够检索并获取其他政务系统信息和公共信息资源。这些需求采用目录服务都能够得到满足。

3. 基于SOA架构

基于SOA架构的协同政务解决方案采用基于面向服务的思想进行业务建模，构架业务流程，有利于保证每个业务环节均通过服务实现，支持组织内部业务快速协同，有利于快速适应组织机构与业务流程的变化。

基于SOA架构的协同政务系统将不同的服务通过各自之间定义良好的接口和契约联系起来。服务独立于实现服务的操作系统和编程语言之外，接口采用中立的方式进行定义。构架在各种系统中的服务通过统一且通用的方式进行交互，保证了政务业务的良好协同。

4. 工作流技术

工作流服务要求拥有自主知识产权，符合WFMC等国际标准，支持顺序、并发，实现了发散、多路分支等标准模式，足以实现高级用户复杂业务流程。支持浏览器方式自定义工作流程、自定义表单，具有高度扩展性，适应不同水平用户不同阶段需求。可定义每个任务权限及表单元素对应的数据库表字段权限，规范操作。对正文模板和表单进行痕迹保留，可以确保对每一个处理步骤提供修改痕迹保留，以确保信息不可否认性和可追溯性。结合国内办公比较灵活的实际情况，处理人可进行委托、协商和抄送，从而保证流程事务文件顺利流转。授权角色可监控全部流程，提供审计日志，支持自动催办和手动催办。

5. 表单服务技术

该项目中需构建的业务系统表单，用户可以利用表单服务灵活定义。

要求对表单可以实现类似Word痕迹保留功能，可以确保对表单每一个处理步骤提供修改痕迹保留，以确保信息不可否认性和可追溯性。

要求有点击签名、多人意见框、日期选择、正文按钮、附件框、自动编号框等标签，用户在不需编程的基础上，就可以实现很多复杂功能，方便功能拓展。

6. GIS技术

地理信息系统（GIS）是一个设计与用来捕获、存储、管理、分析、操作和显示空间地理数据的信息系统。GIS应用允许科学家或工程、管理人员使用。

GIS是一门地理科学与计算机科学的交叉学科，它涉及非常多不同的科学技术、流程和方法论。经常被应用于许多现实功能，并且在工程、管理、通信、商业、政府中有非常广泛的应用。

在该项目中，使用地理信息系统来展示和分析智慧海绵城市的总览、海绵项目的地理位置、信息、进展等，给用户一个非常完整的视觉信息，既对整个深圳市的智慧海绵状况能够有宏观的了解，也能够具体到项目的进展，并且了解其运作情况和绩效评估。

12.4.2　总体设计方案

系统自下而上分为环境感知层、基础设施层、支撑平台层、业务系统层、接入层，如图12-1所示。

划分逻辑如下：

1. 环境感知层

充分利用水务系统中已架设好的监测设备，来获取所需的监测数据，并管理好新增接入的监测设备。

2. 基础设施层

基础设施层的网络环境包含用于监测数据传输、移动端访问的运营商网络，以及系统访问的专用网络，在不同网络环境的访问下，需要做到数据加密、访问控制等安全策略应用，该项目系统部署在电子资源中心的政务云上。

3. 支撑平台层

支撑平台层主要包括基础数据服务、GIS图层服务、模型服务、实景地图服务和接口服务等，数据使用Oracle和Nosql等数据库，满足结构化和非结构化数据的合理存储，海绵基础数据库包括项目数据、证照数据、GIS数据、测绘数据、设备数据、监测数据、绩效数据、海绵专业知识和宣传教学等。

4. 业务系统层

包含全市总览（海绵一张图）、项目统筹管理、项目建设评估、组织业务管理和绩效考核、项目在线督查、公众互动和海绵学院等。

5. 接入层

包含PC电脑、笔记本电脑、平板电脑和手机等。

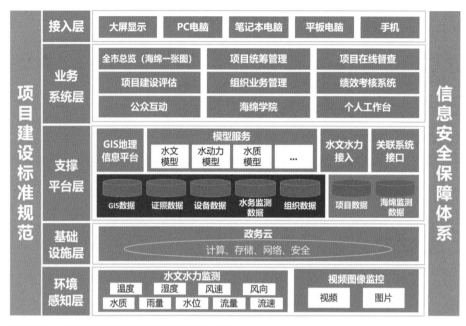

图12-1　深圳市智慧海绵管理系统总体设计方案

12.5　项目特色

12.5.1　典型性

内容全面：涵盖了深圳市海绵城市建设的全部工作。

数据全面：包含了气象、水文、地形、地勘、排水分区、排水管网、水系、海绵城市建设项目及海绵设施、海绵建设目标、评估参数、结果等全部数据。系统已经接入了深圳市3000多个海绵城市建设项目数据。

12.5.2　创新性

项目管理实现了全生命周期的管理，包括项目库管理、方案审查、事中事后巡查。

多维数据分析：用户可以从行政区及排水分区两个层级统计、分析、评估海绵城市建设状况，从时间维度、项目类型、项目建设状态、投资主体等全方面对比分析。

12.5.3　技术亮点

绩效评估采用监测与数学模型结合的方式，实现项目级和片区级建设绩效评估建立模型评估参数数据库，用户不需要输入任何模型参数即可进行评估，便捷易用，可以在项目建设的不同阶段采用不同的方法进行评估，包括方案设计阶段评估、初步设计阶段评估、施工图设计阶段评估。

12.6　建设内容

12.6.1　全市总览

1. 系统概述

从时间维度、空间维度对全市、各行政区域及各汇水分区的地理信息、水文环境、项目状态、监测设备等，按图层、分布、单点概述、单点详情进行综合展示。结合深圳市水环境现状，统筹规划项目任务分配；同时，对片区、行政区的项目基础数据、多媒体数据做到即时查看，对比分析。

2. 功能架构设计

全市总览（海绵一张图）功能架构如图12-2所示。

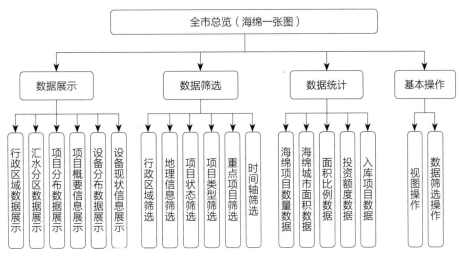

图12-2　全市总览（海绵一张图）功能架构

12.6.2　项目统筹管理

1. 系统概述

海绵城市建设项目统筹管理从业务角度分成项目数据录入、项目建设生命周期管理、项目信息维护、项目巡查记录、项目列表展示、项目操作日志记录、项目数据统计七个子模块；按照登录用户的不同角色提供不同功能配置；数据录入方只能进行录入、列表查看和详情查看；管理者可全盘操作，并可对项目信息维护发出更新提醒；项目责任方可及时了解自己负责项目的各方情况，包括进度数据、规模数据等。

2. 功能架构设计

项目统筹管理功能架构如图12-3所示。

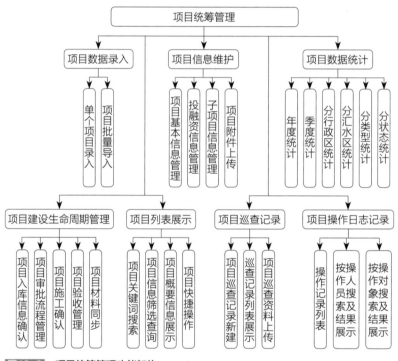

图12-3　项目统筹管理功能架构

12.6.3　项目在线督查

1. 系统概述

为了更好地呈现每个海绵项目的建设发展，记录并监督每个项目的设计、建设、运维阶段，形成全生命周期的数据闭环，做到有据可查、查有所依，因此建设一套完整的可视化监督流程，除了可以积累沉淀海绵项目的多维度数据以外，还可以基于这些资料在新项目设计及已有项目的绩效考核中丰富的数据支撑。

综合运用街景全景地图的历史影像对比模块、GIS点位管理模块等现代技术手段建立项目现场数据的收集、对比分析和缺陷记录，形成完整的项目督查、督办、消缺、统计闭环，不断提高海绵项目建设察访核验工作的智能化、信息化水平。

项目在线督查流程，由市级或区级海绵办发起项目督查任务，督查人员、项目承建方及公众均可通过各种现代技术手段获取项目现场信息并上传，由专家在线进行分析并给出审查意见，最后知会项目责任方进行改进，完善项目海绵建设情况。

2. 功能架构设计

项目在线督查功能架构如图12-4所示。

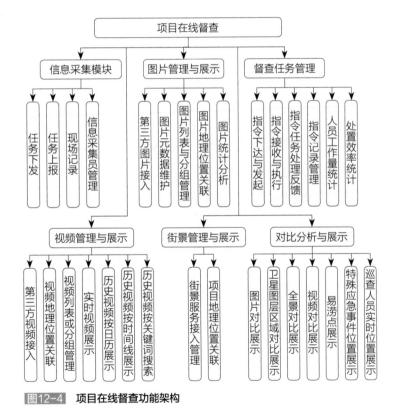

图12-4　项目在线督查功能架构

12.6.4　项目建设评估

1. 系统概述

海绵项目评估是充分利用科学的手段，以水力模型为核心，来量化海绵项目对雨水控制的效果，进而将成熟项目模型计算的结果作为参考系，综合评价其他新增或改造海绵项目的效果。由于水力模型的应用需要一个从理论到贴合实际的参数化过程，因此对于模型应用也需要进行管理和配置。另外，不同级别的模型评估适用的模型也不尽相同，因此需要多模型应用管理。

2. 功能架构设计

项目建设评估功能构架如图12-5所示。

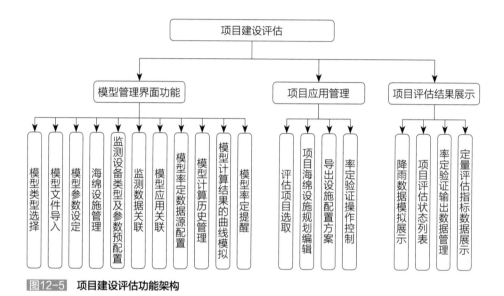

图12-5 项目建设评估功能架构

12.6.5 组织业务管理

1. 系统概述

需根据不同角色、不同职责，对组织业务管理功能进行合理划分，包括组织架构管理、权限管理和配置、任务管理、考核设定、大事件管理等。

2. 功能架构设计

组织业务管理功能架构如图12-6所示。

12.6.6 绩效考核

1. 系统概述

参照国家已发布的政策要求和其他海绵城市建设试点城市的经验，研究并制定适合深圳特点的海绵城市建设绩效考核细则，是为了全方面指导和规范深圳市的海绵城市建设绩效考核，保障和推进深圳市海绵城市建设和管理。

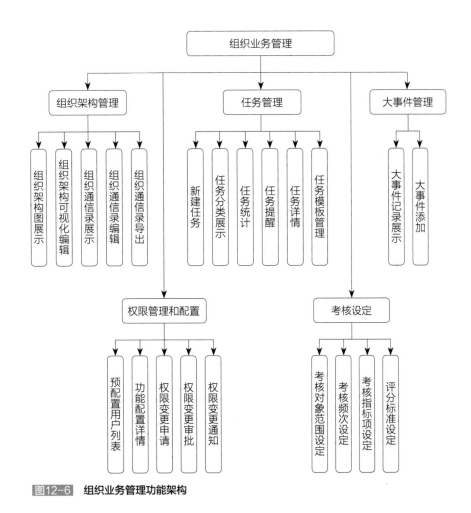

图12-6　组织业务管理功能架构

利用信息化方式来取代传统的线下绩效考核过程，即不再组织专家开会审阅相关上报材料、实地查看项目情况等，而是依托于在线审阅、借助科学客观的数学模型模拟验证以及查看即时的项目建设视频影像来对责任单位进行评估评分，无疑是高效、准确且科学的方案。因此需要系统能够围绕绩效考核细则的具体内容来设计并实现如下核心功能：实现国家及地方的海绵城市建设指导政策的发布与展示、实现不同考评对象的不同考核入口、实现部门考评评价内容的在线审阅和填报、实现项目绩效评价相关指标的及时同步和展示、实现指标值与评分分值的自动关联、实现考评对象的在线打分、实现整体考评结果的综合展示、排名及统计、实现对已完成的考评结果的抽查复检。

2. 功能架构设计

绩效考核功能架构如图12-7所示。

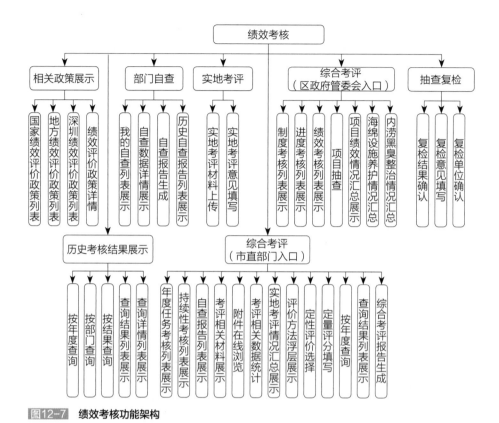

图12-7 绩效考核功能架构

12.6.7 系统基础配置管理

1. 系统概述

作为完整的系统，除了核心业务功能外，还需要系统基础配置信息的支持。从业务的角度出发，分为用户配置管理、地理信息分类配置管理、组织信息配置管理、数据源配置管理、业务配置管理、项目配置管理等。

2. 功能架构设计

系统基础配置管理功能架构如图12-8所示。

12.6.8 个人工作台

1. 系统概述

智慧海绵管理系统是多用户参与的交互系统，为了让不同角色的用户能够更加聚焦于自己需要在系统上完成的工作事项、自己需要了解的数据以及需要导出的数据，因此规划了个人工作台模块，呈现相关项目、最近任务、消息提醒、操作历史、个人资料等。

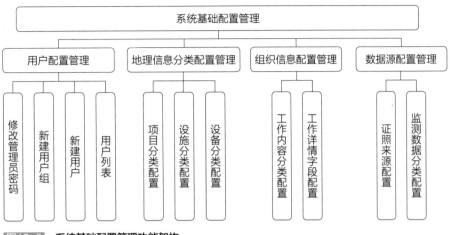

图12-8 系统基础配置管理功能架构

2. 功能架构设计

个人工作台功能架构如图12-9所示。

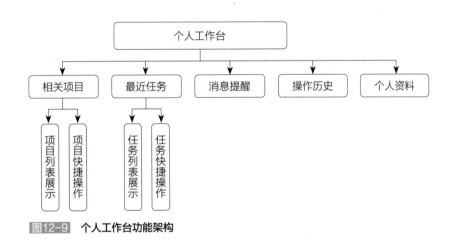

图12-9 个人工作台功能架构

12.6.9 公众互动

1. 系统概述

公众互动系统作为独立的系统存在，需要考虑与上述模块在部署上隔离。仅需满足向公众宣导海绵城市建设政策及法律法规、引导公众参与互动活动增强环保意识、推送社会力量对海绵城市建设的过程和结果进行监督等需求。因此需要规划如下功能：公众门户首页、海绵城市介绍、最新进展、政策及法律法规、公益宣传、公众参与互动、音视频督察随手拍等。

2. 功能架构设计

公众互动平台功能架构如图12-10所示。

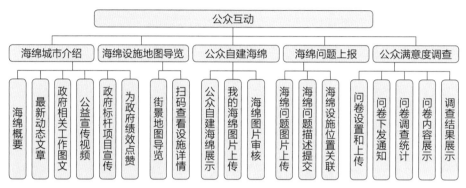

图12-10 公众互动平台功能架构

12.6.10 海绵学院

1. 系统概述

海绵学院是为专业技术人员和公众提供海绵城市的介绍、推广以及学习的门户。系统分别为各种不同的海绵学院用户提供不同的功能，便于用户能够快速找到最合适的学习资料。

2. 功能架构设计

海绵学院功能架构如图12-11所示。

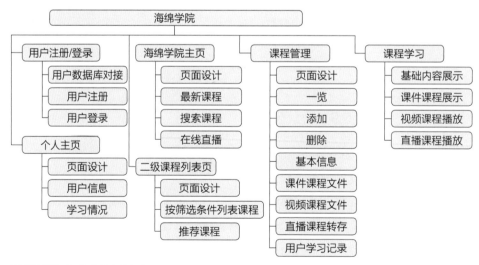

图12-11 海绵学院功能架构

12.6.11 支撑平台

1. 应用管理数据建设

数据中心集中存储与智慧海绵管理相关的信息资源，包括各个系统产生的数据和其他平台接入的相关部门的应用管理数据，经过清洗、审核后接入到数据层，为智慧海绵建设提供所需的数据，平台进行数据共享、交换，建立起一套完善的数据更新维护机制。

2. 水文气象数据接入

水文气象数据接入功能，对已有的水文监测设备和水文气象数据进行适配和接入，并将监测设备与海绵项目进行所属关系关联，便于在查看海绵项目信息、评估绩效、模型计算时，能够随时调用海绵项目所对应的监测设备和监测数据。

3. GIS应用服务

深圳市水务局GIS平台与深圳市规划国土委GIS地图进行对接，同步获取数据，统一做好与深圳市可视化城市空间平台规划的衔接；该项目GIS应用服务在市水务局统一的GIS平台上进行Web地图的深度开发，采用统一的GIS地图系统接口技术，搭建地图数据发布与编辑系统，实现业务数据成果在线地理化，以地理图层形式展现出来，汇总展示地形、影像、基础地理、全景、气象、汇水分区、管道设施、流域等，也可根据项目管理的需要自定义图层的组合，添加多源业务数据上图，为各业务系统提供基于空间位置的业务专题数据监测分析、多用户管理不同业务专题地图，数据管理、模型接入与展示、管线巡检与定位等功能，完成后以Web公共服务的形式任意嵌入到其他业务系统，同时提供跨平台开发插件。

4. 水力模型应用管理

该模块主要功能是提供基于低影响开发的海绵城市水力模型，包括模型驱动数据（水文气象数据）、管网数据、下垫面数据、模型参数数据（水力参数、海绵设施参数），模型内核、模型结果输出以及实测对比。模型模拟包括了地表水、土壤水以及管网水流之间的交互。模型结果是经过实测数据的率定和验证得到的，并且将用于计算径流系数和水质分析（在数据条件充分的情况下，或与城市化建设前的数据进行对比），以此来考核各个海绵项目的建设效果。

5. 物联设备适配管理

当前的海绵城市建设中，各项目分别采购不同厂家、不同数据格式的监测设备，再进行独立建设和使用，由于设备之间的数据格式和协议细节不同，如果不进行统一适配，就难以形成合力，造成"信息孤岛"，导致系统和数据价值不能有效挖掘。

基于物联设备适配管理系统的全连接能力，既能向下接入各种硬件、传感器等设备，又能向上为应用系统内各种应用和模块提供数据服务。

12.7　应用场景和运行实例

目前平台已经实现了对深圳市4000余个涵盖建筑与小区、公园与绿地、道路与广场、水务类四大类项目（包括腾讯滨海大厦在内的十余个海绵示范项目）的观察评估；在深圳各区实现了对不少于2km²的汇水分区进行监测，并在市内选择了2个典型流域（新洲河流域、上芬水流域）进行海绵城市系统研究；利用实际监测与模型模拟相结合的方式，对海绵城市建设的实际效果进行了综合评估与验证。以腾讯物联标准为基础，结合合作伙伴的能力，在过程中建立海绵数据标准，涵盖气象、水文、地形、地勘、排水分区、市政排水管网、水系、水工设施、海绵建设、海绵建设目标、评估参数、结果共12类数据标准。

目前，市海绵办利用智慧海绵管理系统开展了以下几项工作：

1. 国家部委、省厅、市级、区级建立四级联络员制度，定期督导工作

对上：完成住房和城乡建设部、省住房和城乡建设厅定期督导检查及材料报送。

对下：市、区合署办公，市海绵办设立三个工作组，对口检查、监督指导，及时掌握情况和督促工作开展。

2. 制定年度任务分工及监督管理工作

编制每年度全市海绵城市建设任务分工，各成员单位按月报送任务进展情况，市海绵办按月编制全市海绵城市建设进展情况通报。

3. 开展年度政府实绩考评工作

针对年度任务分工，邀请来自住房和城乡建设部、高校、政府部门、公益组织、规划设计单位15名以上的专家开展海绵城市建设政府实绩考评。

4. 开展海绵城市方案设计事中事后审查工作

建立全市方案设计抽查核查项目资料库，定期对海绵城市方案设计专篇进行监督抽查。

5. 建立全市项目库，开展项目巡查工作

建立全市海绵城市建设项目库，定期开展全市项目巡查工作。

6. 开展海绵城市建设激励奖励奖补工作

每年开展海绵城市建设激励奖励申报、评选，由市财政出资，对海绵城市建设的社会参与方进行资金扶持，设置10项奖补类别，年度总额最高5.14亿元。

7. 开展海绵城市建设宣传培训工作

深圳智慧城市建设处在全国前列，每年定期组织海绵城市建设的宣传培训工作。

12.8 建设成效

12.8.1 投资情况

该项目的建设投资为深圳市智慧海绵管理系统所需建设费用1335.20万元，包括工程建设费用1178.75万元、工程建设其他费用121.08万元、工程预备费用1335.19万元。

12.8.2 环境效益

海绵城市通过"渗、滞、蓄、净、用、排"统筹解决城市内涝、雨水资源化利用等多个问题，减轻城市集中排水的高峰压力，使城市在适应环境变化和应对自然灾害等方面具有良好的"弹性"。通过对深圳市智慧海绵项目进行统一的管理评估，从而间接使得智慧海绵项目的环境效益得到更好的发挥。

12.8.3 经济效益

该项目的建设有利于减少财政总体投资，提高海绵城市建设和管理水平。

12.8.4 管理效益

通过建设深圳市智慧海绵管理系统，提升对深圳市海绵城市建设工作的信息化管控，为落实项目整体有效推进提供一套创新的系统解决方案。

12.9 项目经验总结

项目难点主要体现在数据来源多样性、缺失性，系统架构复杂性和模型认

识局限性：

（1）数据来源多样性：分为动态数据和静态数据。其中动态数据（即时间序列数据）来自于不同部门存储的现有数据以及项目级别的实测监测数据。静态数据（例如管网数据、汇水片区等）也来自于不同部门，数据格式的整合以及数据接口的开发工作量较大。

（2）数据缺失性：基于海绵城市开发的理念，海绵设施建设后的径流过程应该与城市化建设前（即自然状况条件）接近，这就要求具备城市化建设前的径流数据，但是这在当前条件下是缺失的。因此如何获取类似合理的建设前数据或者采用合理的替代方法成为该项目的难点。

（3）系统架构复杂性：由于系统是基于政务外网及物联系统设计开发的，所以系统的架构不仅要能够满足系统的运行要求，还要能够兼容物联系统和各种数据接口，因此合理架构的系统设计也是项目的难点。

（4）模型认识局限性：目前对海绵城市模型的认识和应用还具有一定局限性，需要选取具有较高认知度的海绵城市模型，才能较好地进行典型项目的建模以及计算，以此作为项目物理绩效评估的重要依据。

项目的重点主要是利用科学的信息化方法，实现智慧海绵管理系统的四大主要功能：

（1）一张图总览：通过系统首页就能直观反映出海绵项目的各项指标和信息，让使用者能够简单、迅速地浏览全市总体情况。

（2）项目管理：通过有效的信息化录入和模型计算，实现海绵项目的高效管理和绩效评估，提高海绵办的工作效率。

（3）业务管理：围绕海绵城市建设，对各单位摊派的海绵城市建设相关政策制定、标准制定、制度保障等进行信息化管理，进而推动海绵城市建设的落实。

（4）绩效评估：科学地评估各个部门年度任务执行情况，做合理的绩效分析。

项目中可复制推广的经验：

（1）系统完全按照深圳市海绵办的工作任务进行开发。海绵城市建设工作是国务院下达的任务，住房和城乡建设部统一部署，各市的工作基本相同，容易复制到其他省市。

（2）海绵城市绩效评估部分是基于《海绵城市建设评价标准》GB/T 51345—2018开发的，评价方法标准、科学，可直接应用于全国所有地方的海绵城市建设评价。

（3）数据库设计工作是基于深圳市相关标准开展的，但各个地方的标准差异性不大，在别的城市交付时只需要做少量修改即可。

业主单位：深圳市节约用水办公室

设计单位：深圳市华昊信息技术有限公司

建设单位：腾讯云计算（北京）有限责任公司、深圳市城市规划设计
研究院有限公司、深圳市创环环保科技有限公司

案例编制人员：腾讯云计算（北京）有限责任公司：江相君、黄杰、
王岩、熊杰。
深圳市城市规划设计研究院有限公司：杨晨、任心欣、
俞露、蔡志文、孔露霆、王爽爽、陈世杰。
深圳市创环环保科技有限公司：翟艳云、赵也、杨艺、
杨宇、周晟。

13 常州市排水源头管理系统

项目位置：江苏省常州市

服务人口数量：195万人

竣工时间：2021年6月

13.1　项目基本情况

常州市排水管理处主要担负着常州市区（武进区除外）生活污水（含部分工业废水）的处理、雨污水设施规划、建设、运行、监管、污水处理费征收、接入城市管网工业排水户源头监管以及全市排水行业指导等职能，同时建立了厂站网一体化、建管养一体化管理体制，在管理模式上处在整个行业的领先地位，管理覆盖范围包括天宁区、新北区、钟楼区，服务面积达到786.16km²，服务人口约195万人。随着常州市排水管理处排水许可与源头监管工作内容和覆盖面的不断扩大，现有系统已无法满足对污水处理厂和排水户的监管要求。为了提高业务监管效率，加快推进数字化转型，常州市排水管理处启动了基于GIS和物联网技术的源头管理系统的建设工作，拟构建监管管理"一张图"、监管感知"一张网"和监管流程"一体系"的整体框架，实现源头监管业务流程中"厂—站—网—户"的全过程闭环管理，以数字化和信息化的技术手段服务日常监管工作，使日常业务更加系统化和高效化。

13.2　问题与需求分析

近些年常州市排水管理处信息化工作虽然取得了一定成效，进行了排水设施数据结构化的探索，但是与"现代化""智能化"排水许可管理与源头监管的需求相比，还存在一些差距，主要体现在：

（1）应用覆盖面不广。常州市排水管理处负责的接管审批、许可执法、源头巡检、污水处理厂监管、信用评价等监管业务缺乏信息系统支撑，同时日常管理流程复杂，不利于日常工作的开展。

（2）数据资源整合不够。管辖范围排水设施数据存储在GIS系统中，而监测数据分别存储在LIMS系统、远程监控系统、SCADA系统中，数据分散存储，管理十分不便。

（3）智慧化水平不高。源头监管者对于超标问题主要是依靠人工经验来判断，缺少智慧决策。

基于以上问题，开发数据中心系统，建立"厂、站、网、户"电子档案，将多来源、不同格式、不同空间尺度的数据进行统一集成，利用GIS技术提供数据的管理、浏览、查询和空间分析功能，为城市排水设施的运行管理提供详实全面、不同尺度、不同显示模式的基础数据支持，构建以数据管理为核心的管理模式，提升管理的科学性及智能化。将业务流程与智慧化管理相结合，开发接管审批、源头管理、许可管理、污水处理厂监管、收费管理系统，充分利用信息化手段，建立智慧业务规程，实现高效化办公，降低人工成本。同时，基于数据和业务，开发监管一张图、驾驶舱和溯源分析，建立满足实用性与可行性要求的源头溯源方法，实现污染事件应急响应高效化、溯源分析智能化。

13.3　建设目标和设计原则

13.3.1　建设目标

充分运用新一代信息技术，以提升排水源头管控能力为重点，以"数字信息全面获取、管理行为全面智能"为抓手，以业务流程优化和体制机制创新为保障，提升源头监管水平，建成监管业务数字化转型的标杆。

（1）构建监管数据中心，实现水务数据一体化；

（2）实现13项业务全部线上精细化管理；

（3）构建"监管一张图"，实现综合管控；

（4）实现源头溯源分析，及时应对突发事件。

13.3.2　设计原则

1. 规范标准，资源整合，信息共享

统一的软件开发架构、统一的数据库建设、统一的编码规则，构建源头管理系统，形成决策层、应用层之间相互衔接的标准体系，保证数据的准确性、完整性、系统性。

2. 实用先进，安全开放，动态更新

坚持以实用、安全为前提，在实施中体现源头管理系统的开放性、兼容性、可扩展性和可操作性。

13.4 技术路线与总体设计方案

13.4.1 技术路线

常州市排水源头管理系统旨在满足排水户接管审批、源头监管以及许可执法等业务的信息化管理需求，涉及源头管理系统、视频监控和远程阀门建设，并需要综合考虑现有6个系统的集成，同时预留与常州市排水管理处后续规划建设的信息化平台的对接，是一个非常复杂的集成项目。为达到项目的各项目标，就需要明晰项目的总体技术路线。

该项目采用的技术路线分为5个部分（见图13-1），按照项目进展深入，依次包括现状调查及需求分析、视频监控建设、与已建系统的对接集成、源头管理平台开发以及长效运行维护。

（1）通过对常州市排水管理处的排水设施、业务管理及信息化现状进行调研，收集和梳理业务需求、监管流程及相关排水管网、排水户、泵站、污水处理厂现有信息化系统等内容，完成现状调研和资料梳理整合。在调研分析的基础上，分析项目建设内在诉求。

（2）根据监测目标、设施分布等情况，结合现场勘察，在4个污水处理厂排放口附近安装视频监控设备，实时了解污水排放现场情况，并辅助支持源头监管及检查。

（3）构建常州市排水源头管理系统，考虑与已建系统数据的对接，设计完善的接口方案与系统集成方案，实现各类数据的集成。

（4）基于排水许可、源头监管与污水处理厂监管的日常业务信息化管理需求，进行监管一张图、数据中心、接管审批、源头管理、许可管理、收费管理、污水处理厂监管、用户权限管理、配置管理等应用系统建设，实现城市源头管理系统的规范化、高效化、科学化、智能化。

（5）制定长效的运行维护方案保障系统稳定运行。

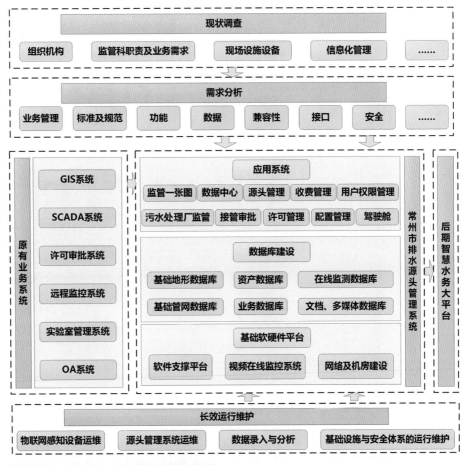

图13-1 常州市排水源头管理系统技术路线

13.4.2　总体设计方案

常州市排水源头管理系统以业务整合、互联互通、数据活力、智能管控为原则，集信息采集、传输、存储、分析、业务管理和智能管控为一体，系统总体架构采用"六横两纵"的设计与实施，其中"六横"即数据采集层、基础设施层、数据支撑层、应用支撑层、业务应用层以及用户层，由下至上完成数据的采集、传输、存储、处理、应用的过程；"两纵"为信息化标准规范体系及安全与运维管理体系，指导系统建设的全过程。基于GIS平台、在线监测技术、物联网、计算机的集成应用，构建合理、科学、实用的智慧化信息管理系统，为常州市接管审批、源头管理、许可管理、污水处理厂监管业务提供有效的智能管控平台。系统总体架构如图13-2所示。

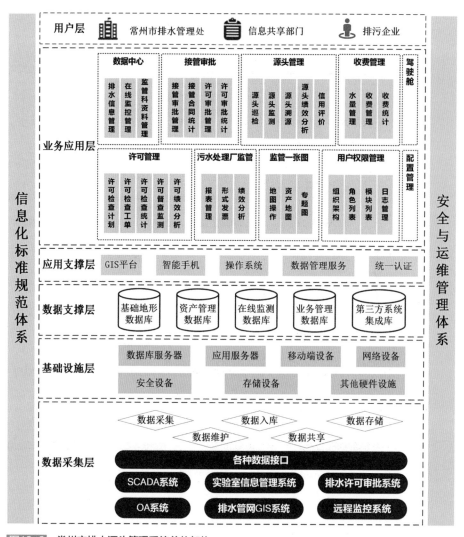

图13-2　常州市排水源头管理系统总体架构

数据采集层：一方面集成排水户基础信息数据；另一方面集成排水管网GIS系统以及排水许可审批系统中的"厂站网户"GIS数据及业务数据；同时需要开发用于对接第三方系统的数据接口，从而实现与泵站SCADA系统、远程监控系统、实验室信息管理系统、OA系统的数据集成，进一步形成集约化的，可复用的，实用的，高度完整、一致、联动的信息系统，减少重复投资和浪费。

基础设施层：是构成系统的硬件基础，主要指位于各类基层现场的软硬件平台，包括各类系统平台软件以及各种服务器及存储设备、网络设备等计算机硬件设备，为整个系统的运行维护提供最基础的支持，同时它们也是整个系统运转和使用的物理基础。

数据支撑层：通过建立不同层次的数据库，包括基础地形数据库、资产管理数据库、在线监测数据库、业务管理数据库、第三方系统集成库等，以应对不同层次的数据需求和系统需求。

应用支撑层：包括为常州市排水源头管理系统提供统一的用户管理和数据库管理的开发类支撑软件，以及为应用系统建设提供地图服务的商业支撑软件。

业务应用层：是常州市排水源头管理系统的核心，围绕排水户日常管理和污水处理厂监管高效化、科学化的目标，构建具备源头管理、许可管理、接管审批、污水处理厂监管以及智能管控等功能的源头管理系统。

用户层：是与系统直接进行交互的用户，主要包括常州市排水管理处、排污企业等其他相关部门。

安全与运维管理体系：在充分利用现有设备的前提下，加强数据异地容灾备份能力建设，为系统的数据安全、监管控制、操作行为提供安全保证。

信息化标准规范体系：依据常州市排水源头管理系统运行需求，补充制定统一的系统开发、数据更新、数据管理、数据共享、系统运行维护等制度及标准规范。

13.5　项目特色

13.5.1　典型性

利用现代信息技术，实现水务管理精细化、智慧化是当今世界城市发展的趋势。目前我国排水户的监管普遍存在数据零星分散、监管模式缺乏系统性、智慧化能力不足等问题。因此，该项目以常州市排水管理处为对象，探索排水户的智能监管和应用。

该项目形成了以数据为核心的数据管理理念，形成了排水户全闭环标准化管理的模式，打造源头管理、溯源分析、信用评价、实时监控等多功能于一体的管控平台，引领行业源头监管、污水处理厂监管、综合管控的智慧化先锋。通过该项目的实施，形成可复制、可推广的排水户标准化管理创新经验和模式，指导和推动全国排水户管理工作创新发展，对于排水户的科学监管具有指导意义。

13.5.2　创新性

（1）打造扎根于排水户管理基层业务并具有活力的源头管理系统。该系统以问题和需求为导向，针对排水户管理的接管审批、许可证办理、许可执法、源头巡检、水量收费、信用评价、污水处理厂监管、检查监测、绩效分析等业务需求，打造扎根于基层业务的源头管理系统，实现办公方式从线下办公到线上办公的转变，服务方式从被动响应到主动应对的转变，工作模式从流程复制到流程优化的转变，使得系统真正好用、易用。

（2）基于"厂—站—网—户"的拓扑数据，实现源头溯源分析。该系统以"厂—站—网—户"的电子档案为数据支撑，以监测检查业务为管理抓手，通过对"厂—站—网—户"的网络拓扑结构进行识别、分析，以及对关键监控点污染事件的自动监控，支持对污水处理厂或泵站收集系统内接管企业的水质水量进行源头溯源分析，实现对源头及污水处理厂的智能管控。

（3）落实"信用评价体系"的创新管理理念，引领排水户监管迈向新高度。常州市排水管理处凭借对排水户考核评估体系的探析和研究，率先提出在水务行业中引入"信用评价体系"的创新管理理念。该系统通过制定考核评估指标体系和开发相应业务平台，全面落实"信用评价体系"，结合源头巡检、许可执法、源头监测、预处理设施运行情况分析排水户排水信用、履约行为，以监管业务结果作为信用评价依据，以信用评价等级作为监管业务方针，实现监管与考核相依托，引领排水户监管迈向新高度。

13.5.3　技术亮点

系统采用B/S（浏览器/服务器）和M/S（手机端/服务器）混合体系结构，建立监测数据在线自动采集和集成、人工网上填报、移动端的数据现场上传等多方式结合的信息综合采集模式，在统一的平台上实现不同管理对象（污水处理厂、泵站、排水户等）的海量运营管理信息共享和关联，具备处理多源数据的能力，对给水排水设施信息数据进行统一管理，并建立一个高效率、低冗余、动态可维护的存储机制，保障数据的现势性和数据基础统一，以数据驱动业务管理、以数据分析为工作手段，最终构建以动态数据为核心的新型管理模式，实现"用数据说话、用数据决策、用数据管理、用数据创新"，从而创建基于大数据的新型管理模式。

13.6　建设内容

常州市排水源头管理系统总工期7个月（包括4个月的实施期以及3个月的试运行期），以"业务整合、互联互通、数据活力、智能管控"为原则，紧扣企业发展战略，从水务信息整体化的视角出发，以业务流程化、标准化为基础，以数据集成共享为重点，以数据活力为动力，以智能管控为支撑，以领先行业信息化高水平为目标，实现从数据零星分散向大数据资源集中的转变，从系统孤岛向系统全面集成的转变，从业务需求支撑向智能管控层面的转变，以推进高起点、高标准的"智慧水务"建设。结合常州市排水管理处的业务需求，完成驾驶舱、数据中心系统、接管审批系统、源头管理系统、许可管理系统、污水处理厂监管系统、收费管理系统、监管一张图系统、用户权限管理系统、配置管理系统共10个系统的开发。

13.6.1 驾驶舱

搭建排水源头管理数字驾驶舱，汇聚在线监测实时数据、视频监控数据、资产地理信息数据等重要信息，统计监管业务完成率、排水户水质达标率、污水处理厂污染物去除率等重要指标。通过该功能，管理人员能了解排水户的排污情况、业务完成情况以及污水处理厂处理效果情况，接收超标排污预警，把控排水系统运行情况，极大地提升了监管效率。

13.6.2 数据中心系统

数据中心系统以B/S端与M/S端相结合的方式进行"厂、站、户"基础数据采集，建立"厂、站、户"电子档案资料库以及监管资料文档库，集成"厂、站、户"在线监测、视频监控数据，提供监测报警、阀门远程控制服务，为后续管理业务提供有力的数据支撑。通过该系统解决了数据孤岛问题，实现了零星分散的数据向大数据资源集中的方向发展。

13.6.3 接管审批系统

接管审批系统（见图13-3）以业务逻辑为核心，以权限管理为枢纽，以消息中心为工具，智能搭建工作流程，支持排水户接管审批意向书、临时合同、合同、续签、变更、注销六大阶段全流程线上业务流转，并存储审批轨迹，实现了无纸化高效办公，同时提供接管审批业务的完成情况统计，辅助业务绩效分析，提升了业务办理效率。

13.6.4 源头管理系统

源头管理系统汇聚了源头全过程管理业务，包括源头巡检、源头监测、源

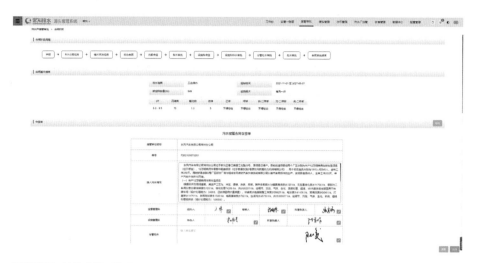

图13-3 接管审批系统界面

头溯源、源头绩效分析和国内领先的排水户信用评价体系，实现了数据与业务相融合、监管与考核相依托。

（1）源头巡检模块，以日历的形式展示巡检任务，通过B/S端与M/S端相结合的方式，实现了外部作业信息的及时上报，提高了业务的精准性、高效性。

（2）源头监测模块，汇集了合同监测、抽测、复测、调研的实验室监测数据，同时提供超标费用的自动计算功能，实现了业务与数据相融合。

（3）源头溯源模块，基于GIS技术，以地图视图将厂站网户各类资产数据和在线监测数据统一展示，实现下游超标后溯源其上游的泵站和排水户，同时，通过对多个水质设备指标在一段时间的对比分析，根据数据峰值判断污染图的迁移变化情况，实现对排水户及污水处理厂的智能管控。

（4）源头绩效分析模块，实现了排水户全部动态业务数据的集成展示，并对水量、水质、巡检、污染物浓度等重点绩效指标分别进行多属性选择查询统计分析，为污水系统提质增效提供了科学的数据支持，提高了管理水平。

（5）信用评价模块，基于信用评价体系，为排水户提供M/S端上报季度评价材料服务，为常州市排水管理处提供B/S端季度打分结果实时存储以及年度定级的线上管理服务，提升了监管的时效性。

13.6.5　许可管理系统

许可管理系统实现了排污许可证办理前的许可审批业务的线上核查办理，并支持"双随机"抽取排水户及执法人员，并进行许可执法检查，统计许可检查率和达标率，基于许可绩效分析，实现许可管理业务的全闭环管理及考核评估服务。

13.6.6 污水处理厂监管系统

污水处理厂监管系统实现了污水处理厂基本信息、运行报表、成本报表等数据的汇总，分别为4个污水处理厂提供定制化可配置的报表服务，并提供了形式发票的编制以及补贴线上会签的功能。通过绩效分析（见图13-4）对水量、水质、经济、泥量、单耗都进行了综合分析，从而严格、系统、全面地对污水处理厂运行管理状况进行监管。

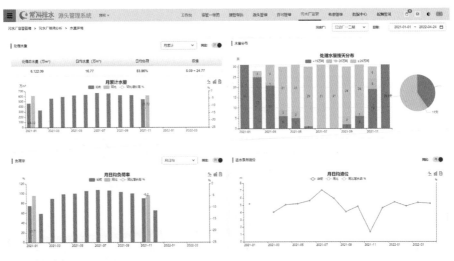

图13-4 污水处理厂绩效分析界面

13.6.7 收费管理系统

收费管理系统集成排水户全年月度用水量、排水量、自备水量，并提供M/S端的抄表功能，改善了传统的纸质抄表习惯，实现了无纸化的业务办理。系统支持自动计算污水处理费、水质检测费、超标费，并支持线上收费，极大地提高了收费员的办公效率。

13.6.8 监管一张图系统

开发基于GIS技术的监管一张图系统，以地图为载体将厂站网户等资产数据以及重点绩效指标专题图进行综合展示，实现了资产、数据、业务的全面整合，为管理层提供整体化、系统化的监管业务分析，辅助管理决策。

13.6.9　用户权限管理系统

通过用户权限管理系统可对用户基本信息及其角色权限进行管理，系统根据登录用户的账号识别其身份后，为不同的用户提供了不同的功能权限和数据权限，权限可精细至功能按钮的维度，保障了系统数据的安全性和保密性。

13.6.10　配置管理系统

通过配置管理系统可对系统参数、扩展属性数据等信息进行配置，可配置信息包括排水户属性、污水处理厂属性、污水处理厂报表、监测指标、业务流程等。

13.7　应用场景和运行实例

该系统在常州市排水管理处得到了全面应用，具体使用用户包括监管科、设施科、财务科等业务相关工作人员。依据业务实际情况，将应用场景分为排水户接管审批业务场景、源头管理业务场景、溯源分析业务场景、信用评价体系场景、污水处理厂监管业务场景、综合管控场景。

13.7.1　排水户接管审批业务

污水接管申请审批是排水户纳入管理的前提，该业务功能的开发对于排水户监管至关重要。数据中心和接管审批系统为排污企业和接管审批人员进行接管申请和审批提供了支撑平台。具体应用实例如下：首先排污企业通过移动端发起接管申请，填写基本信息，信息将自动同步至数据中心子系统；设施科汇总待接管排水户情况后，提交至监管科；监管科通过接管审批子系统分别完成意向书、临时合同、合同、续签、变更、注销六大阶段全流程线上审批业务的会签，完成排水户接管合同签订后，完善排水户基本信息，建立电子档案。以上功能实现了从线下办公到线上办公的智能化转变，效益主要体现在以下方面：

（1）由排污企业直接上报信息，改变了以往打印、邮件提交信息的传统方式，减轻了业务人员的工作负担。

（2）改变了会签时打印大量厚重的纸质版环评报告、环评批复、管网图等附件材料的传统方式，通过电子版上传，不仅实现了文件的结构化存储，还可以节约纸质办公成本。同时，减少了发送纸质文件所需的路费、通信费和人力，有效提高了办公效率并节省了大量相关办公开支。

（3）让部门之间将工作串联起来，同时处理流程上多环节的任务。这样不仅可以大大减少重复劳动，也可以方便领导对各个环节进行审核、批复、查询、签字等。

13.7.2 源头管理业务

源头管理业务是常州市排水管理处一项核心业务，主要工作包括源头巡检、水质监测、水量管理以及绩效分析（见图13-5），具体工作实例为：

（1）由源头小组制定巡检计划并执行任务，在巡检现场通过移动端上报现场检查记录、图片、录音、在线数据等，形成电子台账。

（2）监测站定期监测排放口水质，并将数据全部集成至该系统源头监测模块统一查询。

（3）由收费小组通过移动端或网页端填入排水户的用水量、自备水量、排水量等水量数据，并在收费管理模块完成污水处理费、水质检测费以及超标期间加价污水处理费的征收。

（4）分别按行业、接入污水处理厂等统计水量、水质、产污系数、水质达标情况等。

通过该系统的建设实现了外部巡检作业的及时上报，统一集成业务数据、水质数据等，避免了线下工作的繁琐，提升了业务管理的顺畅度和效率。

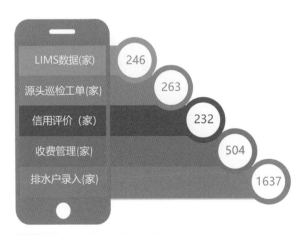

LIMS数据(家) 246
源头巡检工单(家) 263
信用评价（家） 232
收费管理(家) 504
排水户录入(家) 1637

图13-5 源头管理系统运行情况

13.7.3　溯源分析业务

通过数据中心子系统的在线监控模块对"厂、站、户"的在线监测数据进行实时查询，并能及时收到报警信息，一旦污水处理厂或泵站超标，则系统可以通过上游分析、下游分析、连通性分析以及路由分析查询到其上游的泵站和排水户，并且能够根据超标的指标缩小查询范围。同时，通过对多个水质设备指标在一段时间的对比分析，根据数据峰值判断污染图的迁移变化情况，进行源头溯源，实现对源头的智能管控，提供辅助决策依据。

13.7.4　信用评价体系

自2021年4月起，290家参评排水户可以每季度在手机移动端通过微信小程序的方式进行信息填报，这种申报模式一是有利于减轻企业负担，改变以往手工填写、打印、快递邮寄的传统方式，避免了时间周期较长的缺陷；二是有利于减少人为的填报和审核失误，提高工作效率和监管效能；三是有利于建立更加全面详细的排水户信用评价信息库，为大数据对比分析积累更多的原始数据；四是有利于完善"智慧排水"信息管理平台的架构，为城市污水处理厂的稳定运行提供保障，助力常州市社会经济又好又快高质量发展。通过建立排水户信用评价体系（见图13-6），规范排水户排水行为，建立排水户诚信档案，可促使排水户污水排放从"得过且过"到"精益求精"的转变，寓监管于服务，为城市排水安全提供强有力的支撑。

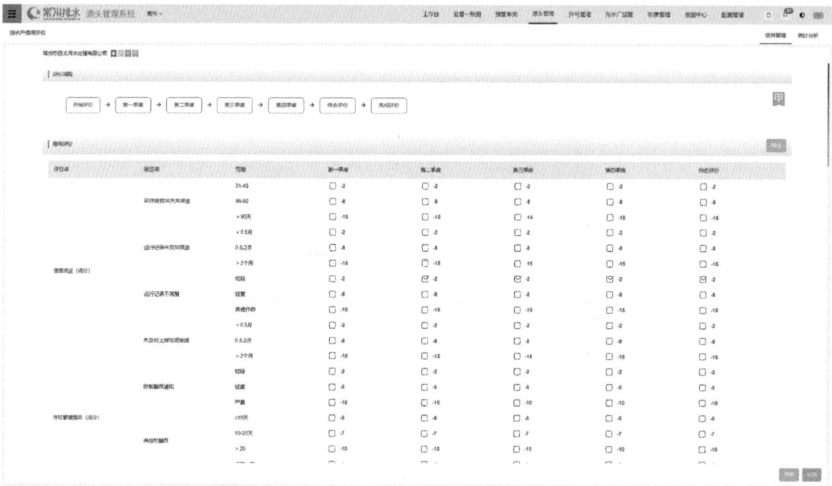

图13-6　信用评价模块界面

13.7.5　污水处理厂监管业务

通过污水处理厂监管子系统中的报表管理模块集成污水处理厂的运行报表、成本报表，实现水量、水质、污泥等数据的结构化存储，不仅支持监测设备数据与报表指标数据的关联功能，还能够导入报表数据实现数据对比，大大提高了业务人员的报表审核效率。

形式发票模块为业务人员提供了线上完成污泥运输、用电、调水、药剂等补贴的会签业务，并由系统自动计算生成形式发票，降低了人工计算的错误概率。

基于报表数据以及补贴会签数据进行污水处理厂绩效分析，统计月度、季度以及年度的水量、水质、泥量、经济、单耗等绩效指标，进而严格、系统、全面地对污水处理厂运行管理状况进行监管。

13.7.6　综合管控

通过监管一张图系统和驾驶舱，集中展示排水监管的关键信息，提高排水监管的综合管控水平。监管一张图子系统不仅集成了原有4个系统的数据以及本系统污水处理厂、泵站、管网、排水户、行政区域、产业园的GIS数据、监测数据，建立了"厂、站、网、户"电子档案，将所监管的排水户、污水处理厂的实时监测数据、业务完成率、检查达标率等数据按年度进行绩效统计，还提供了地图量算、专题分析、图层管理等地理信息管理功能，让用户在浏览资产数据的同时，把控厂站网户各类资产的运行管理效果。

驾驶舱，一是针对排水户的源头管理、许可管理、接管审批等各类业务提供统计分析功能，为管理层提供业务绩效的统计展示；二是将污水处理厂进水量和处理达标水质情况以图表形式直观展示，明确排水系统运行情况，为管理者提供优化管理辅助决策依据；同时，展示厂站户在线监测数据以及视频监控信息，直观展现排水设施实际运行情况，提升管理的时效性，为领导层提供整体化、系统化的监管业务数据。

13.8　建设成效

13.8.1　投资情况

该项目投入经费145.92万元，完成了数据库、应用系统、基础软硬件、第三方系统集成的建设以及第三方信息安全评估工作。其中，应用系统涉及10个子系统、35个子模块的开发。

13.8.2　环境效益

基于源头管理、许可管理、收费管理、源头溯源以及专业科学化的排水户信用评价考核体系，使排水户争创先进氛围日益浓厚，排水户达标排水意识普遍增强，从而减少了污染排放负荷，保障了污水处理厂稳定达标运行，明显改善了城市水环境质量和生态功能，提高了环境和生态承载能力，保证了城市水环境安全，从而促进城市经济的可持续发展，具有显著的环境效益。

13.8.3　经济效益

（1）减少了污水处理厂运行补贴费用。根据排水户排污情况，常州市排水管理处每年需向污水处理厂补贴用电、用水、除臭等费用。通过该项目的实施，加大了对排水户的监督和管理力度，排水户达标排水意识普遍增强，污染排放量减少，从而减少了补贴费用。

（2）降低了人工成本。该项目实现了监管业务全面线上办理，将各种业务管理数据、设施资产数据、监测数据等进行统一管理和维护，并对数据进行充分分析和治理，减少了在纸质数据整理、查找和核对上的人力物力投入，提高了常州市排水管理处日常监管的工作效率，降低了人工成本。

（3）减少了水环境事故造成的直接和间接经济损失。通过该项目的实施，以污水系统全过程信息采集与集成为基础，以软件平台为抓手，进行排水户超标排放报警与溯源，可以促使排污企业进行技术改进，减少污染排放负荷，从而减少水环境事故并避免事故造成的直接和间接经济损失。

（4）间接减少了排水管网及污水处理设施的维护成本。工业企业事故排放、偷排漏排、超标排放以及一些高危害有毒有害物质对排水管网以及污水集中处理系统造成了极大的冲击，导致系统不能正常稳定达标运行甚至瘫痪，造成了很高的维护费用。通过该项目的实施，进行排水户监管和工业废水超标排放报警、溯源，提高了排水管网以及污水处理设施的安全性和稳定性，极大地节省了维护成本，也避免了频繁更换或改造带来的巨额投资。

13.8.4　管理效益

创新管理模式，推动行业进步。通过建立智能化的排水户全过程监管体系，打造业务标准化创新管理模式，提升行业内源头监管标准水平，引领行业源头监管、污水处理厂监管、综合管控的智慧化先锋，推动行业监管事业、综合管控事业发展，产生管理效益。

提高工作效率，降低人力成本。通过该系统，实现了办公方式从线下办公到线上办公的转变，服务方式从被动响应到主动应对的转变，工作模式从流程复制到流程优化的转变。通过以上转变，可提高工作效率，降低人力成本。

13.9　项目经验总结

该项目从实施期开始，深入调研并分析常州市排水管理处各项业务，与监管人员共同作业，跟踪全监管流程，详细、完整、全面、综合地梳理常州市排水管理处监管业务体系，以业务为基础、数据为支撑，从而构建资产信息"一档案"、监管管理"一张图"、监管感知"一张网"和监管流程"一体系"的整体框架。

目前，智慧平台系统极多，数据结构、接口类型纷繁复杂，不便于整体性的管控，因此需要提升数据库结构设计规范性，打造智慧水务数据库设计规范体系，为水务各项业务系统的数据打通提供可能性、便利性。

基于现有的水务监管运营模式的局限性，为建设智慧水务系统造成了难点，因此需要不断提升管理运营模式，将智慧平台建设融入运营监管体系中，与时俱进，培养监管人员的"智慧"意识。对于已建设完成的智慧水务系统平台应多思考、多总结，梳理各项业务标准化规程，构建系统建设及数据库建设的标准化体系，从行业发展的角度进行智慧水务建设，推动水务行业数字化转型。

今天所实施的"智慧水务"只是万里长征的第一步，离真正的"智慧化"还有很大差距，还需要我们不断夯实信息化基础，融合智慧化新技术、新思维和新方案，引领和注入水务专业，以推进现代水务服务新目标。

业主单位：常州市排水管理处

设计单位：中国市政工程华北设计研究总院有限公司

建设单位：中国市政工程华北设计研究总院有限公司

案例编制人员：中国市政工程华北设计研究总院有限公司：王浩正、
李国强、王凯、王依竹、陆露、李麒崟。

常州市排水管理处：李光明、陈俊、张肖梅、陈明珠。

第七章 | 厂网河及一体化运行管理

14 芜湖排水系统智慧运行管理平台

项目位置：安徽省芜湖市

服务人口数量：251万人

竣工时间：2021年6月

14.1 项目基本情况

芜湖市为"长江大保护"四个试点城市之一。芜湖排水系统智慧运行管理平台项目实施前，长江大保护水务业务领域缺少专门的信息化系统，存在水务资产底数不清、感知监测覆盖不全、数据价值挖掘足、数字运营基础薄弱等系列痛点。

芜湖排水系统智慧运行管理平台建设和运行管理单位为长江生态环保集团有限公司，设计和开发单位为中国电建集团华东勘测设计研究院有限公司。该项目服务于芜湖市城区污水系统，服务面积720km²，服务人口约251万人，共有6座污水处理厂，总规模85万t/d，污水提升泵站35座，污水管网700km。其中一期工程服务于城南污水片区，面积108km²，平台开发费用1100万元。

芜湖排水系统智慧运行管理平台紧密结合厂站网一体化运行管理业务需求，采取四个一（即一张图、一张网、一中心和一平台）的总体架构，综合应用GIS、BIM、物联网、移动互联网、数值模拟以及大数据分析等技术，实现了资产管理、运行监测、运维管理、报表管理、决策支持、综合调度、安全管理、应急管理、绩效评估、公共服务十大业务应用功能，完成了"定标准，搭框架，集数据，助力厂站网运营"的建设任务。

平台显著提高了水务业务全过程管理效率，实现了从被动响应到主动应对、从传统人工到智能自动的转变，实现了精准溯源、精确诊断、精明施策、精细管理、精益治理，为芜湖长江大保护工程长治久清提供了有力保障。

14.2　问题与需求分析

水环境治理是长江大保护的重中之重，自2018年以来，芜湖和中国长江三峡集团有限公司合作，按照"流域统筹、区域协调、系统治理、标本兼治"的原则，采用"厂网河湖岸"一体化方式，共同推进城区污水系统提质增效PPP项目，努力实现长江水质根本好转。2019年以来，水环境治理项目陆续建成投运。"三分建、七分管"，亟需智慧化管理平台为工程运维赋能。

在该平台建设之前，芜湖市污水系统运营管理主要存在以下问题：

1. 水务资产底数不清

存量水务资料以图纸和文档为主，数据质量参差不齐，且分散于不同单位；排查与新建管网数据缺少可视化管理系统，造成资产数字化处理难度大，底数难以说清。

2. 感知监测覆盖不全

除污水处理厂、泵站和重点排污企业外，对管网、排水户排口、重要区域检查井等其他排水设施未建立监测体系，管理部门无法实时掌握污水系统运行状况，无法及时准确发现雨污错接乱排污染，也无法对众多污水泵站进行实时联合调度。

3. 数据价值挖掘不足

芜湖市通过管网排查等工程项目积累了大量管网基底数据，后续将陆续产生大量监测数据和运维业务数据。但由于没有专门的数据分析工具，数据价值无法挖掘，无法高效地应用于管网问题诊断与运维指导。

4. 数字运营基础薄弱

该项目建设前，芜湖市长江大保护项目没有专门的数字化管理系统，各项业务仍然大量依赖于纸质办公，无法做到数字化管理和智能化数据分析。没有专门的系统对监测数据、巡检记录等进行数字化管理，需花费大量时间去整理资料，耗时耗力。缺乏智能化手段进行外水入渗分析、问题溯源，人工排查难度大，效果不佳。

基于上述问题，芜湖市政府部门和污水系统运营单位长江生态环保集团有限公司期望建立污水系统物联网感知监测体系，采用大数据分析和数值模拟等技术，打造"全面感知、科学评估、智能预警、辅助决策"的厂站网一体化智慧运行管理平台，实现污水系统运营管理数字化、智慧化。

14.3　建设目标和设计原则

14.3.1　建设目标

该平台的建设目标是：以辅助污水"提质增效"任务的圆满完成为近期目标，打造一个规范化、精细化、智慧化的"全面感知、科学评估、智能预警、辅助决策"的厂站网一体化运行管理平台。该平台以厂站网一体化监测为基础，以大数据分析与数值模拟为智慧核心，建设满足设施设备资产管理、巡检养护、绩效考核、监测预警、综合调度等重要业务需求的智慧水务系统，提高对水务设施排查、巡检、养护、调度、监督、考核全过程的管理效率与水平，实现污水系统运维与监管工作从被动响应到主动应对、从传统人工到智能自动的全要素全过程的系统治理转变，实现精准溯源、准确诊断、精明施策、精细管理、精益治理。实现水务资产孪生、状态孪生，让看不见的看得见；实现问题诊断、污染溯源，让说不清的说得清；实现优化调度、问题处理，让管不住的管得住。

14.3.2　设计原则

该项目以住房和城乡建设部污水系统增效管网信息化建设要求及长江大保护工程智慧运营管理需求为导向，设计遵循以下原则：顶层设计，分期实施；共建共享，经济实用；全面覆盖，体系完整；统一标准，开放扩展；注重安全，确保稳定。

14.4　技术路线与总体设计方案

14.4.1　技术路线

芜湖排水系统智慧运行管理平台工程是整合物联网技术、BIM技术、GIS技术、数值模拟技术以及大数据分析等先进技术，实现管网实时监测数据和厂站运行监测监控数据汇聚管理，将业务管理流程数字化、巡检养护等运维工作流程在线化，通过建模分析做出相应的辅助决策建议，实现排水业务全过程智慧化动态管理。

平台建设思路采取总体规划、分层建设、分步实施、并行推进的策略,将建设任务分层次、分阶段、分轻重缓急开展实施建设。其中一期工程实现"定标准,搭框架,集数据,助力厂站网运维";二期工程实现"全覆盖,深应用,展智慧,全业务管理"。

14.4.2　总体设计方案

1. 总体架构(见图14-1)

系统功能规划主要以业务和技术双驱动,软件解耦、复用和标准化为思想,规划为"三域六层两体系"的功能体系架构,包括能力开放域、平台服务域和运维管理域,感知层、网络层、设施层、平台层、应用层、访问层和运维保障体系、标准规范体系。

2. 技术架构(见图14-2)

该项目依托物联感知数据、视频监控数据、监测数据和水务、气象等业务数据,以Spring Cloud Alibaba作为微服务架构底座,采用Spring Boot快速开发框

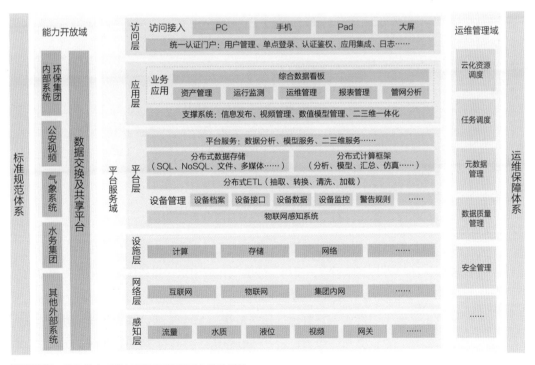

图14-1　芜湖排水系统智慧运行管理平台总体架构

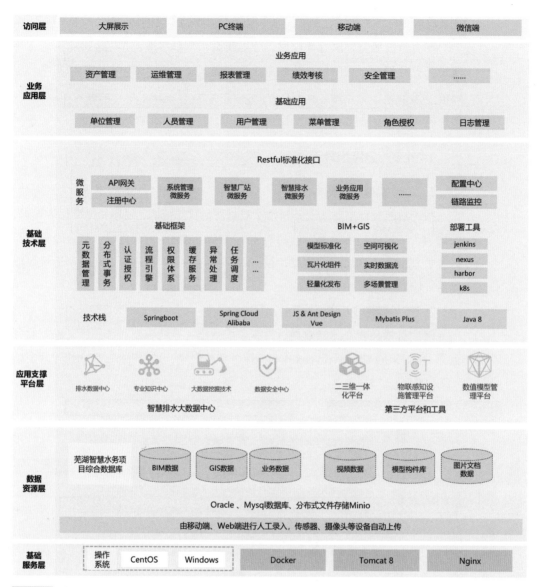

图14-2 芜湖排水系统智慧运行管理平台技术架构

架，通过构建集成统一GIS、统一身份认证、统一数据库（Oracle）技术、统一权限认证的公共支撑平台，使用主流的工作流引擎，搭建统一的应用支撑平台。

3. 功能架构（见图14-3）

该平台主要打造资产管理、运行监测、运维管理、报表管理、决策支持、综合调度、安全管理、应急管理、绩效评估、公共服务十大功能模块，针对不同用户开发网页端、移动APP、微信小程序、大屏端。

图14-3 芜湖排水系统智慧运行管理平台功能架构

14.5 项目特色

14.5.1 典型性

芜湖排水系统智慧运行管理平台项目是长江大保护首批智慧水务项目、全国黑臭水体治理示范城市重点项目、芜湖市加快智慧城市建设三年行动计划的重点工作。该项目打造的厂站网一体化智慧运行管理平台，为长江大保护智慧水务建设提供了示范。

14.5.2 创新性

基于GIS+BIM实现资产与运维可视化管理，基于物联网技术实现管网监测数据与厂站运控数据融合管理，基于数值模拟与大数据技术实现水务数据深挖应用，为长江大保护水环境综合治理工程提供了厂站网一体化智慧运行管理平台。

14.5.3 技术亮点

（1）基于GIS+BIM轻量化技术，构建水务设施数字孪生模型，实现设施资产全可视。

构建污水管网二维与三维GIS模型和污水处理厂与泵站轻量化建筑信息模型（BIM），并将设施设备属性数据、在线监测数据、运行状态数据、业务管理数据等进行有机关联与可视化展现，实现污水处理厂、泵站及管网各类数据的二/三维GIS+BIM融合数字化管理，消除信息孤岛，使水务设施资产一图可视、可查、可更新。

（2）应用物联网技术，构建污水系统感知监测网络，实现运行状态全监控。

该项目深入应用物联网技术，通过固定站点与移动监测相结合的方式，建立了涵盖网、站、厂的城市排水系统动态物联感知网，构建了水务业务感知数据标准化接口与设备基础管理功能，具备高效通信、数据采集、设备控制及实施交互、快速部署能力，支持多样化设备接入，为新建水情、工情、水质和安全监测等传感设备提供了快捷接入服务，基于实时在线监测监控数据精准识别水务系统问题、高效生成报警事件。

（3）应用数值模拟技术，构建污水管网水力水质机理模型，实现溯源调度全智能。

将管网水力与水质模型和实时监测数据分析融合，对管网传输过程的运行态势、水质状况进行动态模拟与分析，实现对污水管网系统的运行状态评估、风险识别、溯源诊断及优化调度分析。后续逐步建立污水处理厂工艺模型，最终实现厂内工艺的智能分析与药耗能耗的精准控制。

（4）采用大数据技术，构建数据分析与应用体系，实现数据价值深挖掘。

通过数据资源整合和共享，对水务业务各类数据进行梳理，形成数据资源目录体系，进行持久化数据选型，明确数据存储格式和数据分布策略，形成多维数据驱动的水务大数据中心，为水务业务运作提供高效的数据支撑。结合水务业务特点建立数据分析算法，对海量数据进行采集、计算、存储、加工，建立统一的数据标准，实现统一数据服务接口，为水务各类复杂业务场景应用提供便捷的数据服务。

（5）采用微服务架构，建立原子级服务数据单元，实现水务平台可扩展。

该项目系统采用微服务架构，内部由多个微服务构成，不同的微服务面向不同的业务，每个微服务均是独立的、业务完整的，服务间是松耦合的。各数据微服务均结合自身业务，将数据切割为原子级的业务数据单元（即数据中心的资源），提供资源最基本的CRUD（创建、读取、更新和删除）操作。系统中的运维数据、安全数据、应急信息、监测数据等相互之间在底层建立关系，通过表层应用模块实现"同一数据"的多重利用，支持业务应用系统快速集成部署。

14.6 建设内容

14.6.1 感知监测系统

建成一套性能稳定、操作方便、功能完善、切合实际、覆盖全片区的污水系统感知监测系统，实现对片区重点排水户、污水系统关键节点等从"源头—关键节点—终端"全过程进行实时在线监测，动态掌握污水系统水质、水位、流量数据，为污水冒溢预警、外水入流入渗、污水高水位运行分析等提供数据支撑，实现对芜湖提质增效工程效果的精准评估。

其中城南污水系统试点片区的感知监测系统建设内容包括：雨量计2套、液位计107个、流量监测25处（其中临测10处）、水质监测16处（其中临测10处）、智能井盖传感器监测30处。

管网监测数据、污水处理厂与泵站运行控制数据等均通过物联网平台进行汇集、清洗和集中管理。目前，已建感知监测设备数据已经通过物联网平台接入该项目平台，正在积累运行监测数据，为大数据分析、数值模型等功能的进一步实现做准备。

14.6.2 数值模型

在一期工程中，基于城南污水片区存量污水管网排查数据与新建污水管网设计数据，以及现有污水处理厂、泵站运行数据，构建污水基础数值模型。后续利用管网竣工验收数据等进行基础数值模型的修正。利用现有污水处理厂监测数据及其他监测数据，对数值模型进行初步的率定验证，后期感知监测系统建立之后，对模型进行进一步的率定验证。

在一期工程建设中，利用管网数值模型，实现现状工程下的污水系统运行状态模拟、工程改造效果评估、污水系统运行风险评估、污水系统调度优化分析等功能，基于管网GIS系统，对数值模拟结果进行可视化动态展示。

14.6.3 二/三维GIS和BIM系统

二/三维GIS平台基于Web框架搭建，提供了一个直观、操作简单的业务平台。通过接入水务设施监控数据、在线监测感知数据以此实时感知排水系统的各项设施状态，结合地理大数据、空间信息技术，采用地图可视化的方式有机整合排水业务数据，形成"排水一张网"，可将海量排水信息进行及时分析处理，生成相应的处理结果辅助决策建议，以更加精细化的方式管理水务系统的整个生产、管理和服务流程，并实现污水治理工程规划建设的可视化。

二/三维GIS平台架构包括感知层、公共基础设施层、应用支撑平台层、数据支撑层、智慧应用层和多渠道展示，并且建设了网络和信息安全体系、质量管理体系和标准管理体系。

在一期工程中，搭建城南污水处理厂与4座污水泵站的BIM模型，采用Revit2019建模，模型整体精度为LOD350。资料不完整部分采用现场三维激光扫描点云模型收集数据后建模。BIM构件编码根据运维平台需求对各阶段模型进行编制。平台采用专业的可视化编辑器HT进行BIM轻量化展示。

14.6.4 业务应用系统

芜湖排水系统智慧运行管理平台一期工程业务应用系统包括了网页端、移动APP、微信小程序及大屏端。

网页端（见图14-4）包括排水一张图、BIM应用、资产管理、运行监测、运维管理、综合调度、决策支持、报表管理、绩效考核、安全管理、应急管理、系统管理、公共服务13大模块。

图14-4 芜湖排水系统智慧运行管理平台网页端界面

移动APP（见图14-5）主要面向外业人员，同时方便管理人员进行信息查询，功能模块包括地图服务、任务管理、在线监控、报警管理、值班管理、巡视检查、工单管理、缺陷管理、运行记录、事件上报、化验日报、安全检查、统计分析等。

微信小程序主要面对社会公众，包括排水申请、报修申请、进度追踪、通知公告、治水宣传5大功能。

大屏端（见图14-6）作为对外综合展示的窗口，用于展示建设方排水业务智慧化管理的总体情况、发展历程、运维成效、取得成绩等；另一方面，大屏端也作为分析决策的应用系统，集成了GIS一张图、统计指标、模型模拟结果、大数据分析结果、BIM等信息，实现了排水要素一图全感知，为科学决策提供支撑。

图14-5　芜湖排水系统智慧运行管理平台移动APP界面

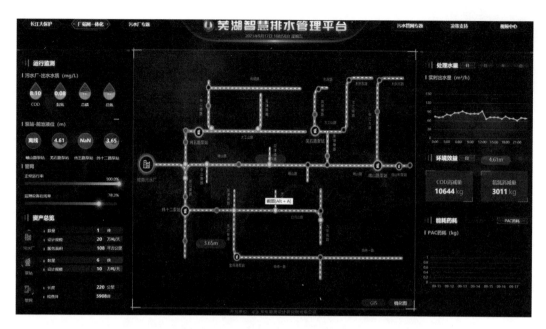

图14-6 芜湖排水系统智慧运行管理平台大屏端界面

14.7 应用场景和运行实例

14.7.1 GIS+BIM可视化模型应用场景

通过二维与三维管网GIS（见图14-7）及污水处理厂站BIM（见图14-8）可

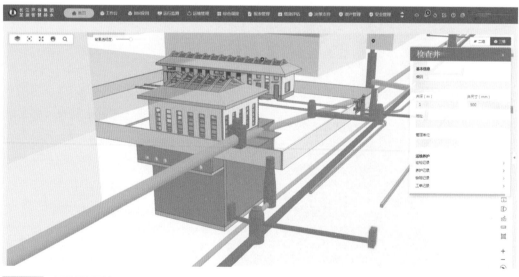

图14-7 三维管网GIS

图14-8 污水处理厂BIM应用

视化展示水务资产，巡检和运维记录实时关联到GIS和BIM系统中，可直观查看设施设备运行状态和缺陷及其处置情况。基于在线监测数据，系统自动判断管网、泵站及污水处理厂运行状态，对于超标超限情况自动发出报警。污水处理厂运维管理人员可直接在BIM上进行在线巡检，结合监测报警数据和监控视频，通过SCADA系统对污水泵站、污水处理厂工艺进行远程自动控制，实现少人值守甚至无人值守。此外，污水处理厂新员工可直接通过BIM在线进行设备操作、巡检、维修的教育培训，身临其境体验污水处理厂日常工作。

14.7.2　厂站网运维管理应用场景

运维管理系统采用移动端与Web相结合的方式，满足现场巡查人员与监控中心及时沟通信息的需要，在厂、站、网巡查过程中，现场巡查人员通过移动端应用系统（见图14-9），将巡查信息及时上传到监控中心，而监控中心的管理人员通过登录Web系统对巡查明细和统计结果进行查询和审核，及时了解巡查现场的详细信息，并对巡查作业情况进行审核，必要时可对现场巡查人员派发紧急任务，现场巡查人员查看任务后即可快速处理事故现场。在厂、站、网各类设施进行养护的过程中，可以利用运维管理系统对现场的养护信息进行记录，并将记录信息向系统进行反馈，及时在系统中显示相应的现场信息和养护工作进展，以便于指挥调度。

图14-9　移动APP巡检界面

14.7.3　基于数值模拟的管网运行状态评估与泵站优化调度应用场景

在典型降雨条件及旱天条件下，结合排水户基础数据、排水户水量水质监测数据等资料，对排水户排水水量水质进行分析，得出各类典型排水户的排水水量水质过程作为污水管网模型的输入条件，并考虑混接的雨水管道混入雨水情况、地下水入渗情况等，对污水管网的液位、流量、流速、水质等进行模拟，得出污水管网的液位分布、流速分布、充满度分布、水质分布等结果，分析评估污水管网的排水能力，基于GIS系统展示评估结果，为污水调度、污水管网改扩建、污水管网清淤维护等提供数据支撑。

基于现实的污水输移情况，通过设置不同的泵站调度方案，以充分利用污水管网调蓄空间、不出现污水冒溢出路面为主要目标，进行污水系统的数值模拟，比选得出满足污水系统运行目标且相对较优的泵站调度方案，通过SCADA系统对泵站进行远程智能控制。

14.8　建设成效

14.8.1　投资情况

芜湖排水系统智慧运行管理平台一期工程平台开发费用1100万元，管网监测设备费用850万元。

14.8.2　环境效益

平台运行后，实现了对管网和厂站的实时监测监控，第一时间发现潜在的污水冒溢风险和污水处理厂出水水质超标风险，及时采取措施防止污水冒溢与超标排放，赋能水环境治理。此外，依托智慧水务系统，进一步优化"厂网河湖岸一体""泥水并重"等治水模式，确保城镇污水全收集、收集全处理、处理全达标，让城市水环境质量日益改善。

14.8.3　经济效益

平台目前正在积累厂站运行监测数据，通过大数据手段初步分析了污水处理厂能耗、药耗的影响因子，今后随着数据的积累，将为污水处理厂能耗、药耗控制及管网精准清疏养护等提供支持，节约厂站网运维成本。

14.8.4　管理效益

芜湖排水系统智慧运行管理平台为治水工程、系统运维提供了全生命周期的智慧化服务。通过该项目平台，实现了污水系统运维与监管工作从被动响应到主动应对，从传统人工管理到智能自动系统管控，从碎片化治理到全要素全过程系统治理的转变。水务资产、运行状态等信息一目了然，让过去"看不见"的都能"看得见"。同时，实现了问题智能诊断、污染精准溯源，让过去"说不清"的都能"说得清"；并对问题处理留痕，优化运行调度，让"管不住"的都能"管得住"。

14.9　项目经验总结

芜湖排水系统智慧运行管理平台项目建设经验总结与建议如下：

（1）项目采取总体规划、分期实施的方式，一期工程实现"定标准，搭框架，集数据，助力厂站网运维"；二期工程实现"全覆盖，深应用，展智慧，实现全业务管理"，急用先行，循序渐进，避免了缺乏顶层设计造成系统架构混乱、扎堆建设造成系统功能不足或过剩等问题。

（2）物联感知体系建设方面，采用永久监测与临时监测相结合，既满足了管网运维的需求又节约了监测设备建设成本；采用物联网、大数据等技术对监测设备与监测数据进行统一分析管理，实现了多源数据的融合应用。

（3）系统无论是从方案设计还是从开发技术选型上，均充分考虑了通用性和可扩展性。利用通用化功能模块实现了污水处理厂、泵站及污水管网一体化管理；采用微服务架构等先进技术确保了系统具有良好的可扩展性，未来可根据业务发展的需要扩展相应的功能模块。

业主单位：长江生态环保集团有限公司

设计单位：中国电建集团华东勘测设计研究院有限公司

建设单位：长江生态环保集团有限公司

案例编制人员：长江生态环保集团有限公司：李巍、陈先明、程昊、黄荣敏、张浩、刘煜、成浩科、付兴伟、张殿华、曾招财、张齐飞、邵帅、张玉峰、谭啸、宋磊、刘卡。

中国电建集团华东勘测设计研究院有限公司：程开宇、岳青华、许高金、郭聪、陈敏、罗志逢、王晨宇、周国强、赵峰、赵朋晓、陈燕、李军政、赵建锋、宋征祥。

15　秦皇岛厂网一体化组团建设项目

项目位置：河北省秦皇岛市

服务人口数量：110万人

竣工时间：2020年9月

15.1　项目基本情况

秦皇岛厂网一体化组团建设项目建设单位为北控水务（中国）投资有限公司，运行管理单位为北控（秦皇岛）水务有限责任公司。该项目属于城域级、厂网一体化的排水业务链条全覆盖项目，包括4座污水处理厂（总处理规模31万m^3/d）、1座中水处理厂、2座污泥处理厂（最大处理规模500m^3/d）、51座污水泵站和423.31km排水管网，项目覆盖区域面积239.85km^2。项目将通过建立包含管网、泵站及污水处理厂的智慧水务系统，实现管网、泵站、污水处理厂的联调联动，达到厂网一体化运营的目标，解决现有泵站、污水处理厂人员紧缺，以及生产运营管理等问题；通过系统的建设和管理体系的植入，实现综合暑期防汛、生产管理、节能降耗等全方位系统性的管理提升。

15.2　问题与需求分析

通过秦皇岛厂网一体化组团建设项目，解决了泵站、污水处理厂人员紧缺的问题，提升了工作效率和运行能力，保障了运行安全；在秦皇岛暑期防汛过程中，通过精准的监测数据、防汛指令的及时下发、反馈和监管，有效提升了城市管理部门管道破裂和雨洪内涝等危机事件的应对和处置能力，最大限度地减少和避免了灾害损失，从根本上解决了以往防汛过程中的被动管理和后知后觉。此外，通过泵站和管网巡检、维修、养护等日常工作工单化、数字化，使得工作任务透明可追溯，极大地提升了管理能力；通过管网、泵站、污水处理厂之间的联调联动，基于历史运行数据结合大数据技术，依托GIS系统和管网一体化联调动态模型，实现厂网统一调度，保障厂网稳定运行，大幅提升了生产和管理效率、降低了生产运行成本。

15.3 建设目标和设计原则

15.3.1 建设目标

通过系统的建设和管理体系的植入，提升管理效率和劳动效率，将泵站、管网、污水处理厂进行有效互联，打破数据孤岛，实现厂网一体化运营的水质保障、水量均衡、水位预调3种基本模式，最终达到污水系统的自我感知、自我诊断、自我调节和自我平衡的"厂网一体化"目标。

15.3.2 设计原则

1. 先进性

平台需根据使用场景，灵活采用B/S、C/S、M/S架构，需运用目前国际主流的企业级软件开发技术，在设计思路、整体架构、开发效率、运行稳定性、数据安全、应用功能扩展等方面保证成熟领先，不容易被淘汰。

2. 实用性

平台功能需涵盖污水处理厂生产管理中最基本的层面，必须最大限度地满足管理者、操作者的实际需求，保证服务质量，采用友好直观的显示界面，分角色权限展现最为需要的数据信息。

3. 扩展性

平台需采用模块化的设计，不但要满足污水处理厂基础信息管理的需求，系统功能更可根据用户的个性需求而定制。同时可随着企业信息化程度和管理水平的不断提升，而快速进行应用方面的扩展，从而满足更高层面的需求。

4. 兼容性

平台从设计、技术和设备的选择，要确保将来能满足不同厂家设备、不同应用、不同协议连接的需求，必须支持行业标准的数据接口和协议，以提供高度的开放性。

5. 可靠性

平台要求具有高可靠性、高稳定性和足够的冗余，提供拓扑结构及设备的冗余和备份，为了防止局部故障引起整个系统瘫痪，要避免服务出现单点失效，核心服务需要支持冗余备份。

6. 安全性

信息安全性在整个平台中是一个很重要的问题，平台建设应充分考虑各个层面的信息安全，采取一定的硬软件手段控制安全性，以保证平台正常运行。

15.4　技术路线与总体设计方案

该项目根据秦皇岛厂网一体化管理的实际需求，依托相关安全保障体系和质量标准规范体系，整体规划建设形成：感知传输一张网、硬件资源一中心、数据整合一组库、管理可视一张图、智慧决策一平台。

1. 感知传输一张网

基础感知硬件是厂网项目的基础，对系统真正发挥效益有着不可忽视的作用。该项目的基础硬件包括各类水质、水量、水位传感器及视频监控等设备。利用物联网技术获取污水处理厂、泵站、管网运行状态和实时数据，如流量、液位、压力、设备状态、水质等。借助于泵站的自动化改造、传感器布设、采集设备和网络设备部署，以及运营商专线网络承载，实现在集控中心汇聚所有数据，并可下达控制指令到前端执行。

该项目的传输网络选用运营商已建的PTN有线专网，构建形成覆盖所有泵站、污水处理厂、污泥处理厂、集控中心的二层网络，全面保证数据安全、稳定传输，满足系统需求。同时，在未来布设管线传感器时，可以考虑由运营商提供无线专网，实现数据的快速、低成本回传。

2. 硬件资源一中心

前端数据的汇聚，需要有统一的数据中心提供充足的硬件基础设施资源。选取海港分中心二层房间，建设完整的数据中心，部署超融合一体机、操作终端、网络设备、基础软件等，为厂网一体化管理平台提供充足的基础设施支撑。

3. 数据整合一组库

数据资源是利用结构化、非结构化数据库，集中存储污水处理厂、泵站、管网生产运行所产生的各种数据，包括基础信息、在线监测数据、二维GIS数据、业务数据、统计报表数据等。通过统一的数据管理系统，保证数据随时、随地、随需、随意地调用和变化，为用户在厂网管理全生命周期中的使用带来更多的拓展应用。同时，将已有300km管线数据从1954年北京坐标系统转换至2000国家大地坐标系统并进行校准，核对补测管线数据，购买秦皇岛基础地图，为GIS平台提供所需的数据支撑。

4. 管理可视一张图

厂网的联合调度与统一管理，离不开全城域地理信息系统的支持，基于一张图实现可视化的管理和调度，利用定位与导航技术相结合，对现有排水设施（雨污水管、雨污水井、溢流口、污水处理厂、泵站、排水户）的数据进行普查、上图。随着数据的积累，结合数字高程、遥感等数据，可以实现管网调蓄能力、连通性和流向分析。

5. 智慧决策一平台

开发部署厂网一体化管理平台，由综合决策系统、防汛管理系统、管网管理系统、泵站管理系统、污泥处理厂管理系统、污水处理厂管理系统、厂网一体化管理系统、基础综合管理系统八大子系统构成，并开发相应的Android/iOS移动应用APP，实现移动端联动。在海量数据资源基础上，完成智慧水务大数据分析，为水务运行提供基于大数据的决策支持，建立数据驱动的智慧化运营模式。

交互媒介：用于厂网生产、管理、维护的智慧化人机交互方式构建在此层，并最终以大屏幕、PC端以及移动端APP等多种互动方式进行显示和管理。

15.5　项目特色

15.5.1　典型性

项目包含厂网一体化管理系统的开发和部署，以物联网数据平台为基础，利用先进成熟的GIS技术，结合大数据算法模型和管网运行动态模型，对厂网进行联调联动，实现厂网一体化运营模式，同时将管理模式植入系统中，为排水企业的防汛调度、生产运行、巡检养护、设备管理、日常办公等关键业务提供统一的业务信息管理平台，对企业实时生产数据、视频监控数据、工艺设计、日常管理等相关数据进行集中管理、统计分析、数据挖掘，为不同层面的生产运行管理者提供即时、丰富的生产运行信息，为辅助分析决策奠定良好的基础，为企业规范管理、节能降耗、减员增效和精细化管理提供强大的技术支持。

15.5.2　创新性

项目从管理的角度出发，将全新的管理模式植入到管理系统中，实现全部生产运营过程工单化，将生产运行、调度监控、事务处理、决策等业务过程向数字化、信息化、智能化模式迈进，提升管理效率和劳动效率，同时建设总调度中心，并按照区域划分建设5个分控中心，总调度中心总览全局，下达调度指令和决策，分控中心管理和控制各自区域内的厂站，各司其职，通过动态感知设备的部署和物联网的建设，结合大数据技术，实现了厂网的动态感知和趋势研判以及厂网一体化联调联动，达到了智能控制、稳定运行和节能降耗的目标。

15.5.3　技术亮点

厂网一体化管理系统建设采用积木式结构，组件化设计，整体构架充分考虑了系统间的无缝连接，为今后系统扩展和集成及愿景目标的实现留有扩充余量，确保系统有一定的先进性、前瞻性、扩充性、容错性、稳健性。各系统之间有机衔接，通过数据库的关联关系实现数据的共享与通存通取。平台建立在标准化、空间化、可视化的基础之上，基于GIS的厂网一体化研究和应用，运用了前沿的大数据技术和数学模型，并取得了很好的应用效果。

项目使用北斗系统的精准位置服务作为支撑，为管网管理的信息化数据提供精准的位置参数，从本质上改善了管网管理信息化的能力，为管网动态模型的建立和厂网一体化运营奠定了基础。建立智能物联网数据平台，完成对数据的统一管理，提出WEB GIS轻量化的厂网一体化解决方案，实现了各系统数据间的共享、交换和有机结合，将远程自控系统和计算机技术完美结合，通过在线监测设备实时感知排水系统的运行状态，实现泵站、管网和污水处理厂的有效互联。

15.6　建设内容

秦皇岛厂网一体化管理平台通过建立包含管网、泵站及污水处理厂的智慧水务系统，实现管网、泵站、污水处理厂联动能力，从管理的角度出发，充分考虑到各个子系统数据间的共享、交换和有机结合，以及管网、泵站、污水处理厂之间的流转和衔接更加动态流畅，通过系统的建设和管理体系的植入，在未来可实现厂网一体化，综合提升暑期防汛、生产管理、节能降耗等全方位系统性的管理目标。

15.6.1　完善泵站自动化改造工程

通过泵站、管道巡检系统和生产车辆智能调度系统的建设，实现对巡检人员反映的问题以及生产车辆运行现状的信息收集、报警接收、处理、反馈等功能。完善泵站自控功能，建设专用网络，实现物联网全覆盖，实时监测泵站运行数据，实现泵站集中远程控制和自动运行。完善集中控制软件系统、监控程序、DAS数据采集软件系统，实现对泵站的管理、调度、监视、系统功能、控制参数在线修改和设置、记录、报表生成及打印、故障报警等功能。建立起区域管网一体化联调动态模型，利用大数据分析技术就水质和污染源动态等相关小流域数据进行充分分析，为运营管理人员工作提供支撑。

15.6.2　管网流量采集及信息处理

在管道重要节点和易跑冒点位增加液位流量采集器，通过与泵站运行水位联动，实现管道、泵站协同联动，达到提高管道蓄容空间、减少污水跑冒的作用。利用GIS技术中的传感器技术、卫星定位与导航技术和计算机技术相结合，对管网信息进行采集、处理、管理、分析，通过建立管网水力模型，来优化排水管网各种空间信息和环境信息的快速、机动、准确、可靠的收集、处理。

15.6.3　污水处理厂配套连通调控工程

按照统筹建设、协调运行的理念，实施各个污水处理厂配套管网连通工程，实现主管网互连互通，通过泵站与管网之间的有机调控，合理分配污水的流向，对各污水处理厂进水进行调剂，实现排水系统厂网一体化运营的水量均衡、水位预调模式，保障污水处理厂稳定生产及节能运行。

15.6.4　管网流域化监测管理工程

管网实施流域化管理，通过在终端泵站、重点用户部署物联网感知设备，实时监测排入污水的水质、水量。将各污水处理厂流域的上游管网按照集水区域和上下游连通关系划分为不同级别的管线逻辑关系，建立排水小流域划分，形成了点、线、面结合的网格化（管理）格局，以便于排入水质的源头监控和超标溯源。

15.6.5　建设排水防涝运行感知系统

建设雨量站、水位计，构建智能雨洪感知体系，加强易涝点监测，实现雨情、水情感知全覆盖；实时展示人员、物资、设备的调度情况，支持防汛资源的合理分配，达到防汛预警、提前响应的目标；在主要河道增加河道水位计，实时监测河道水位的实际情况，与管网联动调度，当汛期接到防汛预警时将合流制排水管网控制在低水位下运行，为雨水预留排水空间，以实现内涝防治和溢流污染控制的双重目标。

15.6.6　建设智慧污水处理厂

为保证污水处理厂高效、稳定运行，各时段的进水流量应尽量均衡，日运行负荷率应适中。利用管道容积蓄水自动调控泵站与污水处理厂之间入水，保证污水处理厂进水均衡，通过优化水处理系统诊断、优化水泵机组联编调度、优化曝气池节能控制等，实现生产数据实时可视化、设备养护自动化管理、系统故障实时报警、事故预案智能提示、生产报表自动统计生成等功能。

基于在线数据、数学模拟、云平台等技术融合，通过对历史运行大数据的分析和模型计算，实现对未来预测模拟。连接污水处理厂实时在线监测数据，通过模型计算，输出各工艺阶段的模拟水质、泥质、能耗等关键参数，通过辅助决策模块，进行工艺运行评价及优化提升，针对运行异常情况诊断治疗，实现智能提升、智慧曝气、精确加药、闭环控制等功能性提升，节能降耗、减员增效，提升企业信息化管理水平，达到企业资源合理配置，实现企业经济效益最大化。

15.6.7　建设厂网一体化管理平台

在GIS技术产生的海量数据资源基础上，完成"智慧水务"的大数据分析及大数据平台建设，为水务运行提供基于大数据的决策支持。通过物联网及云计算技术实现智能化、专业化的水务生产运营管理模式，涵盖水务运营管理全流程的综合运营管理系统。将水处理的生产运行、调度监控、事务处理、决策等业务过程向数字化、信息化、智能化模式迈进，将远程自控系统和计算机技术完美结合，通过数据采集设备、无线网络设备、智能采集终端、水质检测传感器、压力传感器、流量计、智能水表等在线监测设备实时感知排水系统的运行状态，将管网、泵站、污水处理厂进行有效互联，打破信息孤岛，改变现有各业务系统分散工作的局面，解决管网漏水、爆管、防汛期间水位监测、污水水质等运营信息的管理问题，为企业的运营、调度指挥、分析决策提供有效的数据支撑，实现信息共享及生产监控、管理、服务等业务的数字化、可视化与联动化，最终建成智慧水务一体化管理平台，使企业的人力、物力、信息等资源实现共建共享与互惠互赢，以更加精细和动态的方式实现排水系统的智慧管理。

15.7　应用场景和运行实例

15.7.1　泵站集中控制

通过自动化改造，提升自动化水平，开发泵站集中控制系统（见图15-1），对泵站进行远程控制和多系统联动，远程控制时，泵站自动化系统提供站内设备的基本联动、连锁和保护控制，各级控制的采用和功能配置满足泵站自动化运行要求、维护要求、管理要求和工艺要求。泵站采用的是本地自动控制和远程调节相结合的方式，分级控制，一级为现场控制级，由专业工业PLC直接控制现场设备；另一级为管理级，由专业工业控制计算机负责泵站的实时运行操作及实时报表和监控等任务。

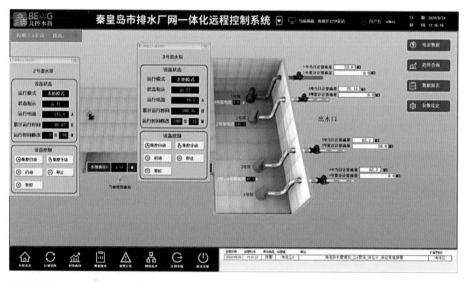

图15-1　泵站集中控制系统界面

15.7.2　泵站和管网运行管理

泵站的运行管理系统是集控制、运行、管理于一体的系统。针对泵站的相关业务，系统对泵站的运行状态进行了实时监控，并且对运行数据进行统计和查看，支持泵站的远程调度和联合调度。系统功能包括：泵站实况检测、泵站联合调度、告警管理、泵站工单管理、巡检管理。系统不但可以提高泵站的管理效率，也可通过实况检测和巡检管理等方式大概率避免工作疏漏情况的发生。

管网综合管理系统主要是协助管理日常管网的运维，可以使排水管网的管理水平、管网分析、规划设计、优化设计等方面都更加高效科学。系统可以汇集雨水管网和设施以及与基础地形相关的空间和属性数据，完整表达城市排水设施的空间关系。针对管网相关业务，实现管网数据管理、管线数据更新、管网巡检及养护等。系统通过记录管线数据的更新和巡检养护等数据，可以系统地管理设定管网的养护周期。

15.7.3 全要素数据感知、"智慧排水"一张图

厂网一体化集中调度管理需要对管网、泵站、污水处理厂、污泥处理厂等业务单元的运行状况有客观的了解。"智慧排水"一张图整合了排水系统的相关信息，结合大数据分析、多维比对等手段，为实现"智慧排水"提供综合有效的决策因子。系统使用基于高精度地图的直观展示方式，集合地理位置点位直接显示污水泵站、雨水管网、管网数据、污泥处理厂数据、污水处理厂数据、检查井数据等相关信息。展现内容包括全局数量统计、排水量统计、各个污水处理厂进出厂的实时数据、泵站的实时进水液位（单位m）和瞬时抽升量（单位m^3/h）、污水管网的实时液位、天气预报、在岗车辆和人员数量、雨量实时数据、河道水位实时数据等。另外，还结合图标、对比图、数据滚动、菜单筛选等方式突出展示重点部位的实时数据、全部防汛事件总和。在这个界面可以了解到目前的全部实况，并且可以通过点击直接跳转到具体的分项下面。

15.7.4 防汛应急指挥

通过对天气云图监测、雨量监测、河道水情监测、重点部位的实时视频和积水深度监测、车辆和人员及防汛物资的监测、泵站和管网以及污水处理厂运行数据的监测等多元数据的分析和展示，对汛情全面掌控、暴雨洪水提前预测预警、汛情综合研判、灾情及时报送、领导统一指挥、抢险调度统一指挥、公众广泛服务并与所有生产单位统一联动指挥、协同作战，实现防汛物资的合理分配，达到防汛预警、提前响应的目标。

15.7.5 厂网一体化联调分析

通过管网、泵站、污水处理厂之间的联调联动，基于历史运行数据结合大数据技术，依托GIS系统和管网一体化联调动态模型，实现厂网统一调度（见图15-2），保障厂网稳定运行，大幅提升了生产和管理效率、降低了生产运行成本。

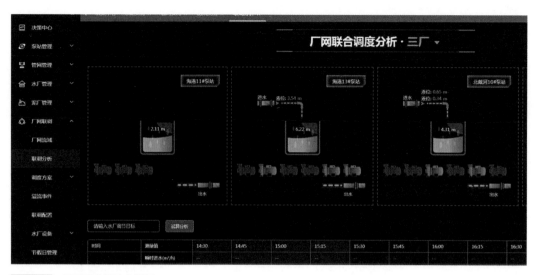

图15-2   厂网联合调度分析图

15.8   建设成效

15.8.1   投资情况

项目总投资1600万元。

15.8.2   环境效益

通过厂网运行数据的实时监测分析和排水水力模型的应用，实现厂网一体化的统一调度，保障厂网稳定运行和水质达标，大幅提升了防汛应急管理能力，着力兑现"政府放心、市民满意"服务承诺，全力守护港城的安全畅通和美丽和谐。

15.8.3   经济效益

（1）通过管网蓄容调蓄和峰谷电价差，节约动力电费。

（2）通过废除原有独立3套管理平台系统，节约平台运维费用。

（3）自动控制系统带来的应急管网泵站维护费减少。

（4）厂网联动，水质、水量稳定，污水处理厂能耗（电费）降低，原材料（药剂）减少，污水处理厂污泥量减少，污泥处置费降低。

（5）水质稳定性提高，提升污水处理厂运营收入。

15.8.4　管理效益

系统上线以来，解决了泵站、污水处理厂人员紧缺的问题，提升了工作效率和运行能力，保障了运行安全；在秦皇岛近期的3场大暴雨防汛过程中，通过精准的监测数据、防汛指令的及时下发、反馈和监管，有效提升了城市管理部门对管道破裂和雨洪内涝等危机事件的应对和处置能力，最大限度地减少和避免了灾害损失。此外，通过泵站和管网巡检、维修、养护等日常工作工单化、数字化，使得工作任务透明可追溯，极大地提升了管理能力；通过管网、泵站、污水处理厂之间的联调联动，基于历史运行数据结合大数据技术，依托GIS系统和管网一体化联调动态模型，实现厂网统一调度，保障厂网稳定运行，大幅提升了生产和管理效率、降低了生产运行成本。

15.9　项目经验总结

1. 高标准完善水务建设基础设施

由于水务业务涉及的数据和工作量快速增长，要想实现智慧水务建设的高效运行离不开对基础设施的建设和改造。稳步推进数据基础的完整性和准确性建设非常繁巨，但是又是十分必要的。

2. 污水运营管理平台架构

IT平台信息技术一旦建设后期改造的成本高、难度大，所以为适应智慧水务业务特点要灵活以及全面地规划平台的技术架构，确保业务需求可以完全实现。架构规划实现统筹发展、全局观、超前布局，为未来的技术进步预留改进空间。同时，还要建设网络安全，保障水务数据安全。

3. 引进高技术人才

智慧水务建设是一项系统又复杂的工程，涉及多个方面，要想高水平地推进智慧水务建设，在技术建设的基础上还要引进不但懂水务业务特点，还要会配合信息技术的复合型人才。鼓励高等院校、科研机构等技术人员参与智慧水务的建设和设计。建设多层次、多类型的人才培养体系，引进前沿技术人员，打造智慧水务高水平人才队伍。

业主单位：北控（秦皇岛）水务有限责任公司

设计单位：北控水务（中国）投资有限公司

建设单位：北控水务（中国）投资有限公司

案例编制人员：徐巍、郑阳

16 台州 "1+N" 组团项目建设运营

项目位置：浙江省台州市

服务人口数量：300万人

竣工时间：2020年10月

16.1　项目基本情况

水务智慧化是我国水务企业正在努力或即将实现的目标，即成熟运用物联网、云计算、大数据和移动互联网等新一代信息技术，同时对数据进行深度处理，实现信息化和运营管理的充分结合，以求支持企业模式创新和产业转型升级，助力企业获得长远发展竞争优势。

台州 "1+N" 组团项目涉及北控水务集团有限公司（以下简称"北控水务集团"）旗下浙江省台州市黄岩江口、路桥中科成、黄岩院桥、路桥滨海4个污水处理项目5家项目公司，服务人口约300万人。2018年初运营规模20.9万m³/d，路桥滨海二期、黄岩江口二期分别于2018年9月、12月商运，运营规模达到29.15万m³/d，组团集控中心设在黄岩江口污水处理厂。2021年接入黄岩江口三期（在建）4万m³/d，同时考虑路桥滨海三期（规划）9万m³/d，未来组团规模将达到42.15万m³/d。

台州区域项目工艺路线复杂、工艺技术类型较多、进水复杂（含有工业水），执行准IV类高排放标准，部分污水处理厂已经投运20年，针对台州区域项目的实际情况和挑战性，同时也为了充分验证"1+N"组团模式应用场景的特点，2019年北控水务集团确定在台州实施"1+N"组团项目建设。

16.2　问题与需求分析

台州区域既有区域的个性问题，比如生产工艺流程长、工艺复杂、排放标准高等特点；也有行业的共性问题，比如生产信息孤立，每个厂的中控室都需要完整的中控人员配置；运行操作功能缺失，主要靠人工现场和部分远程操作，自动调节功能少；故障和数据异常报警不及时，发现问题没有联动机制；过程监控较少，视频监视点少，图像效果差，无法实现云端显示；巡检工作量大，一般2h一次，每天6次；厂内各模块/条线独立管理，联动性差；厂际管理职能上有重叠和冗余，技术问题解决上又相对割裂难以互相指导。

针对台州"1+N"组团项目的实际情况，北控水务集团数字化研究院统筹大区、业务区、项目公司的需求和人员，成立了台州"1+N"组团项目组，通过对原有电控系统的升级改造，提高了污水处理厂本地化的执行能力；借助网络技术构建自控以及云平台的专网，实现了多厂变一厂的建设目标；同时通过云平台搭载的智能视频技术、大数据技术、工艺模拟技术、自控远程运维协同系统等持续迭代污水处理厂运营的技术决策能力；实现污水处理厂的本地化能力和云端能力的闭环，形成技术能力的集成放大，最终提高运营效益和质量。

台州"1+N"组团项目持续迭代的污水运营管理平台，包括工单功能、设备管理功能、报表功能、视频巡检系统、星级及质量评价功能以及移动APP，实现了运营工作工单化、设备管理电子化、报表系统自动化、一级巡检视频化、评价系统透明化、数据实时可视化，最终实现管理精准化、数据资源化、水务数字化。

16.3　建设目标和设计原则

16.3.1　建设目标

在建设伊始，项目确定了既要实现经济效益也要实现运营管理模式转型的总体目标，以做好标准智慧化水务排头兵、引领行业智慧化水务、打造北控水务及至行业智慧水务项目样板为建设理念。

16.3.2　设计原则

台州"1+N"组团项目设计是在开展台州各项目公司现状调研基础上，结合北控水务集团自身对该地区相关公司智慧化愿景目标的初步设想，从项目公司面临问题、技术及管理需求出发，明确各项目公司智慧化建设目标，并将目标进行细化、拆解，针对每个细化目标规划、设计相应的建设内容和实施路径，明确相关信息技术手段及相关资源要素等内容。总体上，台州"1+N"组团项目以保证项目安全稳定运行、提高生产效率、降低人工劳动强度为设计原则。

16.4 技术路线与总体设计方案

16.4.1 技术路线

台州"1+N"组团项目的技术路线如图16-1所示。

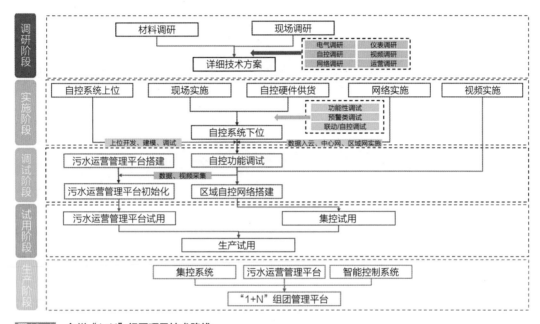

图16-1 台州"1+N"组团项目技术路线

16.4.2 总体设计方案

台州"1+N"组团项目建设作为一个试点性的工作，建设之初从顶层设计到基础建设进行了详细的技术路线规划，整体架构如图16-2所示。

（1）夯实基础：污水处理厂做智慧管控升级既需要自上而下的顶层设计也需要自下而上地解决问题，寻找最佳匹配性的解决方案。智慧管控有一个基础性条件，就是数据的准确性和完整性，由于自控、电气、仪表的安装、维护等原因，原有污水处理厂面临基础数据不全、不准的问题，没有稳定可靠的仪表和设备数据基础，智慧管控系统无从谈起。台州"1+N"组团项目通过对原有电控系统的升级改造，提高了污水处理厂本地化的执行能力，这一部分是台州的单厂自动化建设内容。

（2）资源高效集约：这里的资源不仅包括污水处理厂内的设备资源，还包

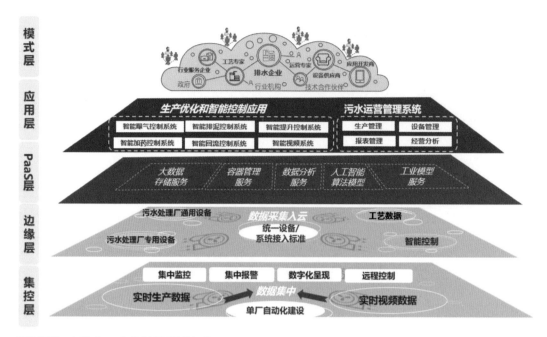

图16-2 台州"1+N"组团项目整体架构

括水务公司的人力资源，高水平人才团队通过技术平台和管理工具集中管理多个项目，利用物联网技术对水务网络进行改造，实现成熟稳定的自控专网和云端网络的建设，实现了多厂变一厂的建设目标，这一部分是台州"1+N"组团项目的集控中心。

（3）管理协同：要实现智慧水务建设，应采用高效的协同管理方式，将污水处理厂的静态数据和动态数据等统一建立一个完整的数据平台，根据实际使用需求，设备管理、工艺运行管理、绩效管理、化验管理、报警管理、考核管理等可以从统一的数据库抽取需要的数据自动完成管理动作，使管理更加便捷，操作人员使用系统进行水务操作也将变得更加高效，这一部分是台州"1+N"组团项目的污水运营管理平台。

（4）智能巡检：线上巡检+线下巡检，优化巡检工人工作内容，提高工作效率，线上巡检通过模式标准化，执行基本巡检和深度巡检，设备运行和工艺巡检点打开点位NFC卡通过颜色合理区分，这一部分是台州"1+N"组团项目的智能巡检以及人员定位系统。

（5）实现数据填报自动化：未建设智慧水务系统前的传统水务填报数据依赖大量的人力物力资源完成，我们提出要实现数据填报的自动化，解放传统的数据填报方式。全面采集包括中控系统的运行数据、设备数据、化验数据、现场巡检数据、城市水务的基础数据等建立一个统一的数据库合集，根据业务需要可以随意调用数据，这一部分是台州"1+N"组团项目的自动报表系统。

（6）智能控制：在完整、准确的数据基础上，通过"经验+模拟+前馈+大数据"方式建立起来的模型进行数据预测，提前做出合理的预判，包括按需曝气、智能加药、智能提升、智能回流，实现生产稳定、高效运行，这一部分是台州"1+N"组团项目的智能控制系统。

16.5　项目特色

16.5.1　典型性

2018年2月，北控水务集团提出向轻资产化转型，首次发布"双平台"战略（资产管理平台、运营管理平台）——把北控水务集团打造成为领先的专业水务与环境基础设施投资机构和卓越运营的多业务运管平台。台州"1+N"组团项目建设是北控水务集团打造卓越运营的多业务运管平台不可或缺的环节。

台州组团智慧水务平台深度融合了现代物联网技术、大数据技术、污水处理相关模型，通过管理模式、运营模式调整，大胆创新、先行先试，实现了集约化管控、智慧化运营，有利于充分提高运营效率、节能降耗、提质增效、减员增效，从而实现整体运营品质提升。

16.5.2　创新性

台州"1+N"组团项目从概念提出到落地实施再到投入运行每个环节都有创新。

（1）概念创新：首次提出组团的概念，打破了原有单厂管理模式，将分散管理变为远程集中管理。以技术手段加持管理能力，提升运营能力和管理效益。

（2）设计创新：将各专业进行技术能力深度挖掘融合，实现了视频系统与自控组态系统的结合，打通了自控系统和运营管理系统。

（3）建设模式创新：改变以往单方组建建设团队进行项目建设的组织架构，形成自上而下的建设管理体系，团队中包含了集团、大区、业务区、项目公司各个部门的人员，从而使项目建设更加顺畅。尤其是项目公司人员在项目建设过程中全程参与其中，达到了以建带练的目的。

16.5.3　技术亮点

1. 自控系统标准化开发

自控系统标准化开发的核心理念就是不论在何种自控平台下，同类设备要使用相似的程序逻辑并具备同样的程序功能。污水处理厂接入自控系统的信号主要来自仪表和设备，仪表根据接入信号的不同可以分为流量计和其他仪表两类，其中流量计侧重于瞬时流量显示和累计流量计算功能，其他仪表侧重于数据显示和报警功能；设备根据性质不同主要分为回转电机类设备和阀门设备两类，其中阀门根据性质和信号接口不同又可分为电动阀、气动阀（电磁阀）和调节阀等。

2. 网络技术

台州"1+N"组团项目依托于国内主流运营商的网络传输能力，在各厂之间搭建了一套安全稳定的专用传输网络。因污水处理厂管控数据的特殊性需求，运营商为厂内定置了专属、封闭式网络，既可保障数据的安全性，又可保障数据稳定、快捷的传输，从而将原有的一个个信息孤岛连接成了一个互联互通的整体。同时，为保障安全，在各厂之间建立了网络防火墙，在厂内实现了多网段控制，充分保障了整套网络系统的安全。各厂数据到达中心厂后，由专用工控设备通过专有高强度加密网络传输至北控水务集团云端，从而形成了一套厂到厂、厂到中心、中心到云的安全、稳定的集中化管控网络。

3. 智能视频系统

智能视频AI项目建设总体目标为以机器智能辅助人力监管（见图16-3、图16-4），利用前端感知设备（监控摄像头）所收集的现场数据，基于人工智能

图16-3　皮带机智能视频识别

图16-4　加药智能视频识别

中的计算机视觉及深度学习算法，依托视频大数据的分析，彻底改变过去在视频监控应用中依靠人工识别、低效率高投入的局面，避免重复劳动对资源的持续占用，借助机器智能与数据分析的力量，来解放人力、提升效能。

4. "经验+模拟+前馈+反馈+大数据"的智能控制系统

"经验+模拟"的模拟过程。利用污水处理厂设计工艺及构筑物参数建立工艺模型，如果是已经运行的污水处理厂进行提标改造，则利用污水处理厂历史运行数据，校准和验证工艺模型，并对工艺进行优化模拟，确定污水处理厂工艺优化运行参数；如果是新建污水处理厂，根据设计进水水质、水量和要求的出水水质，模拟得到不同条件下的最优运行参数。通过模拟得到不同进水条件下除磷加药投加浓度设定值。

"前馈+反馈"的控制过程。通过模拟得到不同进水条件下的最优运行参数，以及经模型计算得出加药量等，结合进出水在线数据进行"前馈+反馈"的智能控制，实现对加药量的实时控制。

"大数据"的优化过程。大数据技术的意义在于对所有运行数据进行深度分析和学习。建立了强化学习模型，能够提高系统控制的鲁棒性、减少加药泵的频繁调节，从而达到延长加药系统使用寿命和节约药耗的目的。

5. 设备全生命周期管理

使用污水运营管理平台对设备进行全生命周期的管理，从设备安装开始到整个设备报废为止，包括设备的型号、规格、厂家、安装位置、使用说明书、备品备件情况、维保周期、润滑油的品种、定时维保提醒、每一次维修的主要内容、维修的类型、委外维修的单位、费用、更换的易损件、大修等内容。设备实行工单制管理，根据维护、维修计划及时派发工单，系统自动进行工时统计，与员工绩效相挂钩，做到有计划、有执行、有监督、有考核，符合PDCA闭环管理要求。

16.6　建设内容

根据台州"1+N"组团项目总体设计方案，项目主要建设内容包括：
（1）自控系统升级改造；
（2）网络规划；
（3）视频系统升级改造；
（4）污水运营管理平台建设；
（5）智能污水处理厂系统部署。

16.6.1　自控系统升级改造

按照北控水务集团制定的自控系统标准，台州"1+N"组团项目改造完成了292台设备的远控功能，新增和改造65面配电柜或低压控制箱，新增和改造83面PLC控制柜或现场控制箱，实现全部设备的远端控制运行以及关键核心工艺的自动化运行，有效节约现场人工，提高运营效率和提供质量保障，减轻劳动强度。

16.6.2　网络规划

对区域项目公司的网络系统进行统一规划（见图16-5），同时利用成熟的、安全的网络技术，构建区域的自控系统专用网络以及云端系统的两套独立网络，实现4个污水处理厂整体作为一个污水处理厂的管理基础。

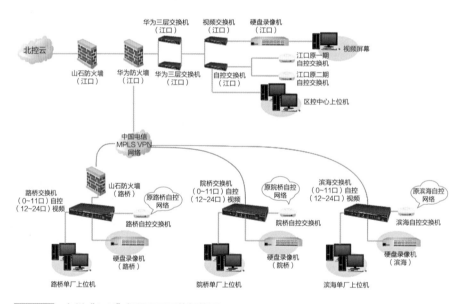

图16-5　台州"1+N"组团项目网络拓扑图

16.6.3　视频系统升级改造

项目共实施了225个视频点的建设和改造，实现工艺运行工段的全覆盖（见图16-6），视频巡检代替现场巡检；同时视频和集控系统联动，集控的设备执行动作和相关视频自动关联，实现设备启动或停止时，视频画面自动弹出在集控平台上；视频系统和现场关键巡检系统关联，现场关键二级巡检人员现场巡检打卡时，相关视频自动捕捉现场巡检人员，并自动弹出视频画面在集控中心，便于集控了解现场巡检的进展，以及确保现场巡检人员安全。

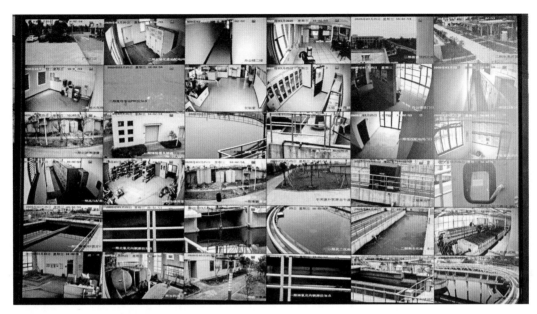

图16-6　重点单元视频全覆盖，实现远程巡视

16.6.4　污水运营管理平台建设

完成3500台设备静态数据的线上化，固定工作流程工单18个，固定报表模板16套，运营平台培训325人次，实现设备管理平台化、运营工单化、报表自动化、数据移动实时化（见图16-7）。

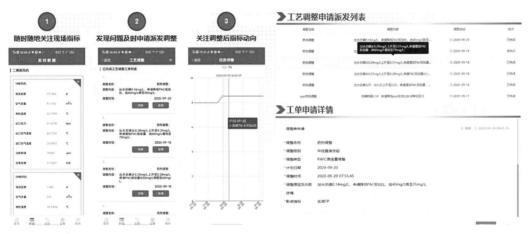

图16-7　污水运营管理平台界面

16.6.5 智能污水处理厂系统部署

部署边缘计算和云端大数据模型相结合的精确加药、按需曝气、智能提升、智能回流等智能控制系统，采用"经验+模拟+前馈+反馈+大数据"的设计思路，实现全流程的智能控制系统。

16.7 应用场景和运行实例

16.7.1 集控运行

通过自控系统升级改造，实现"全部中控室远程操作+半自动化+智能控制运行"（见图16-8、图16-9），有效节约现场人工，提高运营效率和提供质量保障；通过视频全覆盖监控系统可实现对各分厂进行远程巡视（见图16-10），降低一线基层员工的巡视频次，减轻劳动强度。

图16-8 台州"1+N"组团项目集控中心

图16-9 污水运营管理平台

图16-10 污水处理厂视频鸟瞰图

16.7.2　无纸化精细化办公

组团各厂原运行模式中各种运行记录包括工艺参数记录、巡检记录、设备参数记录、异常记录等共计13种运行记录都需要运行人员人工填报，费时费力，部分内容重复填报。通过对所有记录报表整合，借助污水运营管理平台，将所有工艺设备运行参数以自控系统自动采集的方式填入对应报表。实现线上无纸化办公（见图16-11），既提高了工作效率，增加了数据精确度，又降低了办公成本，更方便了历史数据的调取分析。

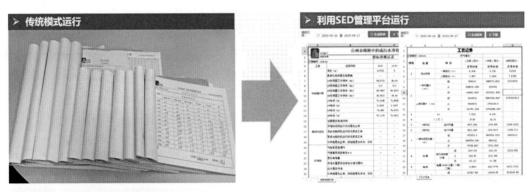

图16-11　无纸化办公的转变

16.7.3　智能巡检系统

利用移动端现场打卡巡检，发现异常立即上报并记录，引入了监督考核机制。传统模式缺少考核评价机制，无法保证运行人员及时完成各点位巡检内容，巡检质量也无法保证，而智能巡检系统则基本解决了这些问题，保证运行人员及时发现生产现场的问题，并通过系统及时反馈，消除生产异常及事故隐患。

16.7.4　精确加药系统

目前台州智慧水务组团平台完成了组团4个污水处理厂主要药剂（碳源、PAC、消毒药剂）共计12套精确加药系统（见图16-12）。加药系统可根据流量、水质、主要工艺参数与智能算法结合，在无需人工调控的情况下，达到高效、精准、实时调整各种药剂投加量，将加药成本控制在最佳状态。

图16-12　精确加药系统

16.7.5　按需曝气

根据现场实际情况，研究按需曝气的核心影响因子、各因子权重、调控周期、控制逻辑等要素，打造曝气智能控制系统，实时高效调控生化工艺段溶解氧，有效避免过量曝气，节约能耗。如图16-13～图16-16所示。

16.7.6　精确线上报警推送系统

通过引入报警系统，在相关参数超出设定阈值时，立即推送错误信息至相关责任人，避免仅依靠传统人工造成调控不及时的情况发生。

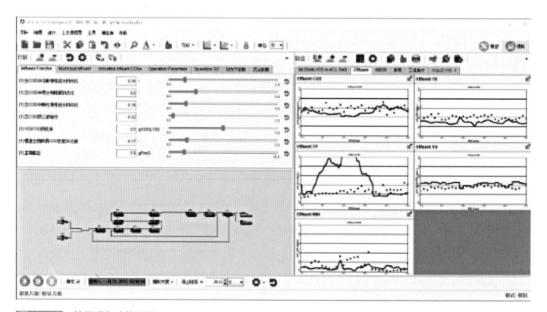

图16-13　按需曝气功能画面

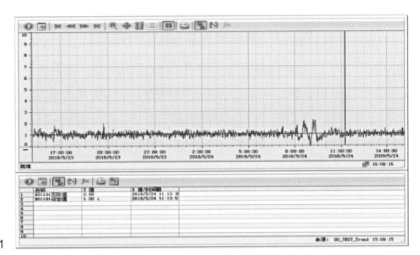

图16-14 曝气结果-1

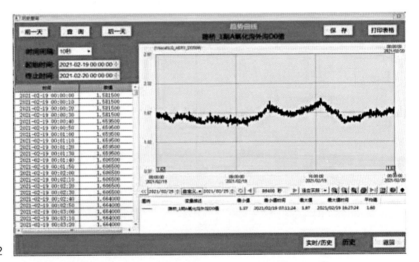

图16-15 曝气结果-2

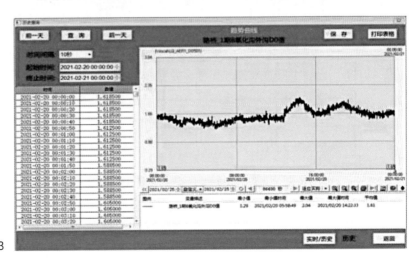

图16-16 曝气结果-3

16.7.7　疫情期间无人值守保证运行

2020年初因新冠肺炎疫情防控措施升级，部分员工不能到岗上班，通过集中控制平台可以实现部分污水处理厂少人值守或无人值守，保证了疫情期间的生产稳定性；通过远程视频监控系统，实现远程巡视，减少一线基层员工的现场巡视，对一线基层员工的安全防护发挥了重要作用；通过手机端、PC端数据和视频监控系统，实现居家办公，管理人员可以及时掌握厂内生产情况，发出调控指令指导厂内人员进行生产调控，确保稳定运行；未来如疫情再次反复仍可保证正常运行，甚至在必要情况下随时随地调整各厂工艺设备参数。

16.8　建设成效

16.8.1　投资情况

项目分两个阶段建设，第一阶段投资598万元，第二阶段投资65万元，总计投资663万元。

16.8.2　环境效益

项目建设后，通过在系统中设置数值离散报警监视、强化工艺设备稳定运行、视频巡检与现场巡检结合等手段使污水处理厂出水水质持续稳定达标。

（1）进水感知：通过在线监测和在线电导率仪实时监测进水水质及水中重金属离子含量。

（2）风险预警：监测进水水质及重金属离子含量达到相应阈值及时报警告知运行人员做出相应处理。

（3）证据固定：发现异常，视频监控系统全程视频录像，固定原始证据。

（4）应急处置：智慧水务专业运营团队制定详尽的系统恢复方案，以最快的速度恢复正常运行。

（5）在污水处理厂进水受冲击时，通过智慧水务的快速响应，有效避免了安全事故的发生。

16.8.3　经济效益

台州"1+N"组团项目在建设伊始，就确定了既要实现运营管理转型也要实现经济效益的总体目标，经过一年的运行模式探索，目前已取得了阶段性工作成果。2020年台州"1+N"组团项目节约费用共计592.65万元，其中动力成本节约140.42万元，同比2019年节约8.55%；原材料成本节约452.23万元，同比2019年节约27.01%。具体经济效益分析如表16-1所示。

经济效益分析　　　　　　　　　　　　　　表16-1

项目公司	总处理水量（万t）		1—12月份动力成本累计				1—12月份原材料成本累计			
	当年累计	同期累计	吨水成本（元/t）	同期吨水成本（元/t）	同比	节约费用（万元）	吨水成本（元/t）	同期吨水成本（元/t）	同比	节约费用（万元）
路桥中科成	3204.71	3142.71	0.1597	0.1877	−14.92%	78.05	0.1025	0.1497	−31.53%	142.16
黄岩江口	4042.85	4084.19	0.2498	0.2460	1.54%	−5.06	0.1224	0.1477	−17.13%	108.36
黄岩院桥	718.69	847.17	0.1408	0.1921	−26.70%	61.57	0.0611	0.2910	−79.00%	202.60
路桥滨海	1531.94	1265.21	0.1612	0.1998	−19.32%	5.86	0.2832	0.3422	−17.24%	−0.89
四厂总和	9498.19	9339.28	0.1969	0.2153	−8.55%	140.42	0.1370	0.1877	−27.01%	452.23

16.8.4　管理效益

通过"1+N"平台搭建，台州区域4个污水处理项目均由黄岩江口污水处理厂集控中心远程调度控制，各项目公司依据实际生产需求进行了人力资源配置，优化了人才队伍，整体较组团前已实现减员12人，精简比例9.5%，较业务区核定编制共节约编制21人，节约人工成本115.57万元。具体管理效益分析如表16-2所示。

管理效益分析　　　　　　　　　　　　　　表16-2

2020年台州区域减员增效节约人工成本汇总（业务区核定编制）		
序号	项目公司	节约编制（个）	节约人工成本（元）
1	黄岩江口	9	544290
2	路桥中科成	3	175178
3	黄岩院桥	2	74581
4	路桥滨海	7	361637
总计		21	1155686

16.8.5　疫情风险应对

（1）实现部分污水处理厂少人值守或无人值守，保证了新冠肺炎疫情期间的生产稳定性；

（2）通过远程视频监控系统，减少一线基层员工的现场巡视，有效切断病毒可能通过气溶胶传播的途径；

（3）通过手机端、PC端数据和视频监控系统，实现居家办公，管理人员可以及时掌握厂内生产情况，指导厂内人员进行生产调控，确保稳定运行。

16.9　项目经验总结

1. 基于技术标准的底层自控系统升级改造和网络建设

台州"1+N"组团项目是一个高度依托数据及网络支持的项目，对数据的准确性、完整性以及网络的安全性要求极高。这就要求在项目建设伊始就要建立完善的自控建设标准体系和网络安全标准，从而保障数据的准确性、完整性以及网络的安全性。

2. 建立完善的项目管理组织机构和沟通渠道

台州"1+N"组团项目是以N个现有项目为基础的，这就决定了其建设期需要多方进行参与，建设过程中协调沟通难度大。故而需要建立完善的项目管理组织机构和沟通渠道，提高项目建设的执行力度，降低协调难度。通过项目管理小组管理，协调整合多个部门资源，促进协同管理的顺利进行。台州"1+N"组团项目建设得到集团、大区、业务区、项目公司等部门的高度重视，全力支持和配合，保证了项目的顺利执行。

3. 建立符合项目定位的人才队伍

台州"1+N"组团项目的建设改变了传统的水务工作模式，从管理层到基层运营均发生了根本性的变化。为适应这种变化，必须要提高各层级对智慧水务工作的认识。对管理层来说需要站在更高的角度去对整个"1+N"组团项目进行管理；对基层运营人员来说需要提高自身的技能水平以适应工作模式的变化：集控中心人员必须具备较高的专业化素质；现场操作内容实现标准化，实操工应具备一专多能水平；自控仪表的增加对于仪表工、电工和设备维修工的需求增加。

4. 全面推进污水运营管理平台落地

污水运营管理平台强力支撑"1+N"组团模式的实施，为污水处理厂集约化管理提供运营管理工具，助力北控水务集团先进管理模式的落地与规模化运用。通过智慧水务运营管理系统的深化应用，能够夯实基础设施建设，实现数字化、智慧化运营管理。

业主单位：台州市黄岩江口污水处理厂

设计单位：北控水务（中国）投资有限公司

建设单位：北控水务（中国）投资有限公司

案例编制人员：李冬亮、李国栋、次胜斌

17 江苏四区县农村污水治理终端设施数字化智能运营系统

项目位置：江苏省溧阳市、江阴市、如东县、浦口区

服务人口数量：184万人

竣工时间：2020年6月

17.1 项目基本情况

17.1.1 项目实施背景

农村污水处理设施多而分散，传统运营模式信息滞后、调控能力弱、管理难度大、运行成本高，难以满足运营实际需求。与此同时，多地省住房和城乡建设厅发文要求建立数字化服务平台。中建生态环境集团有限公司积极开发"互联网+运营"核心技术，将大数据、物联网、云计算切入运营业务，对污水处理设施进行自动化系统升级，建设农村污水治理终端设施数字化智能运营系统（以下简称"农污智能运营系统"）。

17.1.2 项目主体业务领域

农村污水处理领域涉及地埋式一体化污水处理站、净化槽、排水管网、中途提升泵站以及动力电力设施。

17.1.3 项目覆盖范围

4个项目服务约25.4万户、184万人，详见表17-1。

项目详细信息   表17-1

序号	项目名称	项目总投资（亿元）	覆盖范围（户）
1	溧阳市农村生活污水综合治理PPP项目	16.3	91130
2	江阴市村庄生活污水治理及城区黑臭水体整治PPP项目	26.8	104339

续表

序号	项目名称	项目总投资（亿元）	覆盖范围（户）
3	如东县乡镇污水处理厂及农村水环境综合治理一期工程PPP项目	6.7	25577
4	浦口区农村人居环境整治提升–农村生活污水治理EPCO项目	9.8	32681
	合计	59.6	253727

4个项目的农村污水治理终端设施情况如表17–2所示。

农村污水治理终端设施情况　　　　表17–2

序号	设施	数量	单位
1	污水处理站	2754	套
2	污水管网	6213	km
3	雨水管网	219	km
4	泵站/泵井	982	座
5	检查井	744699	座
6	化粪池	192415	座
7	隔油池	220020	座
8	设备/设施就地控制柜	3736	套
9	农污智能运营系统	4	套

以江阴市村庄生活污水治理及城区黑臭水体整治PPP项目为例，运营范围东西长58km，南北长31km，涉及14个乡镇、1520个行政村，如图17–1所示。

17.1.4　主要功能

（1）通过大屏GIS/BIM全息展示、站点工艺管理、智能调度、设备管理、报表管理、统计分析、知识管理、移动APP等子系统，对农村污水治理运营工作实现全面覆盖；

（2）基于进出水水量/水质、设备工况、工艺参数等历史大数据构建工艺模型AI，智能化AI匹配当前最优工艺方案，并可远程下发指令执行；

（3）实时采集设施运行状态、现场运维人员及车辆轨迹等大数据，进行智能分析，自动派单调度巡检人员，形成闭环监管。

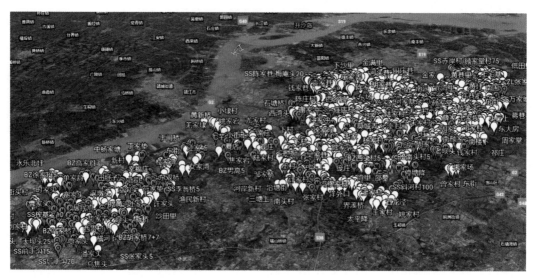

黑臭水体项目分布情况

17.1.5　实施意义

建设农污智能运营系统，响应了国家和地方政策，顺应了行业发展趋势，是紧跟企业发展战略、促进管理提升的有效措施，也是解决项目运营痛点难点、降本增效的良策。

17.2　问题与需求分析

农村污水处理设施分散度高，污水管网数量庞大，各站点出水水质达标要求高。污水水量、水质每日及季节性变化大，设备需根据处理工艺进行配置，同时工艺参数设定也需根据水量、水质变化进行动态调整。因此，农村污水处理设施的运营管理存在许多亟待解决及提升效能的问题：

（1）生产资源、能源消耗大，运行费用高。管理人员无法实时掌握工艺、设备运行状况及各个关键指标数据，如出水水质、处理水量、能耗、设备运行状态等，可能造成药剂投加过量、能源消耗大。

（2）报警信息无法实时接收和处理。缺乏对处理设施的实时监控，处理设施运行状态难以及时获取，设备发生故障或损坏无法及时得知，可能会影响排障时间，由此带来出水水质超标风险。

（3）关键指标管理人员不能实时掌握。处理设施日常操作、加药、排泥主要靠运营人员的经验，无法科学设置各类工艺参数。

（4）人工进行报表管理，统计效率低、分析结果应用滞后。报表通过人工逐个站点抄表的形式，进而人工汇总统计，统计报表内容不全、费时费力且容易出现统计错误，调取和生成报表不便捷，不能实时查看。

（5）操作人员数量多、工作地分散，标准化管理难以实施。处理设施站点分散，运行操作人员数量多，标准化作业监督、管理困难，难以科学进行绩效考核。

（6）缺少对事件的全过程跟踪与记录，无法追溯总结。处理设施现场无监控系统，存在被破坏、盗窃等潜在安全隐患。当发生应急事件时，从问题上报到解决缺乏闭环管理。

17.3　建设目标和设计原则

17.3.1　建设目标

（1）全过程、多维度地直观展示，实时监测关键数据，AI工艺模型精准调控，保障出水水质达标；

（2）智能优化巡检管理，实现报表自动统计分析、站点无人值守；

（3）精确控制电耗、药耗，降本增效，提升盈利能力。

17.3.2　设计原则

（1）可靠性：确保系统具有较高可靠性，以保障设施正常运转。

（2）安全性：确保设备、数据、网络、平台及软件安全。

（3）容错性：避免误操作造成系统崩溃等恶劣影响。

（4）适用性：充分考虑使用者的场景需求。

（5）可扩展性：采用组件化的平台构建系统。

（6）先进性：采用国际先进成熟技术。

（7）易操作性：人机界面友好，并提供完备的帮助信息。

（8）兼容性：为多平台联通提供兼容接口。

17.4　技术路线与总体设计方案

17.4.1　技术路线

农污智能运营系统结构拓扑如图17-2所示。

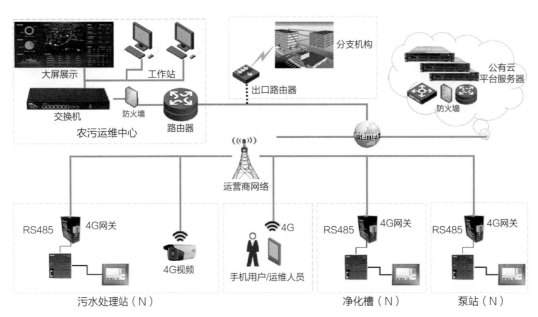

图17-2 农污智能运营系统结构拓扑图

（1）通过农污智能运营系统对下辖村镇的污水处理站、一体化泵站、净化槽、提升泵站等农污设施进行设备运行工况数据采集及视频监控。

（2）采用公有云方式对所监测的设备运行状态进行统一监督与管理，加强数据的联通性，提升信息共享效率。

（3）通过农污智能运营系统对设备状态进行分析并对异常工况提前给出预警，当设备出现预警时通过资源调配优化巡检维修人员调度，第一时间自动给出解决方案。

（4）通过云平台将生产监控与运行管理有机结合，以云平台作为企业管理层和现场自动化控制层数据共享、分析、交换的基础平台，全面提升管理效率和运营水平。

17.4.2　总体设计方案

1. 建设内容

农污智能运营系统建设内容包括硬件和软件两部分。

（1）硬件：感知层设备和运维中心基础IT设施

1）感知层设备

①现场自动化系统（PLC系统），采集污水处理站、一体化泵站的设备状态

数据、在线仪表数据等。

②智能网关，采用485接口或者以太网接口连接PLC，使用4G物联网卡通过VPDN网络发送到系统数据采集模块中进行数据处理、过滤和存储。采集频率：500ms/次，可自定义设置。

③视频监控摄像机，在每个站点设置固定室外红外4G枪式摄像机，由PLC柜体电源供电，内置128GB存储卡，本地存储时间为7d。监控视频信号通过4G网络上传至平台。

2）运维中心基础IT设施

①机房，包括交换机、存储硬盘、视频服务器等计算存储设备，防火墙、堡垒机、态势安全感知探针等安防设备以及机柜等。

②平台显示大屏，采用全彩色LED显示屏，LED多屏拼接处理器，支持4路高清信号输入同时上墙显示。

③视频会议及音频系统，包括视频会议终端平板、摄像头、音响、麦克风等。

④中央控制系统，包括中控系统主机、高分服务器、综合播控软件、触摸屏等。

（2）软件：农污智能运营系统

1）基础设施及设备管理功能。站点基础信息：站点的建设规模、设备资产、设备厂商、处理工艺、地理信息、管网信息、启用时间等。

2）水质指标及设备工况监控功能。可查看监测站点的详细信息，显示站点位置以及正常运行站点、报警站点、正在维护站点等，实时监控设备运行状态。

3）系统故障报警及预案管理功能。实时分析所有故障报警事件，并自动向相关人员推送告警消息，形成告警工单；当安全生产事件发生后快速生成行动方案。

4）设施安防与报警管理功能。安装设备防盗监控装置，及时报警并抓拍现场图片，可实现站点视频实时上传，有效防止人为对环境治理设施的破坏。

5）运行维护服务及日常管理功能。对人员考勤、车辆出行进行有效管理；运行维护人员及时提交巡检报告、工单处理报告，系统汇总巡检人员的绩效考核报表。

6）数据统计及报表分析功能。水量、设备运行状况、运维人员考核、水质检测、设备维修记录等报表。

7）备品备件管理功能。备品备件的采购入库、出库、调拨等功能，提供站点设备维护台账。

8）智慧移动终端APP。在手机上实现设施查看、位置导航、设施巡检签到、照片上传等功能。

2. 总体架构

农污智能运营系统采用面向服务（SOA）架构（见图17-3），采用B/S+M/S系统体系结构，系统程序和数据存放在服务器端，通过浏览器实现Web端和移动端的系统浏览、监控、管理等功能使用。

（1）感知执行层

为应用系统提供最底层硬件支持，提供系统运行的基础环境，保证系统能稳定、安全、高效运行。

（2）传输网络层

主要实现数据的采集、接入以及数据在系统内以及系统与系统之间的交换与传输。

（3）数据服务层

实现数据在系统内以及系统与系统之间的交换与共享。

（4）应用支撑层

为业务应用提供基础支撑。

（5）应用层

农污智能运营系统提供用于用户使用的系统功能单元，包括数据分析与业

图17-3　农污智能运营系统总体架构

务协同，主要包括大屏首页显示、站点管理、综合监控、智慧调度等功能。

（6）交互展示层

系统为用户提供多渠道的展现方式，可使用PC客户端、移动终端访问该系统，可支持大屏投放，直观呈现辖区内农污一体化处理设备、泵站、净化槽的综合运营情况。

（7）标准和规范体系

标准和规范体系是支撑项目建设和运行的基础，是实现应用协同和信息共享的需要，是节省项目建设成本、提高项目建设效率的需要，是系统不断扩充、持续改进和版本升级的需要。

（8）安全和运维体系

安全和运维体系是保障系统安全应用的基础，包括物理安全、网络安全、信息安全及安全管理等。

17.5 项目特色

17.5.1 典型性

1. 项目解决的问题具有典型性

项目解决的问题是农村污水处理行业最典型的难点痛点，即设施过于庞杂分散，造成传统运营模式下信息滞后、调控能力弱、管理难度大、运行成本高、出水稳定达标难。这一典型问题也引起了国家和地方政府的重视，多地发文要求建立数字化服务平台。

2. 项目在推动智慧水务发展方面具有典型性

智慧水务的发展，从初期的自动控制系统、信息化系统，到现阶段的大数据、云计算、物联网等新一代信息技术与水务运营融合。该项目实现了"互联网+运营"核心技术落地农村污水处理这一水务细分领域，并从中获得社会、经济、环境效益和模式创新，形成了成熟的运营体系，在推动智慧水务发展方面具有典型性。

17.5.2 创新性

1. 模式创新：互联网+农村污水处理

农村污水处理具有鲜明的特点和运营维护管理难点，互联网+农村污水处理运营维护是科学创新的解决方案。综合运用互联网、物联网、大数据、云计算等技术建立数字化服务网络系统和智慧运营维护管理及控制操作平台。

2. 技术创新：释放数据价值、构建竞争优势

农污智能运营系统对处理设施各类数据进行收集、归类，借助大数据、云计算等多种技术途径，对不同工艺类型的数据进行各维度分析对比，提炼各种工艺类型的优点，摸索不同水质、水量情况下的工艺参数与生产数据，形成工艺参数核心数据库。反馈数据分析结果至工艺设计、设备制造、管理优化等，形成了一套农污智能工艺参数模型库和一套农污智能工艺参数模型学习应用解决方案，释放生产数据价值，运营项目水质稳定达标，运营成本行业竞争力强，构建运营管理核心竞争优势。

3. 产品创新：打造农污智能运营系统

农污智能运营系统的数据模型建设，可实现大数据分析、比对各种工艺类型的处理设施效能，优化处理设施的各工艺段，改造具有自主产权的农村污水处理设施，实现技术创新。

通过对农污智能运营系统收集的农村污水处理设施的运营数据、技术数据进行深入分析，挖掘数据价值，通过数字化智能运营系统的运行管理，培养一批运营管理团队、运营技术团队，可开拓运营委托服务新模式，拓展公司运营新业务。

4. 业态创新：推动多业态运营管理数字化转型

目前，流域水环境综合治理、海绵城市、市政管网等业态均存在运营范围广、终端设施分散的特点，而农污智能运营系统"试验田"的成功培育为其提供了解决思路，可推广应用于以上业态，以实现企业规模经济效益。

17.5.3　技术亮点

1. AI技术应用

以深度神经网络为代表的人工智能技术为新的业务场景带来了很多可能。农污智能运营系统结合AI技术主要实现了人员入侵检测、动物入侵检测、站点异常检测、语音搜索等功能。

2. 大数据分析技术应用

通过各个站点的设备运行情况，采用大数据分析技术结合业务场景，分析最优设备商、最优设备、最佳成本比等，为后续项目的采购和决策提供依据。基于大数据技术，提供运营分析模型，如成本分析、设备运行分析、故障分析、能耗分析、趋势分析等，为运营决策和运营模式的优化提供重要支撑。

3. 智能化工艺参数模型

基于深度强化学习技术，结合大数据分析采集（包含运行数据、参数数据、水质数据等），通过不断地强化学习，产生智能化工艺参数模型，通过该模型，只需要获取当前运行数据、水质数据，即可产生最佳的工艺参数，平台系统可以自动通过远程网关调整工艺参数，大量节约运营成本。

17.6　建设内容

17.6.1　硬件和软件

1. 硬件

（1）感知层设备：现场自动化系统（PLC系统）、智能网关、视频监控摄像机等。

（2）运维中心基础IT设施：机房、平台显示大屏、视频会议及音频系统、中央控制系统等。

2. 软件

（1）农污智能运营系统，包括基础设施及设备管理、水质指标及设备工况监控、系统故障报警及预案管理、设施安防与报警管理、运行维护服务及日常管理、数据统计及报表分析、备品备件管理等功能。

（2）配套智慧移动终端APP，在手机上实现设施查看、位置导航、设施巡检签到、照片上传等功能。

17.6.2　核心点与关键节点

1. 需求分析调研

（1）需求访谈

需求访谈是面向系统用户进行的访谈式沟通，访谈对象包括但不限于公司总部运营管理人员、项目运营管理人员、巡检操作人员、项目所在地的居民等。目的是了解用户需求方向和趋势，了解现有组织架构、业务流程、软硬件环境及使用情况。访谈采用座谈会、视频会议、在线问卷等形式灵活开展。访谈后形成初步的需求清单。

（2）深入调研

在访谈阶段工作完成的基础上，根据以往项目经验以及业务专家的建议，与用户共同探讨系统的合理性、准确性、可行性等问题，草拟出需求分析报告。

（3）确认细节

对具体的流程进行细化，对数据进行确认，并提供部分原型演示系统，进行进一步讨论，最终确定形成需求规格说明书。

2. 系统设计

根据需求分析，基于功能层次结构建立系统，其中包括采用某种设计方法，将系统按功能划分成模块的层次结构、确定每个模块的功能、建立与已确定的软件需求的对应关系、确定模块间的调用关系、确定模块间的接口、评估模块划分的质量。

3. 设备采购安装

该阶段主要包括感知层设备、运维中心基础IT设施等硬件设备的采购和安装部署。

4. 平台建设

平台建设基于地理信息系统平台，融合大数据、云计算等智能化技术，集成一体化处理站、一体化泵站及处理站的自控、安防、资产管理、算法模型等多种应用数据。基于GIS、BIM、大数据分析等技术定制化研发的展示画面，可仿真展示污水处理流程，将不同维度的信息汇集到统一的3D场景中显示，集成站点管理、智慧调度、运营管理、设备管理、成本管理、报表管理、统计分析等模块。提供二次开发接口，实现农污智能运营系统的路径导航、轨迹追踪等各项专业功能。

5. 系统功能开发

系统功能开发是通过系统编码将设计阶段的设计思想用计算机语言实现。在对软件进行了总体设计和详细设计之后进行，编码把系统设计结果翻译成用程序设计语言书写的程序，因此程序质量基本上由设计质量决定。编码使用的语言，特别是写程序的风格和途径也对程序质量有较大的影响。在此阶段中，代码编写小组根据设计说明书进行系统代码开发，进行源程序编码、程序调试、编写模块开发卷宗，进行单元测试。

6. 系统测试

系统测试采用白盒测试和黑盒测试相结合的方式。通过白盒测试，熟悉产品内部工作过程，检测产品内部动作是否按照需求的规定正常进行；黑盒测试是在不考虑程序内部结构和内部特性的情况下进行测试。采用两者相结合的方式，研发部门和专业测试人员对完成的模块采用交叉的方式和各种测试工具方式进行白盒测试，系统测试组熟悉业务知识，对系统进行黑盒测试，保证测试的完整性。

7. 系统试运行

系统通过测试检测运行正常后，进入试运行阶段，以检查系统的稳定性和适用性等。在试运行期间运维团队通过熟悉系统，并根据实际业务而发现问题或错误，代码编写小组通过运维团队反馈进行及时修改，并由系统测试小组进行测试通过后重新发布新版本。在试运行过程中进一步对系统进行调整和修正，直到完全满足运营维护应用需求时，对系统进行正式部署，投入正式运营。

17.7　应用场景和运行实例

17.7.1　应用场景

1. 产品创新数字化

在上述多个项目充分应用验证的基础上，充分利用先进的信息技术，对具体业务进行深入挖掘和融入，由"服务项目"向"服务客户""服务行业"稳步推进，打造智慧农污的统一SaaS服务平台。

统一SaaS服务平台是SaaS服务的载体，可实现对不同区域、不同类型客户的SaaS服务的统一注册、管理、资源分配、多租户管理、运行维护和经营分析服务，并对客户提供统一的访问入口、账号管理、套餐购买、信息发布及客户服务等。

基于机理模型和大数据分析的智能药量计算以及基于模糊控制理论的智能控制模型，将会服务更多的用户，同时积累更多的有效数据，整体性能也将更加智能。与此同时，在系统安全防护、部署、维护、升级等方面将更加集约高效。

2. 生产运营智能化

系统将人员、车辆、备品备件、药剂等纳入统一的业务流程，根据现场实时动态监测状况、例行工作计划等，进行综合分析判断，自动生成相应工单并派发，及时消除隐患及故障，并对工单执行情况进行综合评价，最大限度地让电脑多干活、让数据多跑路，实现污水治理终端设施的无人值守及自动化运营。

3. 问题处置精准化

通过对告警/报修/巡检异常等问题数据的智能分析归类，依托知识库自动调取最佳维修办法，从而减少对个人经验的依赖，提升团队整体能力。通过人员实时轨迹精准选择与调度就近人员，基于GIS地图精准规划行车路线，提升问题响应速度、降低运维成本。

4. 环境服务社会化

系统提供微信小程序，面向公众对外发布项目基本情况、农村污水处理情况（出水水质、处理工艺等信息），提供各类污水治理终端设施维修保养及日常运维科普小知识。同时，微信小程序也作为收集公众信息的入口，收集公众针对环境问题的反馈、投诉等信息，方便运维团队第一时间响应公众诉求，减少公众事件，提升公众参与度。

5. 运营数据知识化

依托系统运营大数据，运营团队形成对最佳工艺模型、最优监控与调度策略、最合理人力配置、最优化物资调配、最佳单位运维成本以及运维管理SOP标准流程的知识积累，可对外输出数字化咨询服务，形成行业竞争优势，为农村污水治理市场进一步拓展占得先机。

6. 用户服务敏捷化

系统实时监测设备运行状况，当监测指标异常时自动预警/报警，并派发工单。运维人员第一时间处理异常，使村民享受无感化、无扰化服务。当社会大众发现设施设备异常时，可通过热线、微信小程序等方式快速、便捷地进行反馈；系统自动生成工单并派发给附近的工作人员，以最快的速度响应社会关注。

17.7.2　运行实例

以浦口区农村人居环境整治提升–农村生活污水治理EPCO项目为例，项目运维中心大屏如图17-4所示。

图17-4　浦口区智慧农污平台

1. 综合展示

平台展示辖区内所有农污站点位置分布及污水处理数据（见图17-5），进入站点后可仿真展示污水处理流程以及该站点的基本信息、水质数据、监控视频和设备运行状态。

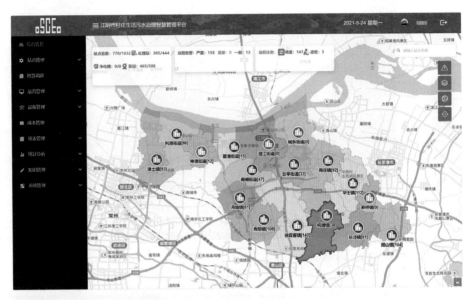

图17-5　农污站点位置分布情况

2. 站点监控

点击即可查看该站点的定时监控图片和实时视频，其中图片监控支持通过日期查询监测站点状态图片（见图17-6），站点实现无人值守。

3. 工艺管理

组态画面中直观展示各个工艺环节的工艺运行信息以及所有在线设备的运行状态（见图17-7）。

4. 智慧调度

调度管理主要以迁徙图的形式展示各镇域范围内生成的当前调度任务和已归档的历史调度任务。调度任务来源主要包括设备告警产生的调度任务、报修产生的调度任务、定期巡检异常产生的调度任务。以上三个维度生成的任务都将触发调度管理模块，并生成一条调度指令，自动生成调度工单。

迁徙图上各镇图标不同颜色代表生成的调度任务数量级别不同，点击镇图标弹框显示该镇生成的具体调度任务条目信息，可根据筛选条件进行筛选；点

图17-6　监测站点状态图片

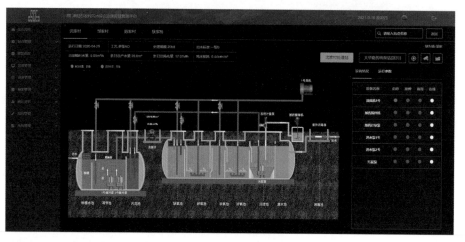

图17-7　工艺流程展示

击调度中心弹框显示所有调度任务条目，如图17-8所示。

5. 设备管理

主要对农污项目中使用的全部设备、仪器仪表、传感器等进行维护管理；同时对设备的采购、安装、运行、维修、保养、报废等全过程管理进行数据记

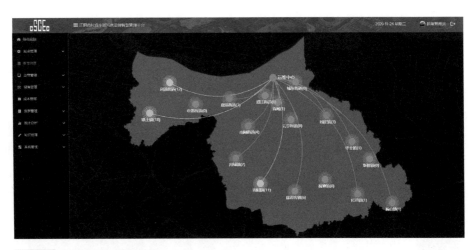

图17-8 智慧调度系统迁徙图

录，形成包含动态数据在内的全生命周期的设备资产管理档案，为分析设备运行、改进维修对策等提供方便。设备管理模块包括库房管理、在线设备管理、采购管理、设备供应商管理等功能。

6. 成本管理

主要以列表的形式记录展示了人工费用、动力费用、药剂费用、维修费用、管理费用、其他费用等维度产生的成本费用。

7. 统计分析

平台内置了内容丰富、形式多样的统计分析报表，实现了常规的上报、下载、更新、归档等操作。报表管理主要包括能耗报表、化验报表等信息。从不同维度对平台中各类数据进行汇总统计，包括能耗统计、告警统计、巡检统计等信息。能耗统计如图17-9所示。

8. 知识管理

将巡检人员、技术人员、维修人员处理的问题结果形成知识文档，便于下一次出现同样的故障或问题时参考借鉴。知识管理模块主要包括知识词典、考试管理、培训管理等。

9. 系统管理

系统赋予用户系统管理员根据管理的需要，对用户所属的信息监管平台进行配置、控制和管理，包括用户登录管理、权限控制管理等功能。

10. 智慧移动终端APP

用户不仅可以通过Web浏览器来完成所有功能的使用，系统也支持APP访

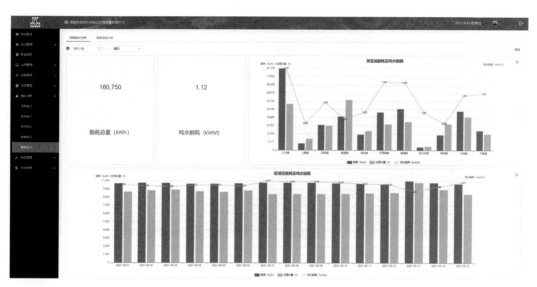

图17-9　能耗统计分析

问，并采用最新的即时通信技术实现高效信息传递，以达到方便快捷的实时管理效果。管理人员可以通过手机客户端实时查看现场检测设备运行状况及各项检测指标，让管理人员不在现场就能够随时了解现场场景，运行维护管理人员巡检各监测站点设施时，可及时提交巡检维护信息，各级管理人员方便查看各个设施实时运行状态，帮助实现随时随地可视化管理。

17.8　建设成效

17.8.1　投资情况

四区县农村污水处理项目总投资达到59.7亿元，共计建设运营2754座污水处理设施、982座污水泵站等终端设施，其中4套数字化智能运营系统共投资9000万元。通过系统催生出数字化管网运维管控系统建设项目。

17.8.2　环境效益

1. 水质稳定达标，改善农村人居环境

通过农污智能运营系统，促进了农村污水处理设施运营管理能力提升，促进了农村污水治理公共基础设施建设，促进了农村垃圾污水治理、村容村貌提升，让乡村建设得更加美丽，切实改善了农村人居环境。

2. 减少碳排放

农村污水治理终端设施可通过农污智能运营系统实现电力、药剂、车辆燃油等多方面的节能降耗。与传统模式相比，农污智能运营系统实现年度二氧化碳减排约1048.74t。

3. 保障农村水安全及公共设施安全

农污智能运营系统提高了农村污水处理设施的运营维护水平，云计算进一步优化了运行参数，保障农村污水处理达标排放，保障农村水安全及公共设施安全。

17.8.3 经济效益

1. 成本效益分析

四区县利用农污智能运营系统开展运行维护管理以来，年运营成本降低了约30%，共节省约2467万元。其中，实时监控设备设施工况，可降低日常人工巡检频率，优化巡检路线和人员配置，较传统运行维护模式年度节省人力资源成本约60%，节省车辆燃油费30%；实时掌握告警情况、故障情况，可提高日常设备保养率，降低设备大修、重置费用，较传统运行维护模式年度节省设备维护保养费约15%；基于智慧化软件数据统计分析，可优化污水处理站点工艺运行参数设置，较传统运行维护模式年度节约直接动力成本约10%，节约药剂费约8%。

2. 数据资产价值化

系统长期稳定运行积累的运营数据是一个非常有用的数据资产，该数据可应用于同类农村污水处理项目，形成上下游产业发展，政府投资规划调研、农村污水治理行业研究和应用产生指导意见，通过形成不同情况下的农村污水处理项目分析报告，为有需要的企业或政府提供咨询服务，最大程度挖掘数据价值。

17.8.4 管理效益

1. 项目组织机构优化变革

新型数字化运营管理模式下，操作人员数量大幅下降，所有业务线上处理，大大提升了管理效率。组织机构优化变革前后对比如图17-10所示。

2. 运行管理模式变革

系统全方位监控各污水治理终端设施的运行状况，实现了从传统巡查运维到监控"可视化"的转变，保证各站点稳定、高效、达标运行。日常工作实现了"云管理"，通过农污智能运营系统管理人员可实时查看各项工作的进度、各

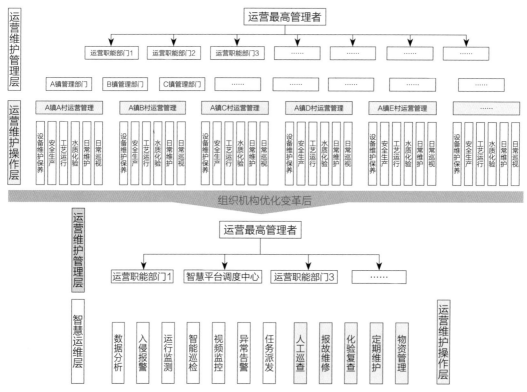

图17-10 组织机构优化变革前后对比

站点的运行状况、运维人员的实时状态，实现了各类数据的整合与统筹管理。

3. 成本管控模式变革

系统将各类成本归集统计，并利用系统的计算优势，对各项运行成本进行分析，从各个维度进行对比，根据各项成本组成权重给出优化成本措施，实现了成本的实时动态管理。

4. 设备管理优化变革

系统实现了从传统被动获取信息到可视化设备维护管理。系统实时监控设备状态，及时推送保养信息并按信息进行维保，保证设备稳定、长期、高效运行，降低维修成本，延长使用寿命，进而降低重置成本。

17.9 项目经验总结

1. 重视运营维护

农村污水处理设施体量大，建设资金投入高，建设难度大，更关键的是需要树立"三分建，七分管"理念，方能可持续提升广大农村生态环境和人居环境，实实在在为农村百姓做实事，为人民服务。

2. 互联网+农村污水处理的科学创新性

农村污水处理具有鲜明的特点和运营维护管理难点，互联网+农村污水处理运营维护是科学创新的解决方案。综合运用互联网、物联网、大数据、云计算等技术建立数字化服务网络系统和智慧运营维护管理及控制操作平台。

3. 难点之一

系统开发在具体运营维护中成功应用。污水处理工艺、工艺参数、设备运行工况、出水水质标准之间的关系，转换成农污智能运营系统开发的基础需求，并在运营实践中验证。

4. 难点之二

污水进水水量、水质随时间、季节变化，相应地调整工艺参数、设备运行工况、出水水质标准之间的关系，转换成农污智能运营系统操作和控制关系，提高污水处理达标率。

5. 发展建议

可进一步研发通用性智慧水务管理模块，并将区域平台连接起来，建设市级、省级平台，提高政府对民生工程的监管能力，降低运营成本，让地方政府建得起、用得起；通过设计代工、战略合作、股权并购等多种方式，研发农村污水治理细分业务领域专业设备，进一步降低建设期造价、提高运营期效率。

业主单位：中建生态环境集团有限公司
设计单位：中建生态环境集团有限公司、中建智能技术有限公司
建设单位：中建生态环境集团有限公司、中建智能技术有限公司
案例编制人员：郑骥、李清、吴奎、潘大印、白俊杰、张胜军、
　　　　　　　冯孝光、董豪

18 观澜河流域智慧管控系统

项目位置：广东省深圳市观澜河流域

服务人口数量：178万人

竣工时间：2021年12月

18.1　项目基本情况

18.1.1　项目背景

为积极响应市委市政府将深圳建成国家新型智慧城市标杆的号召，大力探索以云计算、物联网、大数据、移动互联网为代表的新一代信息技术与传统水务行业的深度融合，深圳开启了智慧水务建设新征程。

18.1.2　项目主体业务领域

全面感知（智能化）、态势监测（可视化）、事件预警（可控化）、精细管理（精细化）。

18.1.3　项目覆盖范围

项目覆盖观澜河流域范围内干支流、排水管网及水务设施等（见图18-1），覆盖面积246.5km²，服务人口数量178万人。

18.1.4　主要功能

（1）智能感知体系：建立水情、水质、工情、视频等多个方面感知网，为观澜河流域水污染防治、防洪排涝、人员安全管理等多方面提供技术支持和数据支撑。

（2）调度水力模型：根据观澜河全流域防洪、生态、供水的需求，研究建立不同调度模型，如一维水动力模型、污染扩散分析模型和综合效益最大化调度模型。

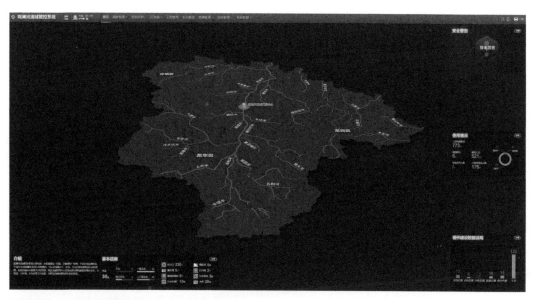

图18-1　项目覆盖范围图

（3）区块链技术应用：利用区块链技术实现从前端监测设备数据采集、传输到存储、应用的数据监管，对监测数据的清洗、率定、修改、删除等操作进行存证管理，真正实现海量数据清晰可溯。

（4）智慧管控系统：搭建流域业务流程梳理、基础数据收集、流域问题巡查督办等多功能平台，建立以"一张图+遥感影像+巡查小程序+无人机+问题整改督办"为手段的流域督查体系。

18.2　问题与需求分析

1. 涉河事件处理时间长

传统管理办法由工作人员统计问题后再进行汇总处理，造成事件反应、处理时间长。通过对流域及水务事件巡查、上报、处理、复查的全链条管理，事件处理时间极大缩短，事件过程清晰可查，历史情况查阅方便。

2. 流域水情水质动态数据掌握不及时

传统方式观测、记录数据存在观测误差、测量误差及估算、误算、误写等不可靠因素，且原始数据容易丢失。通过建设覆盖干支流的感知体系，提升流域水情感知时效性，提高防洪、防汛及水环境提升的防御能力。

3. 流域突发事件处理能力弱

在应对日常管理及突发水污染事件时，流域缺少对当前水情、雨情、工情综合判别的综合预警模型，造成流域突发事件处理难度很大。

4. 涉水服务不完善，公众参与度低

面向社会公众，建立涉及水宣传、水动态、涉水事件投诉等公共服务，提供了解流域的渠道。

5. 不同层级、部门、人员之间信息不畅

传统的解决方案中，数据通常是以中心化的方式存储，数据的可信度是由数据持有者的商业/社会信用来保证的，只能建立主观的可信，对于一些重要的领域，仍需要付出额外的成本来防范数据被恶意篡改的风险。利用区块链技术建立可信任的信息流通环境，实现动态信息共建共享。

18.3　建设目标和设计原则

18.3.1　建设目标

构建观澜河流域水文水动力模型和水质模型、大数据和人工智能模型，形成流域水资源调度方案、水环境调度方案和河道养护方案。在观澜河246.5km²的流域面积内，以物联网监控体系、一体化管理体系、区块链数据共享平台实现从观澜河流域全景展示、态势感知、预警预测、智能决策到联动指挥的联动管理，满足流域管理中心日常业务处理和统筹管理水安全、水资源、水环境和水生态等工作的需要，为智慧流域建设提供支撑。

18.3.2　设计原则

以业务需求为导向，解决流域管养工作中的实际问题，在技术上、业务上做好未来与深圳市智慧水务系统进行对接的准备。

18.4　技术路线与总体设计方案

18.4.1　技术路线

通过对观澜河流域基本情况的勘察调研，分析观澜河流域水资源、水环境、水生态和流域管理存在的不足，采用数学建模法，选择适宜的水力模型，开展水资源、水环境调度模拟，开展河道养护方案研究。该项目的技术路线如图18-2所示。

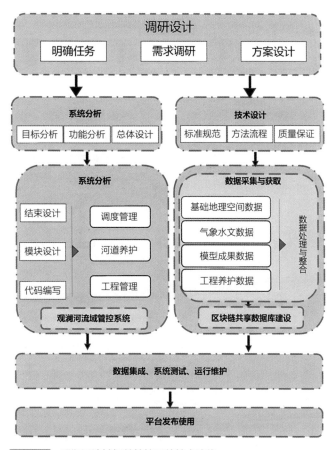

图18-2 观澜河流域智慧管控系统技术路线

18.4.2 总体设计方案

观澜河流域智慧管控系统框架结构如图18-3所示，功能结构如图18-4所示。

1. 顶层设计

按照深圳市智慧城市建设的总体部署，紧扣"六个一"的发展目标，坚持全市"一盘棋""一体化"的建设原则和"统筹规划、统一标准、联合建设、资源共享、安全保障"的工作方针，以需求为导向，以应用促发展，充分利用新一代信息技术，全面规划、统筹兼顾、突出重点、整体推进，加强资源整合与共享利用，为管理者提供科学的决策支持平台和丰富的决策指挥手段，为业务人员提供全方位的业务管理信息支撑和业务应用，为社会公众提供便捷的公众服务手段、信息获取渠道和参与途径，努力为解决水资源短缺、水灾害频发、水环境污染、水生态恶化等突出水问题和民生水务发展新需求提供有力支撑，

图18-3　观澜河流域智慧管控系统框架结构图

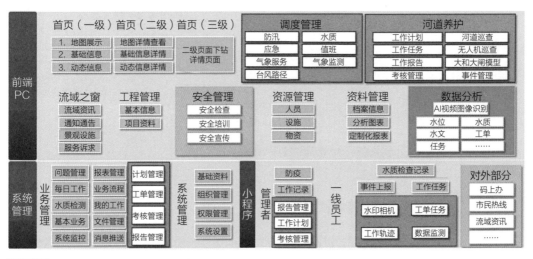

图18-4　观澜河流域智慧管控系统功能结构图

以水务智慧化带动水务现代化，促进水务事业的科学可持续发展。

以"标准化为纲、数据流为轴、强化总体设计、积极探索新技术应用"，促进系统建设规范化、信息资源共享化、业务应用系统化、综合决策智慧化。

2. 规划内容

（1）系统建设规范化

以智慧水务标准体系建设为纲，明确智慧水务建设和应用范围，建设统一标准规范体系、统一基础设施管理和运维体系、统一应用支撑体系、统一大数据管理体系,统筹考虑各部分之间的依赖关系,促进各功能建设规范化。

(2)信息资源共享化

建立统一数据管理平台,制定统一数据管理制度,打通部门间数据交换壁垒,形成数据共享交换体系,实现对各部门业务的有效支撑。

(3)业务应用系统化

以总体设计为起点,结合"纵向到底、横向到边"的管控体系,由"目标驱动监管"向"数据驱动监管"转变,破解业务交叉、建设分散的情况,按照"强化管理、明确责任"的总体思路推动水务业务全流程数据和管理。

(4)综合决策智慧化

充分利用新一代"智云数联"技术,在共享、新建、改造各类资源的过程中,整合各个智慧应用的核心技术,集多个水务业务智能应用系统,构建智能水务应用系统,实现智慧决策。

18.5　项目特色

18.5.1　典型性

"巡、办、监、复"督察体系:利用互联网等新一代信息技术,以信息化、标准化业务流程实现对流域及水务事件巡查、上报、处理、复查的全链条管理,实现"海量数据展示、业务上传下达、数据及时上传、事件清晰可溯"。

18.5.2　创新性

1. 区块链技术应用

采用区块链分布式存储技术对观澜河流域水情水质在线监测数据和人员巡查轨迹数据进行上链存证监管,保障数据准确性的同时为业务应用提供支撑。

2. 全域感知动态监测

采用新一代物联网、低功耗在线监测设备,针对观澜河干支流建设水质监测站7处、水位监测点14处、视频监控点10处、排口监测点10处、边坡位移监测点2处,实现流域水情水质动态信息的实时掌握。

3. "空—天—地"物联网流域巡查体系

采用新一代无人机机巢技术,在观澜河流域中游端设置无人机站,通过完成航线设置,无人机可自动起飞、巡航、降落,并实时回传巡查视频,在河道干流及湿地公园段实现了无人机自动巡查和值守,实现远程监控河道干流及湿地公园，利用无人机挂载的语音系统对不文明行为及违法行为进行警告及劝解；通过实时传送影像对比分析不同时间维度下同一位置变化情况，全面、及时掌控现场情况。

无人机自动巡航技术结合视频监控系统、广播系统、安保人员，整合相关数据互通互联共享，助力实时协同河道管控，补充视频监控和人员巡查的管理空白区域，实现河道无死角巡查。

18.5.3 技术亮点

1. 智能影像识别技术

利用AI图像识别技术能够移动侦测，常用于无人值守监控录像和自动报警，在指定区域内能识别涉河人员的不安全行为以及河道漂浮物，第一时间向运管人员推送报警信息，从而快速地进行相应处理，开启响应机制，填补管理空白区域。

2. 智能监视预警

根据当前气象、水情、雨情、工情、水质等信息，结合预报降雨，利用观澜河流域水质/水动力等模型对未来一段时间流域的水情、水质等形势进行模拟预测，提供一定预见期内的预警预判，提前告警，并自动提示告警触发原因。

3. 应急事件决策支持

应急调度是针对突发水污染事件制定调度方案，主要包括4个子模块：形势分析、相似分析、调度模拟以及调度评价。其中，形势分析包括当前形势和未来模拟；相似分析包括条件设置、分析结果和调度建议；调度模拟包括方案管理、方案制定与方案比选；调度评价是对调度方案的实际执行情况、执行效果进行评价。通过各子模块的有机集成，形成应急调度子系统，为区域水污染情境下的应急调度提供决策支持。

18.6 建设内容

18.6.1 主要建设内容

（1）结合流域调度管理技术研究，构建水文水动力模型和水质模型，编制水资源调度方案和水环境调度方案。

（2）完成流域河道养护方案研究，构建"空—天—地"一体化流域巡查管理物联网体系和"巡、办、监、复"全流程一体化事件管理体系，进行河道管养多模块功能开发。

（3）构建流域区块链，基于区块链技术构建观澜河流域水利共享数据库。

（4）完成AI图像识别建设，将人工智能技术与地面监控系统、无人机航测技术相结合，建立一套智能化的识别系统。

18.6.2　建设进度安排

1. 第一阶段（2020年2—4月）

查阅流域管控、智慧水务、流域调度等方面的相关文献资料，理清流域基本信息、水雨情信息和水利工程现状信息；完成数据收集与标准化处理，实现流域内断面、河道、地形、降雨、管网等信息标准录入；完成观澜河流域现状调查分析工作。

2. 第二阶段（2020年4—12月）

根据第一阶段完成的观澜河流域管控系统实施方案、需求分析报告等相关文件，完成流域河道养护方案研究，构建"空—天—地"一体化流域巡查管理物联网体系和"巡、办、监、复"全流程一体化事件管理体系，进行河道管养多模块功能开发；完成流域区块链构建，基于区块链技术构建观澜河流域水利共享数据库。

3. 第三阶段（2020年12—2021年7月）

增加"事件—任务—工单"处理体系，增强系统现场管理控制能力；完成AI图像识别建设，将人工智能技术与地面监控系统、无人机航测技术相结合，建立一套智能化的识别系统；完善流域内一维水动力模型、一维管网动力学模型。

18.7　应用场景和运行实例

1. 一张图：流域全要素综合管理

基于轻量化GIS平台构建流域全要素综合管理"一张图"，全面掌握流域范围内"厂网河池泥库泵闸站"的实时状态和运行情况，结合数据分析，协助流域管理中心实现跨区域统筹全要素一体化监管（见图18-5），实现对流域范围内的设施设备的精细化管理。

2. 一张网：流域动态预警分析

该项目在观澜河干支流、沿河箱涵、沿河排口、出境支流等处布设水质、水位、视频监控、排口水情监测、GNSS沉降位移监测站（见图18-6），实时获

图18-5　流域全要素一体化监管

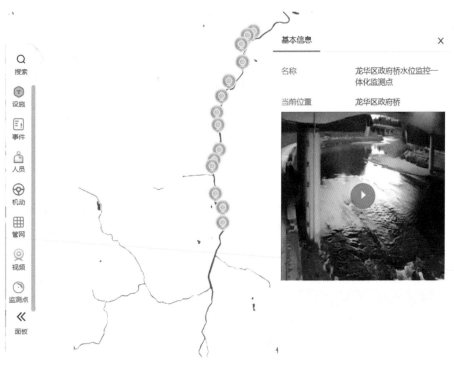

图18-6　干流视频监控站

取流域动态数据。预警分析是实现数据的自动提取和预警等级的自动判别，利用预先定义好的水位、水质预警指标模型，判断是否产生预警，并自动生成预警指标等级，报警和预警信息在GIS地图中进行展示，以声音、闪烁、弹窗、短信等方式提示，并根据预警分析情况，自动生成处置预案，协助管理人员完成当前情况处置。

3. 一体系：首创流域"巡、办、监、复"体系，"四乱"事件"一网打尽"

管控系统汇聚涉水事件信息资源，具有巡检终端、督办终端和办理终端，实现了流域及水务事件巡查、上报、处理、复查的全链条管理，具有"海量数据展示、业务上传下达、数据及时上传、事件清晰可溯"四大功能及全面落实流域监管责任体系、流域信息资源融合、流域健康巡查监管三大特点，首创流域"巡、办、监、复"全流程一体化管理平台（见图18-7～图18-9）。

4. 一条链：水务数据存证监管

积极探索前沿技术在水务业务领域的应用，试点应用基于区块链技术的监测数据和业务数据管理，确保各层级端到端数据真实性，实现数据透明共享，为监测数据和业务数据提供跨区域、跨平台、可信赖的数据存证监管机制。

图18-7 巡查人员实时位置及流域事件情况汇总

图18-8　事件处理全过程可通过系统即时查看

图18-9　无人机巡查

5. 无人机自动巡航系统

利用新一代无人机机巢技术，在观澜河流域中游段设置无人机站，通过完成航线设置，无人机可自动起飞、巡航、降落，并实时回传巡查视频，在河道干流及湿地公园段实现了无人机自动巡查和值守（见图18-9）。

6. "PDCA"事件—任务—工单系统（见图18-10、图18-11）

采用"PDCA"方式，对观澜河流域范围内的工作进行单元拆解，制定年度、季度、月、周计划等。

（1）合同内工作内容：设定年度目标，将年度目标拆解为季度目标，基于季度目标安排月计划、周计划。

（2）日常工作任务：根据工作计划派发任务工单，并跟踪工单完成情况，可制定动态交办事件。

（3）工作考核：以运维考核实施细则为基础，从业主、监理、管养三个角度分别进行工作考核。

管理人员在迅速确认工作位置、工作内容等信息后，可直接派单到一线工作人员的手机微信小程序上。同时，在作业过程中，一线工作人员能够直接在微信小程序内上传工作进度照片与工作成果，让现场的工作质量和工作进度更加直观地展示给管理人员。另一方面，管理人员也可通过平台实时跟踪工单，查看进度，对工作效果进行实时审核。这种双向性操作，实现了河道管养作业

图18-10　事件—任务—工单系统界面

图18-11 事件—任务—工单系统现场使用情况

的规范化、精确化、自动化，进一步提高了工作效率和质量。

"以前派发任务通过微信工作群或者电话，很多时候工作地点、工作任务传达接收不精准、不明确，事件溯源要翻聊天记录，经常手机内存都不敢清理，有了这个系统后，接工单有定位，任务也能随时查看，我们找工作地点、接工作任务都方便了，也能够及时反馈工作效果，以后查看工作照片也不用翻聊天记录咯。"河道一线工作人员这样感叹道。

18.8　建设成效

18.8.1　投资情况

项目投资总经费：624万元。

硬件投资经费：203万元。

平台设计经费：85万元。

平台开发经费：193万元。

平台运维升级经费：143万元。

18.8.2　环境效益

项目研究成果为流域内河道养护提供了强大的数据支撑和科学联动管控，

对于河道的健康生态发展具有重大意义，能够保障区域绿色经济稳定发展。

18.8.3　经济效益

观澜河流域智慧管控系统的建设有助于提升观澜河流域的排水能力和防洪减灾能力，减少不必要的经济财产损失，对于防治城市内涝灾害具有一定的参考价值和借鉴意义。

18.8.4　管理效益

观澜河流域智慧管控系统的建设固定了业务流程，利用信息系统标准化的流程，打破各层级单位、各部门间沟通壁垒；精简了工作机制，利用信息技术手段使管理模式从被动式、应急式"人防"向主动式、预警式"技防"转变；通过加快信息化建设，探索以数据大感知、传输大网络、资源大数据、业务大应用、标准化规范、硬件支撑为核心的流域智慧管控系统构建河道精细化管理，不断提升河道管理工作水平；强化了管理手段，从而协助深圳市水务局提升流域管理水平，持续推动水务管理模式转型升级。

18.9　项目经验总结

智慧水务的建设应该是上下联动，上层顶层设计对标国际，规划先行；下层应用紧贴一线基层业务，丰富应用场景，深化应用深度，充分调研业务需求，否则业务场景彼此孤立，会形成业务孤岛。提升应用效益，最终实现智慧水务从行业追赶到行业引领的跨越式发展。

业主单位：深圳市观澜河流域管理中心

设计单位：深圳市深水水务咨询有限公司、深圳市振瀚信息技术
　　　　　有限公司

建设单位：深圳市深水水务咨询有限公司、深圳市振瀚信息技术
　　　　　有限公司

案例编制人员：李春艳、卢秉彦、黄华中、门亮、黄庆豪

贵阳市南明河流域污水处理系统智慧管控平台

项目位置：贵州省贵阳市南明河流域

服务人口数量：500万人

竣工时间：2020年7月

19.1　项目基本情况

南明河在贵阳市境内长185km，中心城区段长约50km，流经全市人口最为密集、商业最为活跃、生产生活最为集中的区域，有小黄河、麻堤河、小车河、市西河、贯城河、松溪河、鱼梁河7条一级支流汇入，服务面积6600km²，服务人口约500万人。南明河水环境综合整治项目子项目包括25座污水处理厂/再生水厂，总设计处理规模153万m³/d。

贵阳市南明河具有流域覆盖面积广、地质情况错综复杂、流域内水处理设施协同性不强等特点，日常运营统筹调度管控难度大。因此，将南明河流域污水处理厂日常运营中各项工作信息集中分析处理后以数据形式进行展示，实现厂—网—河—湖一体化综合管控、流域水处理设施精细管理、污水处理厂/再生水厂统筹协调调度、为政府各主管部门提供实时数据等需求的智慧管控平台将成为南明河流域生态保护和长治久清的重要一环。

贵阳市南明河流域污水处理系统智慧管控平台基于贵阳市南明河流域沿线污水处理厂/再生水厂，通过一个水环境监管平台、一个流域管理调度中心、一个运营管理数据中心，运用数字化、信息化、大数据、云平台等技术，实现流域水生态环境管控的可视化。同时将运营厂区水质、水量数据接入贵州省污染源自动监控管理系统、贵阳河湖大数据监控平台，形成综合化、流域统一调度指挥的系统管理平台，支撑了南明河厂—网—河—湖一体化智慧管控的调度和联动。

系统主要功能：（1）建成运营管理标准化平台，设置生产管理、数据应用、安全管理、设备管理等多个业务模块；（2）将智慧运营中心作为数据系统模块，优化业务管理流程，实现运营精细化管理和运营节点管控；（3）统筹调度管理流域沿线污水处理厂/再生水厂；（4）响应政府要求接入地方智慧平台系统。

相关业务深度融合，做到项目管理"纵向到底，横向协同到边"，实现集团总部、区域公司、项目公司一个屏的整体效果，有效降低运行管理成本，提升工作效率，实现流域沿线污水处理厂/再生水厂统筹管理。数据接入贵阳河湖大数据监控平台，实现对南明河流域综合治理的层层监督和管控，更好地服务于政府，实现对南明河流域厂—网—河—湖一体化智慧管控的联动和调度。

19.2　问题与需求分析

南明河流域覆盖范围广、沿线厂区分散、各厂数据相对孤立。用网络和数字化手段将各厂数据融合到一个数据库中，构建成南明河流域污水处理厂统一管理、协调调度体系，将多个污水处理厂/再生水厂形成一个屏的数据聚焦，统一数据库分析和各运营厂综合数据价值挖掘，使整个流域污水处理厂/再生水厂协调统一、高质量运行，为流域水生态环境保护筑牢基础。

（1）加强水环境治理监管力度。借助数字化手段将各厂水量数据、水质数据、摄像监控图像等通过VPN通信方式汇集到管控平台实时显示，对数据设置自动预警，即时强化流域污水处理厂/再生水厂监管。

（2）促进水生态环境的大数据分析。采集南明河流域水环境水质数据及污水处理厂/再生水厂水量、水质、设备等数据，根据各厂处理规模和实际水量情况进行流域统筹调度，确保流域各厂负荷与流域处理水量协调匹配。

在各厂建立生产标准化管理体系，形成运行、设备、巡检等业务信息数据库，在系统平台实时展现和分析，相关数据由分散数据融合到一体化展示和共享。

（3）实现安全生产标准化与信息化。以信息化方式对各级安全生产组织机构、应急预案、规章制度、操作规程进行规范管理，并通过数字化手段将安全管理的各环节形成可视化的流程节点，每个节点都有明确的责任人员和管控要求，从而落实到操作者、管理者、决策者，明确各方权责，保障安全生产管理流程畅通，预防安全事故的发生。

（4）提高污水处理厂/再生水厂管理水平。通过将区域污水处理厂/再生水厂数据汇聚到同一平台，利用平台数据库强大的综合分析能力，为管理层提供流域各厂全域数据聚焦，直观展现区域厂区生产管理薄弱点，系统自动向相应厂区共享数据，不断消除薄弱项、强化精进管理，做优做强。

（5）接入地方智慧城市系统。平台数据向政府部门进行信息共享，共同挖掘数据价值，更好地为城市服务。

19.3　建设目标和设计原则

19.3.1　建设目标

将智慧管控平台建成区域水生态环境的监管平台、流域管理的调度中心、运营管理的数据中心，通过数字化和智慧化等技术实现流域污水处理厂/再生水厂智慧运行、管网智能监管、流域实时预警、智慧调度等功能，协助贵阳市政府主管部门对贵阳市南明河流域的统筹管理。

19.3.2　设计原则

以服务南明河流域水生态环境为中心，利用网络和数字化技术构成水生态环境保护有机整体，不断提升智慧管控平台数据宽度和数据深度，提升环境品质，为城市创造更多价值。

利用流域污水处理厂/再生水厂、管网等多维数据，构成水生态区域大数据，实现南明河流域高效统筹调度管理，保障流域生态环境持续改善。

利用数据进行综合分析，挖掘数字化价值，实现管理全过程可视化和业务流程高效运转，提高执行力。

19.4　技术路线与总体设计方案

南明河流域覆盖面广、服务人口多、地质条件复杂，对于开展流域维度的"系统化、标准化"的智慧水务设计与建设提出了更高的要求。

为满足水处理企业的日常运营和集中管控需求，智慧水务系统的总体设计以一个数据库和一张网为核心，以信息化、数字化和智能化技术为基础，通过日常运营中多个数据源的收集和分析处理，实现可视化的数据展示。设备设施的智慧管理、流域的统筹协调和日常运营的安全预警等功能，服务于企业运营管理、流域调度和生态监管三个场景的实际应用。

19.4.1　技术路线

通过SCADA系统、各厂区现场设备、在线仪器仪表、手工采集、第三方系统通信接口等方式进行基础数据采集。通过光纤网络或移动通信网络将数据汇入同一数据库系统平台，并将数据通过多种模型计算分析，最终实现系统设备管理、运营管理、物资管理、安全管理、移动应用、数据填报等模块的数据融合，数据结果通过综合展示、数据报表、统计分析等方式直观呈现。平台架构如图19-1所示，智慧污水处理厂/再生水厂架构规划如图19-2所示。

19.4.2　总体设计方案

1. 流域水环境集中监管

（1）数据展现

实时传输并展示南明河流域和各厂的水量、水质、电量等数据。

（2）数据查询

不同层级的用户根据授权可以查询授权范围内运营相关数据、报表、数据汇总分析等（见图19-3），并可以根据管理层级查询区域管辖范围内相关数据，实现日常运营情况的分析管理。

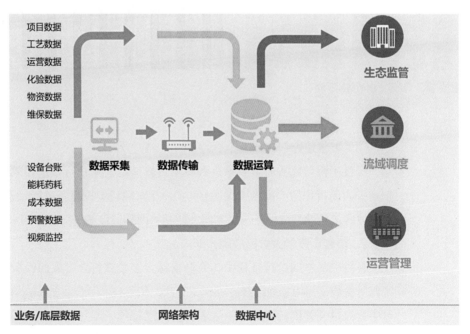

图19-1　贵阳市南明河流域污水处理系统智慧管控平台架构

图19-2 智慧污水处理厂/再生水厂架构规划

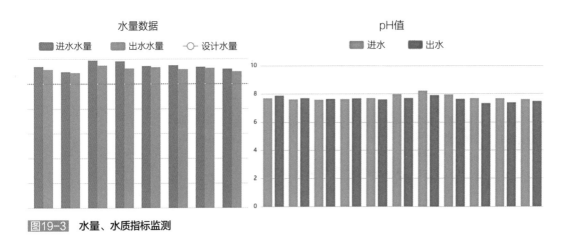

图19-3 水量、水质指标监测

（3）视频监控

授权用户可以查看接入平台的各厂视频监控，用户可根据权限调取查看管辖范围内的视频监控画面（见图19-4），并对视频监控设备进行远程操作控制，控制内容包括调整监控摄像头方向、调整焦距和调取某一天监控历史图像等。

2. 流域调度的大数据应用

在以往的管网运行过程中，专业指标大多依靠行业专家的经验判断。该系统以历史数据为依据并结合先进模型算法，依靠技术手段（如tensorflow等），通过专业人员（管网行业专家、学者、资深工程师、AI工程师等）构建的一套先进的管网业务AI模型算法体系，实现流域智慧综合调度管理。该系统以一线业

图19-4　视频监控图像

务数据为根基，产出各维度的指导值，为决策者提供决策支持的科学途径。

3. 生产运营的安全保障

从人员安全、环境安全、设备安全、流域厂网安全四个维度，通过智慧化系统，实现实时响应动态安全管控。包括基础数据管理、事故隐患及处置管理、资产管理、应急预案管理、安全教育管理等功能模块。能满足管网运营动态安全管控及信息安全的要求，根据实际需求进行模块配置，以满足运行安全管理中差异化的需求。

帮助企业掌握厂网整体运行状况和消防安全状况，对重大危险源信息实现动态管理、汇总分析，对事故隐患，及时、科学地提出预防方案和整改措施，以更好地保障员工的安全和企业财产的安全。建立职业安全健康管理体系，提高综合安全管理水平。

4. 提升运营管理水平

通过数采仪采集现场实时相关参数，并将数据采集到短信系统中。短信报警系统与数采仪通过支持Modbus的串口或支持Modbus TCP的网口进行通信，并实现智能预警推送。

对污水处理厂/再生水厂的设备建立设备台账，主要包含设备基本信息、设备价值信息、设备维保内容、设备技术资料、设备的备品备件、参数查询与数据归集等功能，并整合成预防维修等可视化过程监管体系。

19.5　项目特色

19.5.1　典型性

基于贵阳市南明河流域沿线污水处理厂/再生水厂分布较广、运营状况实时管控难度大、流域各厂不能统筹协调的现状，利用数字化手段建立贵阳市南明河流域污水处理系统智慧管控平台，将流域各厂统筹协调管理，依据水质、水量进行智慧调配，提升城市尺度水环境综合管理能力，使各厂保持高质量运行处理水平，各厂就地处理、就地回用、生态补水，为流域水生态环境保驾护航。

19.5.2　创新性

数字化智慧管控平台与流域污水处理厂/再生水厂实现有机结合，运用下沉式再生水厂适度集中、就地处理、就近回用的创新治理理念。采用流域统筹调度措施，通过系统平台构建、数据库开发、业务流程可视化，将流域各厂数据整合在同一数据库系统，利用数字化手段实现全域数据集中展示，上下游数据实现共享，危险情况提前预警，实现流域生态水环境科学管理，为流域治理建立长效机制。

19.5.3　技术亮点

1. 网络处于电信级稳定性

网络的核心层及汇聚层采用先进的结构和全分布式硬件路由，并采用冗余构架，保证网络出现线路故障时快速协调，提高容错能力，保证网络快速恢复正常运行；使网络关键设备得到冗余保护，保障网络稳定持续可靠运行，数据多重保护、异地备份。

2. 独有的配置化构架

系统紧密结合业务需求，数据展示简洁高效；满足人员个性化需求，每个人均可根据工作核心点建立自己所希望的数据表。

3. 强大的系统扩容能力

网络干线采用光缆组网，汇聚交换机采用千兆电口和星形构架组网。软件系统采用平台化构架，厂区数量扩展、系统数据扩充经简单设置即可实现。

4. 系统软件高稳定特性

系统具备数据的高度容错能力：在脱机、联机、脱网、联网任一组态下，系统均具有高速的数据完整自我恢复和容错能力，有效防止系统故障发生。

5. 多维度可视化监控管理模式

通过远程监控，对在线仪表、设备运行、工艺工况等进行实时监管，实现厂级生产自动化、水质水量监测标准化、信息资源共享化以及管理决策智能化，提升集中生产调控能力、提高水务设备设施的资源利用效率以及生产系统的应急响应能力，使水务集团达到最优化运营，为生产运行控制、安全生产保障、设备设施运行维护、生产优化调度等生产管理的相关决策提供有力支撑。通过对污水处理厂/再生水厂的运行管理、设备管理、水质管理、数据报表管理、成本管理等系统的建设，加强厂级运行管理的规范性；通过对泵站的运行管理、设备管理、综合调度等系统的建设，加强泵站与厂区的联动调度；通过对管网的巡线管理、信息管理、养护工程管理等系统的建设，提升管网质量和输送能力，从而实现对污水处理厂/再生水厂、泵站、管网的全生命周期管理，保证厂级生产全系统稳定、可靠地运行。

6. 可评估的运维成本调节机制

从生产运行业务管理到数据综合分析管理，通过移动端、PC端和控制中心实现互联互通，使各层级管理人员可以非常快捷、准确地查看日常运行过程中的实时状况，从而提高运营效率和管理服务水平。

7. 厂—网—河—湖一体化运营

厂—网—河—湖一体化运营是对流域的污水处理厂/再生水厂和排水管网等进行统筹建设和协调运行，以保证系统安全和高效地运行。其中，系统的统筹建设是前提，协调高质量运行是关键，对各界面要素的预报预警和调度控制是厂—网—河—湖一体化运营的主要内容。

8. 物联网智能管控

基于现有水质、水量监测体系，采用先进的物联网手段和数据融合体系，构建环境要素监测的大网络、大数据、大管理、大共享、大模拟、大预警系统，有效提高各污水处理厂/再生水厂、管网及泵站等运维效率，实现高质量、低能耗的运行。

通过构建大数据信息化平台，在大数据信息的引导下，以数据高效分析为核心，将治理区域范围内的所有管网、泵站、污水处理厂/再生水厂的数据上传到系统平台，形成全面的数据库，以此实现所有污水处理厂/再生水厂、泵站对水质、水量等信息的共享，实现区域内各厂的统筹协调和综合调整。将信息化涵盖到管网、泵站和污水处理厂/再生水厂、流域管理的各个方面，遵循"系统化、标准化"的基本要求，建立规范化的管理流程，强化现场管理，提高污水处理厂/再生水厂和管网整体运营管理水平。

19.6　建设内容

1．系统方案论证和优化

以业务需求为核心基础，组织专家对系统方案从技术层面、经济层面、社会效益层面等方面进行充分论证，并对系统方案进行优化，根据具体要求确定软件、硬件设备的功能需求清单。

2．厂区端建设

完善厂区端自动化控制系统，将设备运行状态、仪表实时参数、运行过程控制等集成到厂区自控系统。为把厂区生产运行情况实时传输到系统平台创造条件，建立厂区自控系统数据VPN传输通道。

3．平台硬件建设

建立智慧管控平台数据管理、调度、展示大屏（见图19-5），建立数据机房系统设备。必须保障系统的可靠性、安全性，满足数据处理、交换高效。机房充分考虑系统的扩展需求。

4．软件建设

软件建设是系统建设的关键，须紧密围绕业务核心需求展开。软件开发过程中通过深入挖掘数据价值，实现系统构架、数据分析、数据展示的高效性，推动业务流程的可视化、透明化，充分展现项目核心功能和核心目标。

图19-5　贵阳市南明河流域污水处理系统智慧管控平台展示大屏

5. 硬件安装和调试

在硬件设备安装之前，机房环境应达到相应标准。安装调试应有详细计划和过程记录。

将网络安全设备和主机连接起来，并通过IPSec VPN的方式汇聚到数据中心，在进行网络测试时，网络线路的提供是必须的。硬件和网络设备的安装调试尽量同时安排，可提高安装效率。

6. 软件安装和调试

软件系统的安装和调试是在网络整体连通的基础上，在服务器上安装调试软件系统，保证客户端能实时访问服务器上的应用。软件调试需要各厂区充分配合、验证，系统平台需要根据需求扩展和完善功能。

7. 试运行、验收、交付

按照计划执行各环节运行验证，满足使用标准要求后，整体验收、交付。

8. 使用培训

使用培训需制定计划及编制配套资料，并逐一实施、完成培训目标。

19.7 应用场景和运行实例

贵阳市南明河流域污水处理系统智慧管控平台目前已接入主管部门多个监管系统，在不断提升污水处理厂/再生水厂水处理的过程中，以智慧运营、智慧厂区和智慧安全三个重要应用场景进行实例说明。

19.7.1 智慧运营

智慧运营采用自建私有云系统，将流域污水处理厂/再生水厂等厂区接入平台系统，在不变更现有厂区自控系统架构的前提下，增加对应通信设备，实现流域数据整合，从而达到智慧运营。

智慧运营是智慧水务建设的基本单元，如PC端或移动端应用，进行网络办公、发起设备维修、物资领用等申请流程；进行工单的查看接收、审批及验收等业务；扫描动态二维码实时查看设备的记录和信息，实时掌控各厂整体运营工作进展。

管理人员通过中心大屏、PC端或移动端实时查看运营数据的汇总分析，如生产数据、设备设施、能耗药耗等信息的实时数据，帮助管理层快速、直观和全面地了解实际运营状况，并将相关数据结果按照不同层级进行展示，为管理层的日常管理和决策提供依据。

19.7.2 智慧厂区

污水处理厂/再生水厂内各项设备设施通过相应的传感器、仪器、仪表进行感知、监测，将信息上传至智慧管控平台进行分析、控制和整合信息，以数字化形式进行展现并实现对实时情况做出智慧响应。

1. 运行系统

根据系统每日运行情况（进出水量、进出水质、污泥量等数据）和设备运行状态、过程仪表数据等，结合外部条件，进行智能预报、智慧控制、优化污水处理厂的运行，以实现安全、高效、低耗运行。如药耗下降约10%，能耗下降约10%～15%。

2. 生产管理系统

建立生产巡检系统、水质分析系统、应急处理系统等，实现应急事件的及时发现与处置。

3. 化验检测管理系统

建立生产药剂、试验药剂等原材料仓储管理系统、供应商信息系统等，根据自动汇集数据制定采购计划，合理物料储存。

4. 设备管理系统

建立包含机械、电气、仪表、自控、试验等设备的档案管理、供应商信息、产品追溯和设备运行维护的科学管理系统。

19.7.3 智慧安全

智慧安全，是为污水处理厂/再生水厂工作人员、业务数据所提供的基本保障。在以人为本的背景下，智慧安全主要包括以下两个方面：

（1）保障污水处理厂/再生水厂物理环境和人员的安全（见图19-6）。在污水处理厂/再生水厂中，通过建设综合安防管理体系，一方面可以进行实时智能监管，通过可视化大屏幕监督现场情况，并通过系统向现场人员及时预警，如人员进入鼓风机房前提示戴好耳塞，未佩戴耳塞进入厂区的人员将予以警告；另一方面，快速协同调度资源，包括但不限于调度隐患源最近的人员快速消除隐患等。

（2）业务数据的安全（见图19-7）。按照网络信息安全国家标准，采集工业数据时使用加密隔离网关进行采集，对工业网络与智慧网络进行物理隔离，同时数据中心投入防火墙、防病毒软件、堡垒机、入侵防御等安全设备，实时管控业务数据流向，保障数据安全。

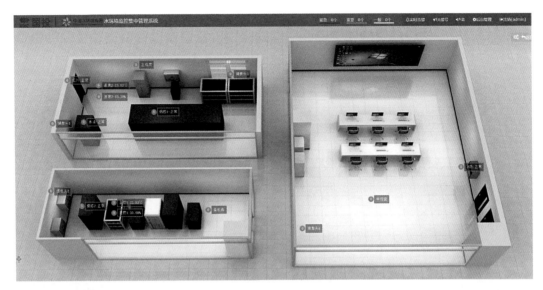

图19-6　水环境集中监控系统

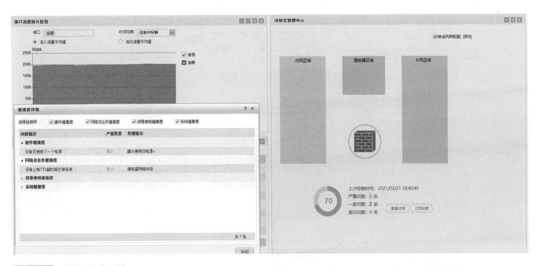

图19-7　数据安全系统

19.8　建设成效

19.8.1　投资情况

贵阳市南明河流域污水处理系统智慧管控平台总投资528万元（其中：硬件247万元、软件281万元）。

19.8.2　环境效益

　　智慧管控平台消除了以前流域各厂各自运行的信息孤岛状态，实现了数据共享、流域厂区统筹调度管理、数据提前预警，上下游协调，科学而高效。配合着流域各厂不断向南明河生态补水。南明河流域由2012的黑臭水体成为如今的水清岸绿、鱼翔浅底、白鹭翻飞的"生态之河、文化之河、旅游之河"。主要水质指标由治理前的劣Ⅴ类改善至地表水Ⅳ类。2021年监测表明，国控断面COD、NH_3-N、TP已达地表水Ⅲ类标准。如图19-8所示。

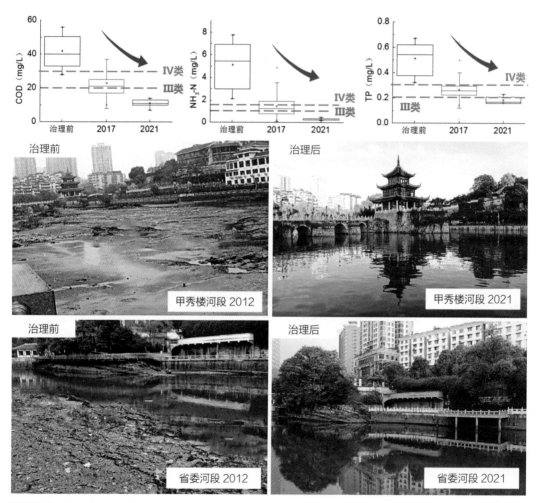

图19-8　南明河流域治理前后对比

19.8.3 经济效益

贵阳市南明河流域污水处理系统智慧管控平台将分布在贵阳市内各区域的污水处理厂/再生水厂的运行数据汇集到智慧管控平台，最大限度发挥各厂处理效能，流域水生态环境得到更好的保护，城市流域区域变成宜居宜业热点，带动区域高质量发展。

19.8.4 管理效益

智慧管控平台实现了流域各厂全时监管、调度和联动，管理过程透明化，在管理上节约人力成本30%、节约能耗10%～15%、节约药耗8%～12%。基于实时数据分析评估，决策指挥及时快速，工作执行高效有力。

19.9 项目经验总结

19.9.1 智慧水务发展方向

运行管理自动化：智慧水务在水处理行业的价值体现在"管理提升、节能降耗"两个板块，人员成本在日常运行管理成本中的占比较高属于"管理提升"板块，智慧水务的普及能在人员效能方面实现前所未有的提升。

生产管控智慧化：污水处理厂/再生水厂的生产工艺借助智慧水务系统，在水质监测、数据分析、工艺调整方面实现全流程智能化管理。

管理决策高效化：借助移动终端、无线网络和智能分析，实现污水处理厂/再生水厂各项数据以最快速度传递至管理人员，并进行数据价值整合，达到所见即所得的数据聚焦。

水环境治理一体化：智慧水务系统借助智慧城市共享数据，为南明河流域治理提供厂—网—河—湖一体化的智慧管理解决方案。

19.9.2 智慧水务发展建议

政策引导还需进一步加快。在数字化、信息化和智能化的时代背景下，水务行业中智慧水务的相关配套政策还有进一步完善的空间，需进行统筹考虑，总体规划、设计和建设，以免"走回头路"的情况出现。

专业研究还需进一步深入。智慧水务系统的核心目的是服务水环境治理，提升日常运维效率。系统在水处理和水模型两个方面还需提升与运营管理的契合度，满足日常工作切实需求。

业主单位：国投信开水环境投资有限公司
设计单位：贵州筑信水务环境产业有限公司
建设单位：贵州筑信水务环境产业有限公司
案例编制人员：王东尔、袁菊、吴映红、张凯、文康、王鲲鹏

20 宿州智慧水系综合治理及运营维护项目

项目位置：安徽省宿州市

服务人口数量：177万人

竣工时间：2020年12月

20.1　项目基本情况

近年来，宿州城市飞速发展，城市扩张、人口急剧增加、工业迅速发展、不透水路面大幅增加、绿地锐减，导致水体污染等城市病也随之而来。目前宿州市中心城区水系总体水质较差，水生态环境恶化，水体连通性及流动性差，严重影响宿州的城市形象及百姓的日常生活。

宿州智慧水系综合治理及运营维护项目总承建方为宿州市水环境投资建设有限公司，项目包含宿州市主城区黑臭水体综合整治工程（标段一）智慧水务项目建设与运营维护，包含汇源大沟、老沱河、沱河、铁路运河4条河道，河道全长25.7km，水域面积约82万m²。

宿州市水环境投资建设有限公司的"宿州市主城区黑臭水体综合整治工程智慧水务项目"在2018年底开展智慧水务工程一体化设计、施工工作，项目实施单位为深圳市水务科技有限公司，项目目前已经进入运营期。

20.2　问题与需求分析

宿州市流域黑臭水体问题是百姓反映强烈的水环境问题，不仅破坏了城市人居环境，也严重影响城市形象。为了实现城市黑臭水体水质持续达标，根据这一目标要求，宿州市城管局投入大量资金，启动了城市流域水体整治项目。流域水体整治系统性强，工作涉及面广，传统的粗放型管理运营模式存在效率低、应急反应速度慢等一系列问题。而与此同时，数字化技术应用成为趋势，不断催生水务行业创新，因此需要构建一套流域智慧治理的数字化产品以满足流域日常运营管理业务，通过流域智慧治理平台的建设主要解决以下需求：

1. 黑臭水体治理评估考核需求

根据国家有关黑臭水体整治的考核要求，宿州市黑臭水体整治结束后，需要借助管控平台对黑臭水体建立长效管控机制，支撑对黑臭水体进行全生命周期管理，为设施的建设、运行、考核提供依据，保障设施的持续运营；借助在线监测技术检验各建设项目是否达到了黑臭水体整治的目标要求，监测设施长期运行效果，提高设施的运行保障率。因此，平台的建设应满足宿州市黑臭水体整治过程管理与考核评估的信息化管理需求。

2. 城市防汛排涝业务需求

在全面梳理水安全业务的基础上，围绕业务管理全面信息化、推动水务管理创新的需求，构建"源—厂—网—河"监管一张图，实现"源—厂—网—河"一体化管控的水安全建设目标，提高水安全业务管理科学化、智慧化水平。

3. 保证长效管理机制建设需求

宿州水环境治理内容中建立了水环境定期监测机制、信息公开机制、公众举报机制、水环境定期监测评估机制共四项工作机制，构建宿州市全流域水环境监测保障机制，保证宿州市全流域水环境长效管理机制形成闭环。

4. "源—厂—网—河"一体化运营需求

"黑臭在水里，根源在岸上，关键在排口，核心在管网"，建立基于"源—厂—网—河"的全流域智慧管控平台体系，是消除信息孤岛、统一资源规划、构建共享服务平台、实现业务应用联动协同、全面提升宿州市全流域的信息共享服务能力和智能决策能力的需求。

20.3 建设目标和设计原则

20.3.1 建设目标

宿州智慧水系综合治理及运营维护平台以精确的宿州河道水系数据和基础地理数据为基础，紧扣消除劣 V 类、黑臭水体，改善水环境质量的大目标，构建一个设施物—物相连、感知立体精准、数据海量丰富、资源集约共享、决策智慧科学的"宿州智慧水系"服务管理平台。利用数据采集、传输等传感设备在线监测水环境状态，并采用可视化的方式有机整合水系设施数据，形成智能互联的水系"物联网"；通过集中监视、智能控制泵闸的运行，对设备设施进行资产集中管控，对设备运行进行实时调度；通过建立业务管理平台，有效开展数据自动采集、远程实时监视、智能预测预警、事件处置、运维等业务；通过综合数据采集与分析，实现运营数据深度挖掘与分析、河系管理数字化、水环境系统模拟运行模型化，为智慧水系管理提供运营决策分析、事件预警分析、成本分析、管理风险分析等，达到水务运营管理和服务能力规范化，最终实现"智慧化"运营。

20.3.2　设计原则

智慧水系综合治理及运营维护平台的建设应遵循以下原则：

（1）统一集成、可扩展性强原则：智慧水系综合治理及运营维护平台规划要考虑到城市河道水系建设未来发展的需要，尽可能设计得简明，降低各功能模块的耦合度，并充分考虑兼容性。选用行业内成熟、规范的信息系统体系结构，以保证系统具有长久的生命力和扩展能力。

（2）先进性与实用性并重原则：智慧水系综合治理及运营维护平台的建设应采用成熟的、先进的，并符合行业发展趋势的技术、软件产品和硬件设备。在追求技术先进性的同时，需遵循实用性的原则，保护已有资源，急用先行。在满足应用需求的前提下，尽量降低建设成本。

（3）成熟性与可靠性原则：在实施过程中，应尽量选择成熟的产品和规范，以及标准的、被大量实践所采用的技术。选用具有成熟性、可持续发展性的开发工具。系统要采用国际主流、成熟的体系架构来构建，实现跨平台的应用。

20.4　技术路线与总计设计方案

20.4.1　技术路线

依据宿州智慧水系综合治理及运营维护平台规划总体要求，结合项目本身特点及相关项目建设情况，该项目的建设应遵循"统一设计、统一开发、适当改造、适时推广"的建设思路，建立"一个中心、一个平台、六个体系"的水系运营管理体系，适应于本地化、实用、可靠、安全的智慧水系信息系统。打通数据孤岛，建立信息整合的智慧水系综合治理一体化平台。

20.4.2　总体设计方案

宿州智慧水系综合治理及运营维护平台在架构上选用目前最先进的容器化、

微服务架构，以云原生的方式构建运营维护平台。在组织架构上从下至上归结为物联感知层、数据层、数字化平台层、智慧应用层、智慧决策层五个层次（见图20-1）。

1. 物联感知层

通过河道上物联网感知设备实时采集治理河道及其上下游水文、水质、气象、管网等全要素业务数据，从而构建全面、统一、互通的"水务物联"体系，为平台建设提供数据来源和基础保障。

2. 数据层

平台实现了对分布在各处的水质、水文、设备及视频信息向数据层的实时汇集，实现了海量监测数据的集中存储，以及结构化数据和非结构化数据的统一管理。

3. 数字化平台层

在现状数据管理和业务管理的基础上，采用容器化、微服务架构，以云原生的方式构建平台基座，打造"水务数字化平台"，主要包括业务中台、数据中台、技术中台，为流域运营统一服务管理提供数据模型、IoT平台、大数据、水务可视化交互、业务流程等基础服务，实现水务全流程数据统一采集和管控、系统服务统一管理、可视化展现统一支撑、业务流程统一管理，从而为业务和服务提供决策和支撑。

图20-1　宿州智慧水系综合治理及运营维护平台组织架构

4. 智慧应用层

智慧应用包含涉及流域治理全流程的在线监测系统、水质预报系统、辅助决策系统、流域巡查系统、公众信息服务系统，通过五大系统的应用管理来支撑宿州市水系治理及运营维护的业务需求。

5. 智慧决策层

在数字化平台及智慧应用层的支撑下，实现跨越多个部门的数据和业务融合分析、决策支撑和综合展现，主要包括态势感知与监测预警、事件管理与应急指挥、决策支持。在系统应用的基础上实现PC端、APP端和大屏端的"三屏合一"，实现业务的统一展现，支撑业务管理的需要。

20.5 项目特色

20.5.1 典型性

实现由传统粗放模式下流域治理运营模式向应用先进技术手段、高效智能化运营工作模式转变，有效提升流域运营治理能力，提升运营成效，实现流域智慧化管控。

20.5.2 创新性

1. 日常指挥调度智能化

解决用户调度智慧智能化需求，实现流域日常调度信息化运营及防汛减灾应急智能指挥调度。

2. 流域水质管控智慧化

解决流域人工管理存在的难题，实现对流域现状水质全面自动化智能监控，并基于模型模拟分析对污染物进行溯源，预测污染物的变化规律，为水质管理决策提供智慧依据，确保流域水质稳定达标。

3. 日常巡河工作无人化

解决流域人工巡河工作效率低、时间和人力成本高等问题，引入无人机开展日常巡河工作。实现全方位、无死角观察河道情况，远程巡查河道绿化缺失、非法搭建、河道漂浮物等异常情况，更高效地收集河道周边污染源、生活污水排放等信息，有效保护、开发、治理河道，保护生态环境，让河道巡查工作实现"无人化"作业。

20.5.3　技术亮点

1. 物联网感知应用

基于物联感知网实现对河道运营状态的实时感知，物联感知网可对河道水质、水文、水面漂浮物、工业废水排放、河道周边违章施工、河道垃圾焚烧、水位越界等进行实时采集、监测和预警。

2. AI智能分析应用

解决流域运营异常事件由被动触发向主动感知的转变，引入AI智能分析算法，对流域日常运营视频数据进行分析。通过AI智能分析算法训练对河道漂浮物、排口偷排、绿化缺失、非法搭建、非法垂钓进行分析。

3. 大数据分析应用

基于运营大数据实现运营业务的智能联动分析，对流域日常运营过程中气象、水质、水文及设备运行数据进行逐步积累，通过大数据分析气象对水质、水文的影响，以及曝气机、泵闸开启对水质的影响等关联性分析。

20.6　建设内容

宿州智慧水系综合治理及运营维护平台（见图20-2），通过河道上物联网感知设备，实时感知治理河道及其上下游水文、水质、气象、管网等全要素业务数据，形成"城市水系物联网"。以自动化遥感监测和视频集成监控为支撑，以流域全要素监测运营数据信息为基础，以流域模型为核心，基于基础地理信息数据，利用最新ICT技术（物联网、大数据、人工智能等），实现流域环境立体式全域智能监控和业务全流程信息化，为运营和管理提供智能决策技术支撑。

20.6.1　在线监测系统

集成展示河道、排口、泵闸站、重点排口等设施，关联其在线监测设备，接入实时在线监测数据；实现在线水质水位超标预警报警、视频实时监控；基于在线监测数据分析管理，实现数据总览、设备管理及统计分析与报表管理功能，建立完整的在线监测网络体系。为后续各项专题业务系统提供实时监测数据服务。

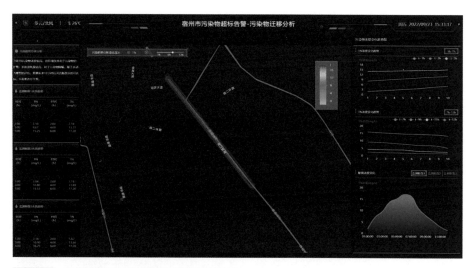

图20-2　宿州智慧水系综合治理及运营维护平台

20.6.2　流域巡查系统

流域巡查系统主要负责对水域范围内河道、泵站、闸站、重点排口、截流井、调蓄池等设施的日常巡查、清疏、维修养护等工作进行管理。利用先进的信息化手段建设配套的规范化、精细化的养护管理体系。

20.6.3　辅助决策系统

结合水质水位实时动态监测数据，及时监控、预测、预警水质、水位状况，当发生水污染事件发生或防汛预警之后，迅速做出态势分析，通过模型分析、调阅历史案例、专家库、预案库，科学有效地进行应急处置调度和人员调度。

20.6.4　公共信息服务系统

通过微信公众号，向公众发布城区河道水质、水文、视频监测数据，通过"随手拍"功能让普通市民能够参与河道监督治理，反馈问题通过综合治理平台予以流转、处理、跟踪和反馈，形成"全民护水"的局面。

20.6.5　三维仿真河道模型

构建三维仿真河道模型，实现河道可视化管理。更直观地呈现河道当前实时水质、水位、视频、设备工况、投诉处理情况，并与辅助决策系统对接，将模型模拟业务场景在三维仿真平台进行渲染，为运营管理者提供可视化的运营管理平台。

20.7　应用场景和运行实例

20.7.1　实时监测科学治水

从人工采集到"无人"采集：通过地面物联网监测的方式，构建物联网监测体系，实现全流域图片、视频、水质数据的"无人化"自动采集，实现河流环境质量和污染源数据的全面采集。形成强大的河道物联网综合治理平台，实现河道水环境在线监测、设备运行状态监测、视频信息在线监控，从而对治理水系进行全要素监测。

20.7.2　全民护水、随手拍

从自我治理到全民监督治理：运用"互联网+"技术搭建河道运营微信公众号（见图20-3），通过"随手拍"功能让普通市民能够参与河道监督治理，反馈问题通过综合治理平台予以流转、处理、跟踪和反馈，形成"全民护水"的局面，带动和发展"民间河长"协助"责任河长"巡河履职。

图20-3　河道运营微信公众号

20.7.3　数字孪生、智能调度

从人工调度模式到智能自动调度模式：构建数字孪生三维仿真河道平台（见图20-4），实现河道可视化管理。手指点一点，全面掌控河道当前实时水质、水位、视频、设备工况、投诉处理情况。根据业务场景自动形成巡河任务，实现监控中心与移动作业终端的业务联动；根据水质报警情况可以智能联动曝气机、自循环泵等设备的开启来实现水质治理。进而对治理水系进行实时监测、预警分析、事件处理、综合调度。

图20-4　数字孪生三维仿真河道平台

20.7.4　污染分析追根溯源

从污染事件被动处理到智能预测主动处理：构建河道水质分析及污染源扩散模型（见图20-5）。河道水质分析模型依据实时的监测数据结合水文、气象的实时及历史数据，对河道水质进行科学预测。河道污染源扩散模型对污染源扩散发展趋势进行模拟预测，根据预测结果及时对水污染风险进行预警。

20.7.5　洪水预警、泄洪排涝

从防洪事件的应急处置到智能分析事前预警：构建河道防洪排涝模型（见图20-6），对河道水位数据、泵站闸门设备运行情况及气象信息进行实时监测，通过气象、水文信息预测水位超过警戒值时间，系统根据实际情况，提供泄洪方案。监控中心及移动终端接收泄洪指令，指挥人员依据泄洪指令远程操控进

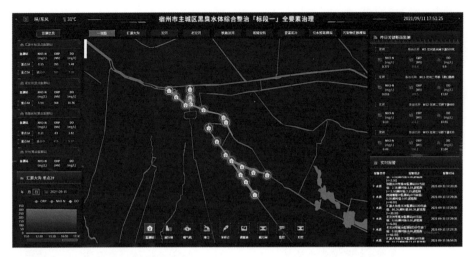

图20-5 水质分析及污染源扩散模型

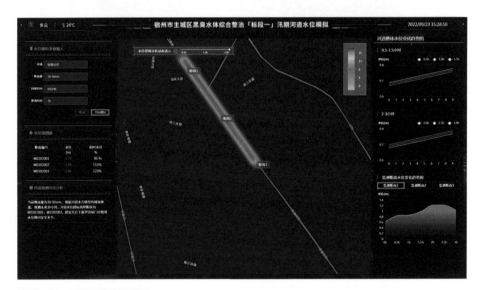

图20-6 河道防洪排涝模型

行开泵排放水，避免城市内涝。

20.7.6 涉水数据共建共享

从数据孤岛到涉水全要素数据大融合：综合治理平台整合了治理河道涉水的水质水文数据、视频信息、设备工况，为可能发生的城市内涝、河道污染、偷倒偷排等事件精准处理提供了"大数据分析"服务，为进一步融入智慧城市"城市大脑"形成"治水小脑"奠定了基础。

20.8　建设成效

20.8.1　投资情况

宿州市主城区黑臭水体综合整治工程（标段一）智慧水务项目建设与运营维护中标价3700万元，其中智慧水系综合治理及运营维护平台建设费用550万元。

20.8.2　环境效益

通过构建智慧水系综合治理及运营维护平台建立长效管理机制，推进治水工作常态化、长效化。做好水质监测、养护保洁智慧监管，实现水质问题"发现即处理"。通过公众号加强舆论宣传，发动群众积极参与河道管理保护。对用户反映的问题及时解决、及时处理、及时反馈，注重与用户的良性互动。在全社会形成人人共建共享、共同治理的良好氛围，确保河道整治取得实实在在的成效，实现水清、岸绿、景美、路畅，提高市民满意度。

20.8.3　经济效益

该项目不直接产生经济效益，但是，通过该项目的建设将大大地提高工作效率、降低工作成本，有效利用信息化资源、降低运营管理成本，间接产生经济效益。提高管理水平和工作效率，使得等量工作所需劳动力减少，劳动成本降低。同时，通过该项目的建设可以改善运营者工作环境，减少劳动力，从而降低企业成本。

20.8.4　管理效益

通过智慧水系综合治理及运营维护平台建设，形成流域治理事件的统一协调、分拨、处置的有效流程机制，做好数据采集、事件巡查，快速反应、及时处置工作，达到"一键知全局"的要求，借助智慧水系综合治理及运营维护平台，创新管理理念与方法，规范管理模式与业务流程，提高运营效率。对运营数据进行挖掘分析，辅助领导处置突发事件；同时，通过数据的积累与加工，为企业的绩效管理提供支持。充分发挥运营数据信息，将数据转化为知识，为管理人员提供有效的管理支撑。

20.9　项目经验总结

智慧水系综合治理及运营维护项目作为智慧市政的子系统，建设既要体现独立完整性，又需具备与智慧市政平台对接互动的延展性。

现场考察治理河道，根据业务需要合理选点安装物联网传感设备，完成水文、水质、设备、气象、视频监控等信息化收集，实时监测预警，为管理者提供详实、客观、直接的决策依据。

"源—厂—网—河"全要素监管，在项目建设过程中以河道管理功能为主线，向雨水管网和污水管网系统及污水处理厂进行延伸，以消除黑臭水体为目标驱动智慧水系综合治理及运营维护平台业务延展。

智慧水系运营需要构建一套集流域信息在线收集—信息实时展示—现状评价预警—会商决策调度—应急响应联动于一体的河道智能运营管理模式，构建河道水质保障应急响应机制，全面提升水环境管理能力、水质保障水平和突发事件应急能力。

业主单位：宿州市水环境投资建设有限公司
设计单位：深圳市水务科技有限公司
建设单位：深圳市水务科技有限公司
案例编制人员：单卫军、田云、何永波、秦浩

第八章 | 供排水综合调度与管控

21 深圳市综合调度信息平台

项目位置：广东省深圳市

服务人口数量：1756万人

竣工时间：2019年12月

21.1　项目基本情况

随着深圳市民对优质饮用水、治水提质、优质服务的需求日益旺盛，迫切需要利用"互联网+"时代下的最新信息化技术和智能监测设备，优化建设管网在线监测点，升级、改造及整合现有系统，打造一个满足业务发展需求的综合调度信息平台，实现从生产源头到用户龙头的全面感知，为深圳市水务（集团）有限公司（以下简称"深圳水务集团"）综合调度信息平台乃至智慧水务平台的建设夯实基础。

深圳水务集团供排水管网规模化与复杂化的发展趋势使得管网安全和经济运行问题凸显，综合调度信息平台的研究与开发成为关注焦点。目前，深圳水务集团与供排水运营相关的业务系统有十余套，包括生产SCADA系统、管网GIS系统、管网维护系统以及客服营销系统等。各系统数据依旧存在孤岛问题，业务处理上不能互联互通，在日常和应急调度期间缺乏综合性的展现、分析及处理。

综合调度信息平台的建设基于"优饮、优排、优服"的原则及满足各部门的实际应用，接入各类数据进行展现，同时结合供排水水力模型进行分析，对接各业务处理系统。不但使系统间的数据互通，同时使上下级单位信息互通，实现资源共享。深圳水务集团作为原特区内供排水业务的主要承担者，信息集成系统在水务调度中起到不可替代的作用。

21.2　问题与需求分析

21.2.1　平台建设需求

1. 调度生产数据中心建设需求

深圳水务集团在不同时期建设的调度监测子系统分属在不同的计算机上，各子系统之间无法直接共享数据，形成了信息孤岛。调度室的值班台上摆放了多台计算机终端，调度值班人员在不同的系统上查看数据，通过手工汇总数据，工作效率低，且数据无法有效地分析，导致大量的历史数据被浪费。因此，需要建立一个公司统一的生产数据中心，对现有的各子系统数据进行整合与集成。通过生产数据中心的集成建设，为公司运营管理提供高度集成的信息门户，实现公司信息化与科学化管理。

2. 生产辅助调度管理需求

原有的调度模式是通过监测数据，从而人工制定方案的粗放型经验模式。大量生产运行数据反映的规律没有被掌握，大量的历史数据沉睡在硬盘中。供排水管网地理信息作为静态的信息，结合调度监测系统的实时数据，可以为调度管理提供科学的依据。管网宏观和微观水力模型的应用为实现真正意义的科学调度奠定了基础。管网阀门遥控结合分区流量信息为精准均衡管网创造了条件。

3. 调度系统生产数据要充分挖掘和利用需求

需要将供水管网在线监测、排水管网在线监测、水厂自动控制、加压泵站、二次供水、大用户在线监测、水质在线监测等各个分系统的信息整合、共享，进行综合统计、分析，做出综合报表；并且根据统计、分析的结果完成计算机辅助决策，为公司决策层和相关应用单位提供各方面数据分析功能和辅助决策信息，提供决策支持和业务系统的预测功能。

4. 建设突发应急指挥中心的综合平台需求

从当前的调度系统功能和调度室的现状来看，调度室的应急指挥作用发挥条件还不充分，也没有相应的应急指挥平台和软硬件配套条件，异常事件突发后，公司没有有效的平台来掌握现场信息、分析事态发展、制定和采取措施应对，应急指挥被动和滞后。国内曾发生的多起影响城市供水的各类事件已经给我们足够的警示，需要完善供水调度应急功能，提升调度系统管理水平。

21.2.2　系统整合需求

深圳水务集团经过多年建设，已经开发了管网监测、调度等信息化系统，但由于各信息化系统是不同单位、不同时期建设完成的，设备和系统部署地点分散，功能单一，在数据资源、功能方面亟需整合与提升，并需要通过整合实现系统的标准化、开放性和可扩展性。同时，通过建设集团层面的数据管理中心，实现集团下属单位的生产信息共享，满足集团领导决策层面、企业调度层面的系统集成、数据交换功能。

21.2.3　供排水业务需求

1. 运行安全保障需求

为保证供水管网运行安全，需对水厂出厂管、重要转输干管及大型加压泵站前后进行在线压力监控，实时捕捉管网中管道压力异常变化情况，及时报警重大爆管事故。

2. 水质安全保障需求

为保证用户用水水质安全，实时了解管网中水质状况，需对重点小区（如优质饮用水入户工程小区）、大型二次供水设施出水及其他水质控制的关键点进行配水管网在线水质监控。

3. 漏损控制需求

为达到集团公司产销差控制目标，需进一步完善DMA在线流量监控，为漏损控制工作提供相应依据。

4. 优化运行与调度需求

目前以经验调度为主，为实现科学调度的目标，需进一步完善在线压力监控系统，根据实时及历史数据情况，选择合理算法，结合水力模型，最终实现优化调度的目标。

5. 客户服务的需求

随着生活水平的提高，人们对饮用水的安全、供水服务的要求也越来越高，可以通过水质数据公开等方式让市民喝上"放心水"。

6. 易淹易涝点监测

为实时了解易淹易涝点水位情况，需对易淹易涝点进行在线液位监控，液位出现异常时及时进行报警，以便维护人员根据情况采取相应措施。

7. 污水排放口外溢监测

为确保"排放口旱季污水不外溢"，需对排放口进行在线液位监控，及时发现可能存在污水外溢的排放口，以便为及时进行溯源排查提供可能。

8. 污水管网优化运行

为实现污水管网异常报警和科学调度等功能，拟根据"重要性、代表性、主干管"等原则，有计划地对污水管网的关键点进行在线液位及流量监控。

21.3　建设目标和设计原则

21.3.1　总体目标

以"1+4+4+N"为架构（1平台、4中心、4板块和N组团），三层次联动的"综合调度信息平台"，实现集团业务运营"统一管控、业务联动、融合共享、广泛协同、智能决策、主动服务"，并达到"六个一"总体建设目标，即全面感知一图呈现、数据鲜活一触即达、智慧管控一屏到位、服务运营一网统办、智慧决策一目了然、应急指挥一站管理，从而高标准、高质量构建起国内先进、国际一流的运营管理平台。

21.3.2　分项目标

1. 场景目标

综合调度信息平台要以场景化支撑为方式构建，打造"供水一体化管控、排水一体化管控、防洪一体化管控、水环境管理和应急指挥"五位一体；借助综合调度信息平台将业务信息转化为有效数据，数据沉淀转化为经验输出，实现业务和数据互哺。统一数据标准规范，加快数据流通，有效实现数据流、信息流和业务流同步，实现"一次录入、集团同步"，降低部室间沟通协同成本；推动供水、排水、应急、防汛等各板块信息共享，实现时间和空间叠加，为"供水、排水、应急、防汛"一体化提供基础。确保龙头水质达到新地标，确保河道水质稳定达标，提高供排水极端事故保障率；打造雨水无内涝城区，供排水业务全要素管控等应用场景建设。

2. 交互目标

在平台建设中，要"大屏端、PC端、移动端"三屏合一，遵循用户友好、使用便利的原则，针对不同系统用户组定制不同功能界面，注重集团业务部门使用需求习惯的同时，实现"一区一水司"模式下新的管理模式对系统功能的要求。针对系统使用情况，制定相应运营指标，包括但不限于系统健康状况、系统性能监控、系统使用率、系统活跃用户数、数据质量监控、系统新功能进度跟进等。持续提高系统利用率，使系统真正融入日常工作，指导业务开展。与其他业务系统深度对接，保证业务事中全貌可视、事后溯源可控，统一设计风格，UI简洁清爽。

3. 逻辑目标

对综合调度信息平台原有功能进行梳理，形成系统性强、逻辑缜密的供水管理、排水管理、防洪管理、应急管理等功能组。每个用户组内功能少而精，整体界面清晰逻辑完整，处理一项工作尽量在一个系统功能页面内完成，并注意形成业务闭环和数据闭环。

4. 智能化水平目标

通过在综合调度信息平台中引入先进的分析与预警方法，实现对经营和业务数据进行全方位监控，及时发现非预期差异和风险信息，实现事前预警、事中监控、事后处理的全过程闭环管理体系。将风险指标嵌入业务流程，与业务系统高度融合，实现风险指标的实时监控；通过强大的大数据分析工具，挖掘海量数据间的潜在关联，并通过多维度立体化展示，为管理层提供决策依据，提高数据利用率；运用视频图像、网络通信、语音通信和大屏/移动端的展示，通过应急预案、应急演练、应急资源管理等的信息化、自动化和网络化，提升应急管理水平，实现精准、智能的远程应急跟踪与控制，提高应急响应速度。

同时，要利用人工智能、深度学习、大数据等技术的融合，构建企业智能管控平台，实现智能决策和业务自动化处理。通过数据分析，达到对数据的搜集、管理和分析，使各级领导决策者提高洞察力，把握宏观指标的变化趋势，控制战略方向，做出对企业更有利的决策。协助轻松完成数据统计分析，让各级领导决策者对全局的情况了如指掌。

5. 业务统一化管控和分析目标

通过对供水、排水、污水、水环境等管网业务的统一管控、统一标准，形成以"供水全流程""排水全要素""防洪排涝""应急指挥"为主要功能的运营平台。提供运营管理领域重点指标分析，并可对具体指标做进一步的深度分析、钻取分析、趋势判断等，更有利于掌控营业管理的及时性、有效性和全面性。提供展示集团所有全局性的汇总信息，可随时查阅各工作领域的工作进度和汇总对比情况，为集团决策层提供全局性的指标数据分析。

21.3.3 设计原则

1. 技术先进性

该系统设计遵循系统工程的设计准则，通过科学合理的设计，既防止片面追求某一高指标，又充分体现系统的先进性，最大限度地采用成熟、可继承、具备广阔发展前景的先进技术，使系统能在未来数年内不落后，并通过软件升级即可实现更多新功能，充分保护用户的投资。

语音调度系统采用软交换系统进行交换、管理及控制；Wi-Fi定位系统的选型、软硬件设备的配置均应符合高新技术的潮流，采用全世界最新的室内定位技术。

2. 架构合理

采用先进、成熟的技术来架构各个子系统，能使其安全平稳运行，有效消除各系统可能产生的瓶颈并通过合适的设备保证各子系统具备良好的扩展性。稳定性和安全性是我们最关心的问题，只有稳定可靠的系统才能确保各设备正常运行。

3. 稳定性

基于稳定、安全、保密的大型数据库，来保证系统运行正常。具有良好的数据共享、实时故障修复、实时备份等管理体系。

4. 产品主流

在设备选型时，Wi-Fi设备、Wi-Fi定位系统、语音系统终端可接入主流终端，主要依据定位环境实际情况结合目前市场上的各类产品选择具有最优性价比和扩充能力的产品。

5. 低成本、低维护量

所采用的产品应该是简单、易操作、易维护的产品。系统的易操作和易维护是保证非计算机专业人员使用好一个系统的前提条件，方案集中了已有的丰富的网络设计、施工经验，以及在数字化图像、语音和数据综合传输领域强大的产品优势，能够实现所需的设计需求。

6. 兼容性

各系统均为相对开放的系统，不同产品间具有标准接口，并提供多种通信标准协议，可以便于第三方设备的接入。

7. 模块化

组建各分系统，直到总系统，均严格履行模块化结构方式，以满足系统功能扩充、运行设备的替换和维护，确保系统的高效可靠运行。

8. 扩充性

采用面向对象和模块化的开发技术，可随时根据需要扩充具有其他功能的软硬件模块，具有良好的扩充性。

9. 集中管理

各分系统集中于中心统一控制，实施对所有远端设备的控制、设置，以保证系统高效、有序、可靠地发挥其管理职能。

10. 升级维护

考虑到将来系统在容量和功能方面增加修改等的实际需要，定位系统软件可升级，并且操作简单，由系统管理员即可完成，不需要繁复的操作和专门的技术。

21.4 技术路线与总体设计方案

21.4.1 技术路线

1. 技术架构

该平台技术架构采用跨平台开发技术（见图21-1），避免绑定单一数据库和操作系统，为开发框架提供必要的支持，并采用模块化开发模式，使平台具有

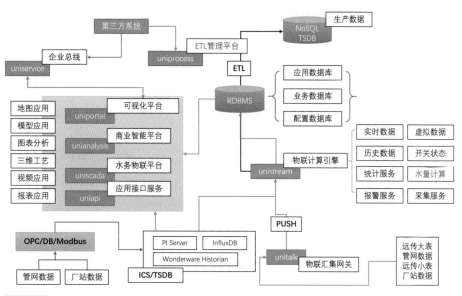

图21-1　综合调度信息平台技术架构

较强的横向扩展能力，基于SOAP、RESTful、数据库、数据总线等接口集成服务。该框架的应用对大量数据分析处理、个性化功能开发以及跨平台对接有较强的优势。

2. 开发语言

编程语言：Golang（优势：其源代码级库的特性使得它可以完美实现跨平台编译，包含丰富的第三方库）。

应用系统：HTML5+CSS3+ES6。

移动应用：Java/Objective-C+HTML5+CSS3+ES6。

3. 数据库设计及采集

为有利于资源节约以及软件运行速度提高，厂站SCADA、管网监测点等将进入实时数据库PI，规范数据标识，确保数据质量，提升数据间的关联性；非时序数据将进入Oracle数据库，为关联性计算夯实基础；并将在线数据与供排水模型相结合，为调度决策提供辅助依据；将视频信号及外部数据接入系统，做到实时调用以及关联分析。

业务数据：关系型数据库——MySQL/Oracle/SQL Server。

生产数据：文档数据库——PI/MongoDB。

高精度实时数据：时间序列数据库——InfluxDB。

缓存数据：KV数据库——LevelDB，图21-2为实时数据接入架构图。

4. 平台框架

采用基于SOA架构的应用集成中间件提供基础的运行支撑平台，利用Web服务技术实现基础功能，包括服务定义、服务发布、服务注册、服务发现、服务绑定、服务协作、事务协调、服务质量管理等主要功能，并解决XML文件的高效解析、SOAP消息的可靠传输、服务对象的快速映射、异步服务调用等当前SOA应用中存在的瓶颈问题。

5. 单点登录

平台实现了单点登录（Single Sign On，简称为SSO）功能，是目前比较流行的企业业务整合的解决方案之一。SSO的定义是在多个应用系统中，用户只需要登录一次就可以访问所有相互信任的应用系统。

6. 数据中心

为实现综合调度管理系统的各项功能，需要整合公司生产、管网、客服和综合管理的各个系统，以实现公司各项业务内容的综合调度和管理。为实现系统的整合，在综合调度管理系统中建立数据中心，实现各系统数据的共享和交互。

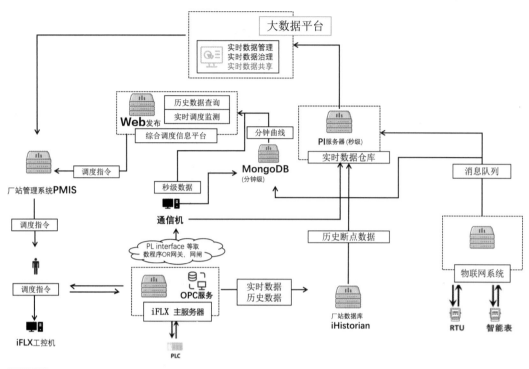

图21-2　实时数据接入架构图

21.4.2　总体设计方案

综合调度信息平台系统架构以智慧水务架构为设计基础，架构设计既需要符合当前业务需要，也要满足未来业务扩展需要。其核心理念是运用新一代信息技术，通过智能设备实时感知水务状态，采集水务信息，并基于统一融合的公共管理平台，将海量信息及时分析与处理，以更加精细、动态的方式管理制水、供水、用水、排污等整个水务生产、管理和服务流程，并辅助决策，以提升集团水务管理与服务水平。

促进供排水调度管理工作由被动向主动、由静态向动态、由粗放向精细转变，提高供排水智慧管理的精细化、信息化、现代化、智慧化水平。综合调度信息平台建设关注点如图21-3所示。

系统的建设将通过SCADA在线监测系统、调度业务系统、基础地理信息系统、数据业务集成系统、数据中心的打造为专项业务应用平台提供支撑，同时提供综合展示、综合调度、移动平台，为领导的决策调度提供有力的支撑。通过汇集整合水务信息及基础设施和相关行业的生产数据，打造信息的共享交换

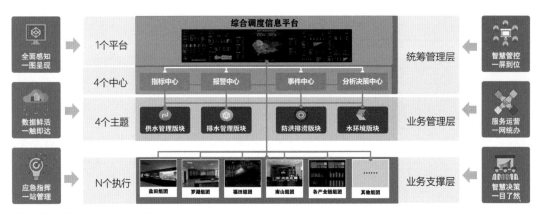

图21-3   综合调度信息平台核心框架

平台，并完成数据中心建设，为水务相关数据分析应用、大数据挖掘、指挥调度中心的建设提供支持。

1. 战略方向

按照深圳水务集团智慧水务建设的规划，综合调度信息平台的建设应符合以下总体战略方向：

（1）全面应用的信息平台：不是为了某一业务的局部应用，而是要支持深圳水务集团全面应用的信息平台，因此必须要从全局考虑，整体规划。

（2）数据集成共享：通过信息平台的构建，实现物流、资金流、知识积累的高度集成与共享，实现总部的及时掌控，从而为管理层的管理决策提供科学依据。

（3）提升管理协同：在这一平台上，不仅要实现数据的集成共享，还要建立标准的业务流程，从而实现部门内以及各部门间业务的协同，提升业务执行效率与响应速度。

（4）适应长期发展：不但要考虑整个信息平台的全面集成管理，更要充分考虑未来快速发展的需要，以及建设智慧水务的长远目标。

2. 规划蓝图

从深圳水务集团的角度分析，各职能部门就是价值链模型中的支持系统，其最大的价值就是通过"服务、协调、管理"来提升基本活动的效率。通过深圳水务集团需求特点及价值链的分析，我们将按技术领先、应用成熟、个性管理、集成统一的思路来构建深圳水务集团综合调度信息平台，实现高效管理、运营与服务。

3. 总体架构设计

系统采用B/S架构和M/S架构（移动设备/服务器）的混合架构，且符合SOA架构的体系结构设计。综合调度信息平台架构以城市水务架构为设计基础，架构设计既需要符合当前业务需要，也要满足未来业务扩展需要。其核心理念是运用新一代信息技术，通过智能设备实时感知管网水务状态，采集水务信息，并基于统一融合的公共管理平台，将海量信息及时分析与处理，以更加精细、动态的方式管理由原水、制水、供水、用水、排水、污水等构成的整个水务生产、管理和服务流程，提升城市水务管理与服务水平。

综合调度信息平台由分层支持体系、两大保障体系共同构成（见图21-4），其中分层支持体系包括物联感知层、系统集成层、数据中心、数据应用层；两大保障体系包括安全保障体系和标准规范体系。

（1）物联感知层

物联感知层是采集、传输各类水资源监测信息的基础设施，主要包括重要水源、管网、水厂、加压站、二次供水等重要环节监测体系的建设。

（2）数据中心

数据中心是建设综合调度信息平台数据库、水务数据存储和管理平台，为系统业务应用提供数据访问、数据存储、数据备份、数据挖掘等各项数据管理

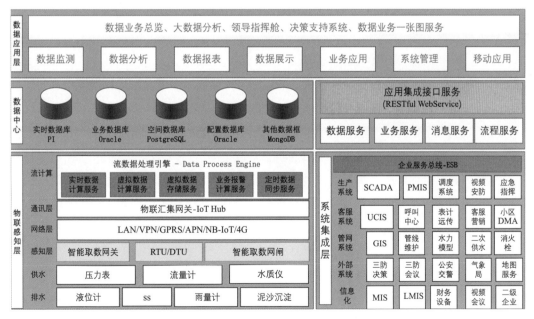

图21-4　综合调度信息平台逻辑架构

服务，系统数据库以工业级PI实时数据库作为数据库基础。

（3）系统集成层

系统集成层提供统一的技术架构和运行环境，为综合调度信息平台建设提供通用应用服务和集成服务，为资源整合和信息共享提供运行平台。主要由各类商用支撑软件和开发类通用支撑软件共同组成。

（4）数据应用层

数据应用层是综合调度信息平台应用的核心，构建综合调度信息平台信息服务、业务管理、决策调度和应急管理等功能应用系统，支撑综合调度信息平台管理、监督、考核等业务应用。

（5）标准规范体系

标准规范体系是支撑综合调度信息平台建设和运行的基础，是实现应用协同和信息共享的需要，是节省项目建设成本、提高项目建设效率的需要，也是系统不断扩充、持续改进和版本升级的需要。

（6）安全保障体系

安全保障体系是保障系统安全应用的基础，包括物理安全、网络安全、信息安全及安全管理等。

21.5 项目特色

21.5.1 典型性

1. 数据量大、数据类型多

根据水务行业调度中实时数据、历史数据的发展趋势，数据量将达到较为庞大的量级，同时存储在各系统中的数据采用的手段和方式千差万别，因此对数据采集能力、存储能力以及处理能力提出了巨大的挑战。

2. 覆盖业务面广、涉及部门多

深圳水务集团综合调度业务涵盖生产调度、管网关键压力控制、供排水应急事件处置（爆管、水质、坍塌等）、流域管理等多个方面，涉及集团多个部门、分支机构，通过信息平台打通业务数据、进行一体化调度，在需求梳理和系统设计上有非常大的难度。

21.5.2　创新性

1. 多元数据整合

综合调度信息平台的建设基于"优饮、优排、优服"的原则及各部门的实际应用，突破多种技术难关，汇集生产、管网、客服各类数据，同时在政府各个部门的大力支持下提供更全面的数据，实现涉水运行数据一张网集中监管，指挥人员及调度人员只需在一个信息平台中就可以对多元数据进行监测和分析，在数据互联互通方面迈上一个新台阶。

2. 在线模型面向调度人员的应用

供排水模型已在水务领域得到广泛运用，但只有专业技术人员会使用。综合调度信息平台实现了将模型搬到大屏幕前，结合管网水力模型的应用，为供排水调度管理提供科学的依据，实现科学调度。模型实时计算和展现供水范围、水龄、流速等，对爆管区域定位、水质问题溯源扩散进行个性化分析，同时实现深圳河流域水力水质模型，为科学调度提供新动力，极大提升深圳水务集团科学调度能力。

3. 面向多业务的协同调度模式

实现多平台协同调度，通过调度、工单、服务平台流程互联互通，充分发挥整体系统效能，分别在优饮水保障、治水提质以及节能降耗等多个方面实现一体化的协同应用，以更加精细和动态的方式管控水务系统的整个生产、管理和服务流程，助推城市水环境发展的智慧化模式。

21.6　建设内容

基于深圳水务集团的信息化现状和实际需求，以集团发展战略为导向，以符合集团总体智慧水务顶层设计为要求，以提升绩效表现和决策管理水平为实践，与符合集团业务数字化转型思路相一致，打造先进的"综合调度信息平台"，提升公司的运营管理能力和核心竞争优势。主要建设内容如下：

21.6.1　指标中心建设

集中展示各业务系统的绩效数据（见图21-5），对供水、排水、防汛、应急等关键指标用一张图的方式进行统一展示在系统首页上，直观地呈现个性的视角，让决策人员能够迅速定位和了解相关指标情况，做出全方位的决策安排。

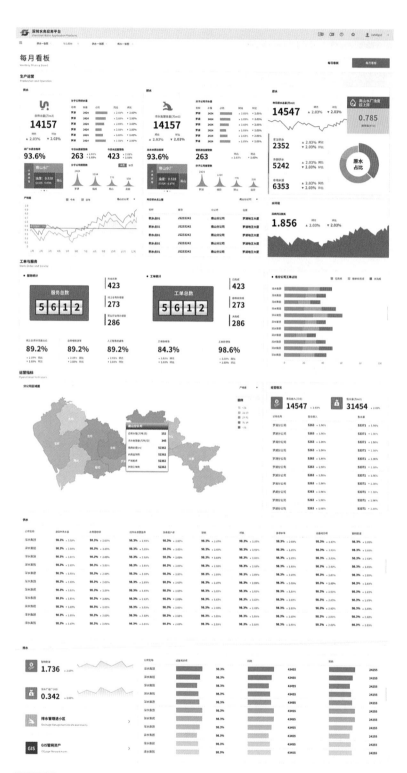

图21-5 每日看板设计图

能对一个业务主题进行多视角（时间、部门、类别、性质、项目等）的分析。只需简单地选择维度和指标，即可即时生成相应的分析结果，并提供多种数据处理方式，如指标间运算、预警、排序、统计图、数理统计等。将不同角度的信息以不同方式展现在用户面前，全方面了解每个业务主题的现状及未来的发展趋势。

21.6.2　报警中心建设

通过选择单个报警信息后可快速出现报警界限示意图及故障自动GIS定位，同时在左下角有报警的统计信息供查看，如图21-6所示。

针对相关报警可以从系统中进行报警维修派单等，通过派单功能即可将相关维修信息通过移动办公端（手机系统）推送至相关维修人员，并进行跟踪及提醒。维修人员可将现场处理结果（照片、视频或文字）通过移动办公端（手机系统）记录进维修处理系统中。

报警类型设置功能多样化，报警有效时间可自定义，报警通知方式多样化可选择。

系统报警时可以通过移动设备方式通知到相关人员，并且可以针对预警的管段或者设备查看影响的范围及用户。

图21-6　报警中心设计图

21.6.3　事件中心建设

提取供排水业务管理系统的外勤地理位置、轨迹信息和工单信息，在地图上进行展示和实时跟踪，同时展示每个外勤的工单处理情况。

以事件卡片方式滚动显示最新发生的事件，包括处理中、已处理、未处理事件等实时滚动更新。对发生的事件可以标记、跟踪、转发、设置提醒，如上报人、处理负责人进行在线消息互动，随时了解事件发生最新状况。

21.6.4　分析决策中心建设

分析决策中心的主要任务是用技术把数据变为艺术。实时数据监控，掌握业务动态，更全面地呈现结果，将静态展示无法容纳、无法表现的各类数据以图形化方式呈现，让枯燥单一的数据变得更加具有灵活性和绚丽震撼的视觉效果。如通过仪表盘、曲线及柱状图等不同的图形化展示不同维度的指标数据，形象地反映出管网当前的运行情况。

分析决策中心的主要目的是实现数据推动决策。将多个视图整合在交互式界面中，突出显示和筛选数据，将展现关系串连成叙事线索，讲述数据背后的原因所在。如可通过不同类型的报警点发生的时间来决策某段时间下整个供水系统可能发生的问题，并结合曲线分析更好地为决策提供支撑，实现问题产生、问题定位及问题处理的相关决策。

21.6.5　供水全流程管理

通过集成供水各业务系统数据信息以及物联网设备运行数据，全面实现对供水板块的生产经营状况实时监测，主要包括SCADA系统监测数据、水厂生产运行数据、原水管网GIS数据、供水管网GIS数据、水质监测数据、管网水量水压数据、漏损数据、营收数据、产销差数据、终端服务数据及应急抢险抢修等综合分析展示，形成水厂、加压站、管网等供水设施运行情况的一体化在线监控和联动管理。构建从源头到龙头优质饮用水全过程数字化监控的集成平台，打通原水、生产、管网、二次供水、客服业务领域，对优质饮用水全过程的不同业务环节进行数据集成及可视化展示。纵向推动业务流程的规范管理、有序衔接、高效指挥，横向促进业务节点的资源整合、信息共享、协调一致，实现一体化运作，围绕优质饮用水全过程的生产管理、运营管理、KPI展示、突发事件处置、应急指挥等功能进行建设。

21.6.6　排水一体化管控建设

通过集成排水管网和设施现有业务系统数据以及物联网设备运行数据，全面实现对排水板块的生产经营状况实时监测（图21-7）。主要包括排水管网数据（包括水位、水压、水质等）、排水设施数据（包括窨井、站闸、泵站等）、河涌数据（包括水位、水质等）、排水接驳点数据、水浸黑点数据、排水口数据、排水户数据、在建工地数据、视频监测数据以及应急抢险抢修等综合分析展示，实现排水管网和设施运行情况的一体化在线监控与联动管理。以服务营运为导向，实现排水设施的全生命周期管理和管线的动态更新。

整合应用各类在线监测数据，增强排水管网运行情况的动态感知和预警能力，实现中心城区重点区域的实时监控和预警报警等功能，实现污水处理厂、泵站、站闸及管网等信息的一图呈现，并依托大数据分析，提供智慧化决策支持。与供水板块融合，开展数据资源整合和共享，实现净水、排水与供水的联动。

图21-7　排水监测一张图

21.6.7　防洪排涝管理建设

防洪排涝管理从雨前、雨中、雨后三个阶段管理打造雨水无内涝城区，建立防汛一张图（见图21-8）。雨前管理实现易淹点、关注点和防洪排涝预案动态更新及展示，雨前排水模型根据预测雨量预判降雨影响，模拟结果推送至各分公司，为防洪排涝部署、积水点成因分析、易涝点改造方案制定等提供支撑，根据气象预测自动发送工单至相关厂站和分公司，提前做好排涝部署、降低系统液位至雨前目标液位，提高应急抢险反应和排水调度冗余。雨中管理根据气象预警信息自动启动预案，发送排涝工单和应急响应至分公司外业平台及厂站PMIS平台，发送短信至防洪责任人（动态更新人员）；水力模型根据实时雨量和分区预测模拟分析降雨影响并推送至各分公司；结合资产管理系统，实现应急物资动态管理；厂站联动调度工单、网闸外业工单实现自动发送和闭环处置；一张图展示厂、站、网、河、闸及人、车、物等防洪排涝全要素实时信息；排口视频结合实时累计雨量自动抓图及录像。雨后管理自动生成防洪排涝应急响应情况汇总，厂、站、网、河、闸运行情况统计分析（含运行、液位、水质等分析），降雨期间河道排口情况汇总（地图+抓图），防洪排涝情况汇总（自动统计积水点、投入人力、车辆等信息），应急响应情况汇总（自动统计各分公司排涝到场及时率、污水处理厂和排水泵站工单处置率）。

图21-8　防汛一张图

21.6.8　集团应急指挥建设

集团应急指挥调度分为事前、事中、事后三个阶段，应急逻辑功能包括应急管理相关资料库、应急指挥工作联络网、应急基础资料库、应急预案库、专家资料库、应急物资储备资料库、预警预报、应急预案管理、预案调阅、应急事件记录、救援队伍管理、隐患点管理、布防方案管理、应急物资管理、历史事故数据对比分析进行可视化展示，如图21-9所示。重点关注信息总集成，整合视频图像、语音通信、物联传输和地理信息等，实现应急预案执行与远程指挥调度及快速应急响应。

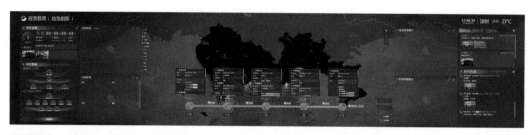

图21-9　应急指挥一张图

21.7　应用场景和运行实例

21.7.1　供水全流程动态管控

实现原水、水厂生产、供水输送、二次供水运行等各类实时数据一张图监测，并将生产、管网、客服数据融合分析、数据联动，全面动态地监测厂、站、网运行，结合供水在线模型实时可视化了解管网运行动态从而进行科学调度，如图21-10所示。该应用功能使日常调度人员能够综合性观察各类信息，快速进行问题定位以及溯源，有效保障供水安全，提升水质全过程管理水平。

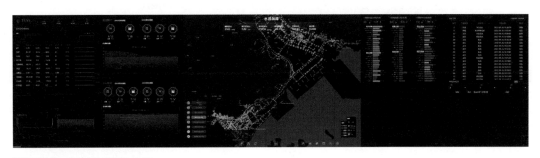

图21-10　智慧盐田供水专题

21.7.2　助力深圳河水质长期稳定达标

运用厂、网、河一体化调度（见图21-11），梳理各要素之间的关系，对涉及排水的设施梳理其上下游关系，将数据汇集成一张网格，综合调度信息平台融合厂、网、河信息综合分析，协同工单平台迅速出动现场处置，上下游设施联动运行。通过统一指挥调度中心对设施统一调度、协同运行，提高流域污水收集、输送与处理保障水平，最大限度地消减入河污染量，实现防涝减灾、污染治理各方面功能，全面保证城市排水系统安全高效运转，助力流域水质稳定达标，建立全要素治水新模式。

图21-11　深圳河流域厂、网、河全要素一体化调度

21.7.3　构建多位一体的应急指挥大脑

结合云技术、人工智能、大数据、区块链等新一代信息技术融合创新，对供排水应急指挥提供基础性和支撑性的作用。通过构建"1+N"指挥体系，调度指挥中心与各分中心实现数据统一、平台统一、处置联动，同时融入通过单兵、车载GPS系统、视频监控、视频会议等通信定位设备（见图21-12），快速、高效、全面可视化应急指挥全过程，为水务行业应急指挥调度发展贡献智慧应急案例应用。

同时，将监测数据展现在智能手机、平板等终端设备上（见图21-13），实时掌握水厂关键数据、管网及设备的运行状态，实现设备及异常事件的跟踪、处理及移动办公等功能，使分析人员、决策人员随时随地发现问题、分析问题和解决问题。

图21-13　APP移动监测

图21-12　车载实时监测与通信

21.8　建设成效

21.8.1　投资情况

项目自2018年初启动，持续迭代升级，截至2021年累计投资约1500万元。

21.8.2　环境效益

项目的建设可进一步提升深圳水务集团供水、雨水、污水业务平台化运营水平，主要从以下三方面提高集团综合、系统地解决城市水问题的能力。

一是提升城市"从源头到龙头"供水全流程安全保障数字化水平，助力深圳实现自来水可直饮的工作目标。二是提升城市数字化雨水防涝安全保障和应急指挥能力，助力实现设计重现期内降雨城市无内涝。三是提升"源厂网河湖海"全要素一体化水环境数字化综合治理能力，助力深圳河湾水污染治理长治久清。进而整体提升深圳市民在水资源、水安全、水环境、水生态体验中的安全感、幸福感和自豪感，树立深圳水务集团"国际一流、国内领先环境水务综合服务商"的品牌形象。

21.8.3　经济效益

项目的落地可进一步提升深圳水务集团运营管理效率、降低运营成本、缩短反应时间、优化处理流程、统筹水务资源、提速应急指挥。主要经济效益体现在以下四方面：

一是提升平台运营管理能力，优化管理流程、提升管理效率，强化集团组织间联动、系统间联动和业务间联动；二是优化供排水调度，节约能耗成本；三是提升应急处置效率，降低突发事件处置不当造成的经济损失；四是发挥数据价值，辅助经营决策，规避企业风险。

21.9　项目经验总结

以"业务引领，数字赋能"的理念设计平台功能，有机融合业务经验与信息化技术，以保障功能实用性；针对不同用户角色，进行高频次、周期化培训与宣讲，以保障平台应用效果；项目建设过程中，不追求一步到位；快速上线，在应用过程中不断迭代改进；设置专人管理和运营海量多元数据，保证数据源统一、数据统计维度一致。

业主单位： 深圳市水务（集团）有限公司

设计单位： 浙江和达科技股份有限公司

建设单位： 浙江和达科技股份有限公司、深圳市水务科技有限公司

案例编制人员：童麒源、何锦